数字身份认证技术与实践

田 杰 / 编著

清华大学出版社
北京

内 容 简 介

本书内容涵盖身份认证的基础理论，包括身份认证与授权的区别、常见的认证方式以及关键技术和协议，如 SAML、OAuth 2.0、OIDC 等。除基础概念外，本书还展示如何在不同的环境中安全地接入和实现身份认证，包括纯前端应用、BFF 和后端领域服务。同时，本书详细讨论如何在现有应用中集成其他身份认证系统，以及如何实现社交账号登录等功能。对于追求深入理解的读者，本书还准备了一些高级主题，包括在微信小程序中集成认证平台、GraphQL 中的身份认证、单点登录、统一登出、多因素认证以及 OIDC 的高级许可模式等内容。本书不仅提供概念性的解释，还借助丰富的代码案例，使用多种编程语言（.Net、Java、Node.js）来展示身份认证技术的应用，让读者在实践中加深理解。

本书是为数字化时代的软件工程师、系统架构师、信息安全专家以及对身份认证感兴趣的读者量身定制的图书。本书不仅可以帮助读者建立起身份认证的知识体系，更重要的是教会读者如何在实际工作中灵活应用这些知识。如果您希望在数字身份认证领域深入发展，或者希望提升应用安全性，那么本书将是您理想的选择。

本书封面贴有清华大学出版社防伪标签，无标签者不得销售。
版权所有，侵权必究。举报：010-62782989，beiqinquan@tup.tsinghua.edu.cn。

图书在版编目（CIP）数据

数字身份认证技术与实践/田杰编著. —北京：清华大学出版社，2024.4
ISBN 978-7-302-65882-5

Ⅰ. ①数… Ⅱ. ①田… Ⅲ. ①计算机网络－身份认证－安全技术 Ⅳ. ①TP393.08

中国国家版本馆CIP数据核字（2024）第 064908 号

责任编辑：赵　军
封面设计：王　翔
责任校对：闫秀华
责任印制：沈　露

出版发行：清华大学出版社
    网　　址：https://www.tup.com.cn，https://www.wqxuetang.com
    地　　址：北京清华大学学研大厦 A 座　　　邮　编：100084
    社 总 机：010-83470000　　　　　　　　　邮　购：010-62786544
    投稿与读者服务：010-62776969，c-service@tup.tsinghua.edu.cn
    质 量 反 馈：010-62772015，zhiliang@tup.tsinghua.edu.cn

印 装 者：三河市铭诚印务有限公司
经　　销：全国新华书店
开　　本：190mm×260mm　　　印　张：25.75　　　字　数：694 千字
版　　次：2024 年 4 月第 1 版　　　　　　　　　　　印　次：2024 年 4 月第 1 次印刷
定　　价：109.00 元

产品编号：102916-01

自 序

我的故事

我是一名软件工程师，热衷于通过编写代码来解决问题。

我于 2007 年毕业于苏州大学，最初几年从事销售支持工作。然而，在工作中，我总是喜欢通过编写代码的方式解决一些实际问题。当时，我所使用的计算机并没有任何软件开发工具，也没有安装权限。尽管如此，在日常工作中，少不了要使用 Excel，我对 Excel 从陌生到熟练掌握，并深入使用 Excel 强大的公式系统。但是，我仍然有更多追求，公式系统已经不能满足我的需求。于是，我开始学习 VBA，并使用 VBA 开发了一套完整的应用程序（不仅是宏扩展）。其中一个最重要的功能是生成数据报表。每个月，销售部门都需要抽调两个人来完成烦琐的销售报表制作、分发以及销售计划的制定。我使用 VBA 成功完成了这项任务，每个月只需要几分钟的时间，将人们从重复性的劳动中解放出来。而对于销售计划的制订，相对来说更加具有技术含量。我采用了指数平滑这一时间序列分析法，对销售数据进行预测，然后根据预测结果制订销售计划。这一做法彻底改变了之前纯粹凭直觉的方式，成为我最引以为傲的成就之一。

2010 年，我最终下定决心辞去了销售支持的工作，决心成为一名程序员。然而，这个过程充满曲折，由于没有相关工作经验，大多数公司不敢轻易给我发 Offer。记得有一次，我在面试中通过上机完成了所有的面试题，面试官称这是他最近看到的最出色的表现，但却犹豫道："你没有真正的经验呀，让我怎么相信你呢？"

经历了大约半年的找工作阶段，我终于收到了一家软件外包公司的软件测试员的 Offer。虽然不是我所期望的职位，但考虑到急需一份工作，我接受了。不过，我依然在继续寻找全职软件开发的机会。终于在 2013 年，我成功加入了一家外企，正式成为一名软件开发工程师。这次转变对我来说是人生中最为重要的一步，我终于实现了成为一名程序员的梦想。

在这家外企，我学到了很多工作方法、流程和工具等。后来，我发现公司的内部系统，每个系统都有一个独立的账号体系，在使用不同的系统时需要频繁地切换账号，这是非常烦琐的。于是，我开始思考，能不能创建一个统一的账号体系，让用户只需要记住一个账号就能访问所有系统呢？为了简化员工的认知负担以及管理员的操作负担，我最终将本人参与的系统都与公司的域账号对接。由于公司在员工入职时会为员工分配一个域账号，并在员工离职时禁用该账号，因此将公司的内部系统与域账号集成就是一个自然而高效的解决办法。当域账号登录功能投入使用后，我感到非常高兴。尽管并非所有系统都完成了对接，但已经取得了显著的进展。

后来，我离职了，经历了几家创业公司，然后又在几家头部外企工作，深度参与了他们的数字化转型过程。有趣的是，每次加入一家新公司，刚开始的一个月总是在修复系统中的登录注册问题。这其中既有一些是明显的编码错误，也有一些是过度设计，导致系统变得过于复杂。我观察到，无论是小的创业公司还是大的外企为何总在登录注册这个环节遇到问题呢？他们投入大量的广告费吸引用户使用其产品，然而一旦用户打开应用，就面临登录注册的问题，这显然是非常不合理的。因此，有一次在一个技术群里，我吐槽说，在登录注册上，每家公司都在重新发明轮子，但这些轮子还千奇百怪，方形、三角形等形状不一而足。

因此，结合自己的工作经验，我开始思考，能否总结一下登录注册的最佳实践呢？

随着前后端分离的实践越来越成为主流，我开始聚焦后端开发。在实践中，我发现许多企业（无论是创业小公司还是跨国大企业）的后端服务基本上都处于"裸奔"状态，或者只是定制化开发了一些不完备的接口鉴权机制，尤其是在内部认证这方面，非常薄弱[1]。

在解决自己遇到的问题时，我喜欢以博客的形式将相关经验发布在网上，渐渐地收到遇到类似问题的同行们的咨询。在这个过程中，我发现之前在解决用户级别的登录认证问题时积累的知识，在服务之间的认证问题上，部分同样适用。随着解决相关问题的经验越来越多，我想到，不如将它们系统地整理成一本书，以供自己和同行们参考。于是，我开始着手撰写这本书，希望能够为大家提供帮助。本书重点介绍现有的解决方案，并给出详细的对接示例。我建议各企业或者个人在登录注册以及服务认证方面采用标准的解决方案。这不仅比定制化开发更为经济，还更为安全，能够有效防止出现明显的错误。

关于本书

从战略和战术层面分类，本书无疑属于战术级别。基于我阅读其他书籍的经验，很多著作在理论上讲解得非常详细，然而对于像我这种偏好实战的人来说，尽管对理论部分似乎读懂了，但在动手实操时却常常感到困扰，甚至有时不知道该如何下手。因此，相对于这些理论丰富的著作，本书理论部分相对较少，而实战部分则更为丰富。出于希望帮助初学者或者实战派（如我自己），我在实战部分不吝笔墨，甚至有些啰唆。每个例子不仅有详细的代码实例，而且提供了真实在线运行的产品（对于不便展示的企业产品，也会提供一个简略的个人版）。希望达到的效果是，在没有读懂理论的前提下，读者也能照葫芦画瓢，搭建出可以运行且安全的软件。尽管理论部分相对实践部分较少，但在前面的章节仍会进行比较详细的讨论。如果之前未深入研究，暂时难以理解或感觉枯燥，读者完全可以选择先略过，待到后面实战部分需要时再回过头深入理解。以我个人的经验，这样的学习方式是非常有效的——当你在实践中遇到问题时，再回过头查阅理论，你将会对理论有更深刻的理解。当你独立构建出能够运行的软件后，对于相关领域的理论也会知其所以然（费曼名言的推论）。因此，千万不要一字不漏地从前到后阅读，可以先进行整体浏览，当碰到具体问题或在实践中遇到困难时，再有针对性地回过头仔细阅读相关章节。

---

[1] https://time.geekbang.org/column/article/178520

> 凡是我不能拿来创建的，都是我还没有理解的。
>
> ——费曼

　　书中不会罗列全部代码，只着重介绍核心部分，完整的代码都放在 GitHub 上，每个实例的最后都会明确提供具体的网址，同时每个实例都至少有一个在线运行的版本，其访问链接也会附在每个实例的末尾。尽管只包含核心代码，本书相对较厚，这是因为我希望将案例写得详细一些。这样做不可避免地会导致一些主题在不同的部分反复出现，但好处是在阅读某些具体案例时，读者无须太多上下文依赖，减少心理负担。对于一线工程师来说，本书可作为一个参考书目，当遇到具体问题时，可直接找到相关主题，无须从头开始往后顺序阅读。相反，跳读是本书非常推荐的。由于一些概念在不同的具体场景下重复出现，并且在具体的场景下更有针对性，因此在不太理解某些概念时，完全不用担心，通过多看一些案例，认识了它的多个方面，自然会更全面地理解。

　　本书的目标读者应具备一定的编程基础，比如有一定的前端开发经验或者有一定的后端开发经验。如果你是产品经理或者是运营人员，也可以阅读本书，以了解登录注册和服务认证的最佳实践。

前 言

在很多成功实施了数字化转型的组织中，身份认证解决方案都占据着非常核心的地位。

在数字化的今天，我们的日常生活越来越离不开数字身份认证。从简单的登录注册到覆盖个人、组织和国家等各个层面的身份验证，数字身份认证已经成为我们与数字世界互动的重要环节。然而，数字身份认证不仅仅涉及简单的用户名和密码组合，它涵盖广泛的概念、技术和实践。通过一系列的标准身份认证协议，不同系统可以安全地开放互联，使得系统集成可以像搭建积木一样，将效率提升到更高水平，这正是身份认证协议最振奋人心的地方。

本书旨在帮助读者深入理解数字身份认证技术和实践，从概念到项目实战，为读者提供全面而深入的指南。在讲解理论的同时，我们将穿插代码案例，并使用多种编程语言（主要包括 .Net、Java 和 Node.js）来进行说明。我们的期望是读者不仅了解相关知识，而且能够灵活应用（甚至可以先进行应用，之后再深入理解）。本书将引导读者深入探讨数字身份认证的基础概念、认证机制和安全协议，以及各种实际应用场景和解决方案。

第 1 部分（第 1~3 章）将介绍身份认证的基础概念。

第 1 章将探讨什么是身份认证，以及与授权的联系与区别。深入研究身份认证的目标对象、认证方式和认证场景，旨在帮助读者建立对身份认证全貌的认识。此外，将介绍一些常用术语，如令牌与会话的选择、SAML、OAuth 2.0 和 OIDC 等，以帮助读者理解身份认证领域的关键概念和技术。

第 2 章将重点介绍认证机制、安全协议和加密算法。深入探讨认证的基本原理和非对称加密在身份认证中的应用。此外，将详解 JWT（JSON Web Token）结构化令牌的组成部分和防篡改技术，帮助读者理解如何保障认证过程的安全性。

第 3 章将介绍各种认证解决方案。探讨云解决方案和开源解决方案，包括 IDaaS(Identity-as-a-Service) 和一些常用的身份认证平台，如 Authing、Okta、Auth0、Azure AD 和 AWS Cognito 等。通过学习这些解决方案，读者将能够了解各种场景下的认证实践和选择。

第 2 部分（第 4~9 章）重点关注身份认证的实战应用。

第 4 章集中讲解纯前端应用接入身份认证的实战案例。所谓"纯"前端，是指没有后端服务器支持的前端应用。对于有后端服务器支持的前后端分离项目，我们更倾向于在专为前端设置的后端服务器（即 BFF 层）上接入身份认证，以此来保护前端应用。

第 5 章将介绍如何在前端代理服务器（Backend for Frontend，BFF）中接入身份认证。本章将会简略回顾一下 BFF 的发展历程，然后以 Keycloak、Duende IdentityServer 等身份认证服务为例详解如何使用 BFF 和它们进行对接。

第 6 章将探讨如何在后端领域服务中接入身份认证。以微服务架构为例，本章将介绍在后端领域服务中接入身份认证的方法。与前端和 BFF 的接入方式显著不同，前端和 BFF 会涉及与用户的交互，而后端服务接入身份认证服务更多的是为了保护后端服务的安全性。它偏重于和身份认证服务的交互，而不是和用户的交互。

第 7 章将阐述如何在已有应用中接入身份认证。在实际的工作中，除自己从零开始开发一个系统外，通常还会遇到直接使用成熟的开源系统或者购买一个商业系统并将其部署到自己的环境中，随后通过配置甚至二次开发来接入自己的用户系统。本章将通过几个实际案例，帮助读者理解如何在已有的应用中接入身份认证。

第 8 章将详细介绍如何接入社交账号登录。我们将以 Keycloak 和 Duende IdentityServer 为例，解释如何开发社交账号登录插件，并在本章最后提供一个通用的套路。

第 9 章将对第 2 部分的实战案例进行总结，并通过完成一个自动化测试用例来结束本部分。

第 3 部分（第 10~17 章）将探讨一些高级主题。

第 10 章将介绍如何在微信小程序中集成认证平台。我们将讨论微信小程序和 Web 相比有哪些限制，并以 Authing 为例介绍如何在微信小程序中接入身份认证。

第 11 章将讨论 GraphQL。包括 GraphQL 的基本概念和使用方法，并基于 Nest.js 框架尝试开发一个 GraphQL 版本的 OIDC 认证服务。

第 12 章将专门讲解单点登录和用户联邦，这在多个系统之间共享用户身份信息非常重要。内容包括单点登录和用户联邦的基本概念，并提供实战案例。

第 13 章将专门讲解统一登出，这是单点登录的重要组成部分。在实践中仅有退出单一应用和退出所有应用两种需求，本章将分别介绍如何实现这两种需求。

第 14 章集中讲解对微信服务的高阶运用，包括微信公众号、微信小程序和微信开放平台。这不仅要求我们对微信服务有深入的理解，还要求我们对身份认证有深入理解。本章将以多个不同的系统为例展示如何灵活地实现扫码登录。最后还总结了通过微信服务实现微信登录的三种不同的途径。

第 15 章介绍多因素认证，并详细讲解常用的多因素认证的实现步骤，以阿里云的服务为例，介绍如何扩展 Keycloak 以在登录过程中对用户进行短信验证码的二次验证。

第 16 章将介绍 OIDC 的设备码许可模式。前面章节中讨论的登录流程主要集中在 OIDC 最常用的授权码许可模式上，本章将详解这方面的内容。

第 17 章主要介绍 OIDC 中的另一种许可模式——令牌交换流程。为更好理解令牌交换流程，我们将从一个更简单的 NONCE 模式开始，然后再介绍令牌交换流程的基本概念和使用方法。

第 4 部分（第 18 章）将讨论身份认证的未来趋势与展望。

第 18 章将介绍一些新兴的认证协议，如 FIDO2 和 WebAuthn 等。其中，一些技术正日趋成熟，而另一些则仍属于实验性质，但它们都具有广阔的应用前景。

通过阅读本书，读者将更深入地理解数字身份认证技术与实践。无论你是信息安全领域的专业人士，还是对数字身份认证感兴趣的读者，本书都将成为你不可或缺的指南。让我们一同踏上这个知识之旅，探索数字身份认证的精髓，开启安全数字生活的大门。

鉴于笔者水平有限，书中难免存在疏漏之处，敬请各位读者批评指正。读者可以发送电子邮件至 zhenl@163.com 提出意见或建议。

本书配套源码可通过微信扫描下方的二维码进行下载。如果在下载过程中遇到问题，请发送电子邮件至 booksaga@126.com，并将邮件主题写为"数字身份认证技术与实践"。

最后，感谢各位读者选择本书，希望本书能对读者的学习有所助益。

笔　者

2024 年 2 月

目 录

第 1 部分 身份认证的基础概念

第 1 章 什么是身份认证 ... 2

- 1.1 身份认证简介以及和授权的联系与区别 ... 3
  - 1.1.1 身份认证简介 ... 3
  - 1.1.2 身份认证与授权的联系与区别 ... 3
- 1.2 认证目标对象有哪些 ... 4
  - 1.2.1 机器认证 ... 4
  - 1.2.2 人类认证 ... 6
- 1.3 认证场景有哪些 ... 7
  - 1.3.1 2A，面向 API 的身份认证 ... 8
  - 1.3.2 2B，面向企业合作伙伴的身份认证 ... 8
  - 1.3.3 2C，面向客户的身份认证 ... 9
  - 1.3.4 2D，面向开发者的身份认证 ... 9
  - 1.3.5 2E，面向内部员工的身份认证 ... 9
- 1.4 常用术语有哪些 ... 10
  - 1.4.1 令牌与会话如何选择 ... 10
  - 1.4.2 什么是 SAML、OAuth 2.0 和 OIDC ... 16
  - 1.4.3 许可类型 ... 21
  - 1.4.4 访问令牌和身份令牌的区别 ... 28
  - 1.4.5 刷新令牌是什么 ... 29
  - 1.4.6 什么是单点登录 ... 29
- 1.5 小结 ... 32

第 2 章 认证机制与相关算法 ... 33

- 2.1 认证的基本原理，怎么证明你是谁 ... 33
  - 2.1.1 认证的基本原理 ... 34
  - 2.1.2 常见的身份验证方法 ... 34
- 2.2 计算机安全学基础 ... 38
  - 2.2.1 机密性、完整性和可用性 ... 38
  - 2.2.2 安全机制：哈希与加密 ... 39

2.2.3　非对称加密在身份认证过程中的应用 40
　2.3　常用的算法 42
　　　2.3.1　SHA（重点：SHA256） 42
　　　2.3.2　自适应单向函数 45
　　　2.3.3　RSA 53
　　　2.3.4　常用的签名算法 55
　2.4　JWT 结构化令牌详解 56
　　　2.4.1　头部 57
　　　2.4.2　载荷 58
　　　2.4.3　签名 59
　　　2.4.4　动手实验 60
　2.5　小结 62

第 3 章　认证解决方案 63
　3.1　云解决方案 63
　　　3.1.1　IaaS、PaaS、SaaS 与 IDaaS 63
　　　3.1.2　多租户的概念及其实例 64
　　　3.1.3　IDaaS 实例 65
　3.2　开源解决方案 65
　　　3.2.1　基于 Java 的 Keycloak 及其关键组件 66
　　　3.2.2　CAS 68
　　　3.2.3　基于 .NET Core 的 Duende IdentityServer 69
　　　3.2.4　基于 Node.js 的 OIDC Server 69
　3.3　小结 70

第 2 部分　身份认证的实战应用

第 4 章　纯前端应用如何接入身份认证 72
　4.1　实例讲解 72
　　　4.1.1　准备工作 72
　　　4.1.2　实例演示 72
　4.2　安全性分析及应对策略 104
　　　4.2.1　公开客户端 104
　　　4.2.2　关闭隐式许可流程 105
　　　4.2.3　开启 PKCE 105
　4.3　小结 106

第 5 章　前端代理服务器如何接入身份认证 107
　5.1　BFF 架构的演进回顾 107
　　　5.1.1　单体应用架构 107

	5.1.2	前后端分离架构	107
	5.1.3	BFF 架构	108
	5.1.4	BFF 架构的发展	108
5.2	BFF 中的身份认证实现方式		111
5.3	BFF 中的身份认证流程		111
5.4	示例代码		111
5.5	实例讲解		112
	5.5.1	在 Naive BFF 中接入认证平台	112
	5.5.2	在 TMI BFF 中接入认证平台	112
	5.5.3	在 Full BFF 中接入认证平台	116
5.6	小结		119

第 6 章 后端领域服务如何接入身份认证 120

6.1	领域服务和 BFF 有什么区别		120
6.2	实例讲解		121
	6.2.1	在 Java Spring Boot 应用中接入认证	121
	6.2.2	通过 Bean 方式扩展 Spring 应用	131
	6.2.3	不使用 spring-boot-starter-oauth2-resource-server	137
6.3	小结		144

第 7 章 成熟的产品如何接入身份认证 145

7.1	在自托管 GitLab 实例中集成 Keycloak 登录		145
	7.1.1	步骤详解	145
	7.1.2	测试登录	153
	7.1.3	总结	154
7.2	Keycloak 互相集成		154
	7.2.1	在线演示	154
	7.2.2	单点登录	156
	7.2.3	集成步骤	159
7.3	用 OIDC 方式在 Keycloak 中集成阿里云登录方式		163
	7.3.1	最终效果体验	163
	7.3.2	在阿里云 RAM 访问控制台的 OAuth 应用中创建应用	164
	7.3.3	在 Keycloak 中添加 Identity Provider	165
	7.3.4	在阿里云控制台回填回调地址	168
	7.3.5	在阿里云身份管理工作台创建用户	168
	7.3.6	在 Keycloak 中给 Identity Provider 增加 Mappers	169
	7.3.7	在 Keycloak 中给 Client scopes 增加 Mappers	170
	7.3.8	定制用户完善资料页面	172
	7.3.9	邮箱验证	174
7.4	小结		176

第 8 章 社交登录实战 177

8.1 在 Keycloak 中集成 GitHub 登录 177
8.1.1 注册应用 178
8.1.2 添加 GitHub 提供者 178
8.1.3 验证 180
8.2 在 IdentityServer 中添加 GitHub 登录 181
8.2.1 线上体验 181
8.2.2 准备工作 182
8.2.3 核心代码 183
8.3 在 Duende IdentityServer 中集成 Epic Games 登录 184
8.3.1 效果演示 185
8.3.2 配置 186
8.3.3 将域名添加到组织中 187
8.3.4 概念 188
8.3.5 创建产品 188
8.3.6 创建客户端 188
8.3.7 记下客户端凭据 188
8.3.8 添加回调地址 189
8.3.9 创建应用 189
8.3.10 关联客户端 190
8.3.11 填写法律必需的 URL 190
8.3.12 Epic Games 的 OIDC 端点 191
8.3.13 授权 192
8.3.14 获取令牌 192
8.3.15 典型的响应 192
8.3.16 代码实现 193
8.3.17 完成 197
8.4 三步开发社交账号登录 197
8.4.1 不要自行实现 197
8.4.2 自行实现的一般套路 198
8.4.3 在 Keycloak 中开发钉钉登录插件 198
8.5 小结 202

第 9 章 本部分的总结回顾 203

9.1 对接身份认证的一般套路 203
9.1.1 在身份认证平台注册应用 203
9.1.2 在应用中配置身份认证平台的信息 203
9.1.3 构造 OIDC 授权请求 204
9.1.4 构造 OIDC Token 请求 205
9.1.5 使用 OIDC Token 请求 OIDC 用户信息 206

    9.1.6　调用退出端点 206
    9.1.7　相关故障排除指引 207
  9.2　以 Keycloak 为例做个梳理 209
    9.2.1　涉及的请求端点 209
    9.2.2　流程图概览 210
    9.2.3　步骤详解 210
  9.3　以一个集成测试结束 214
    9.3.1　添加测试工程 216
    9.3.2　添加测试类 217
    9.3.3　配置发现 217
    9.3.4　登录授权 218
    9.3.5　处理回调以及提取授权码 219
    9.3.6　请求令牌 220
    9.3.7　请求用户信息 220
    9.3.8　总结 220

第 3 部分　高级主题

第 10 章　如何在微信小程序中集成认证平台 222
  10.1　和 Web 相比，微信小程序有哪些限制 222
  10.2　Web View 如何安全地取得小程序的原生身份信息 228
  10.3　个人版小程序如何对接身份认证平台 233
  10.4　小结 237

第 11 章　GraphQL 身份认证 238
  11.1　GraphQL 简介 238
  11.2　在 GraphQL 中如何实现身份认证 241
  11.3　小结 258

第 12 章　如何实现单点登录和用户联邦 259
  12.1　用户连接与用户联邦 260
  12.2　单点登录实战 264
    12.2.1　使用 Keycloak 打造多个系统间的单点登录体验 264
    12.2.2　在 Strapi 中接入单点登录 268
  12.3　用户联邦实战 275
    12.3.1　在 Keycloak 中联邦 LDAP 用户源 275
    12.3.2　基于 Keycloak 实现自定义的联邦源 291
  12.4　在 Duende IdentityServer 中实现用户联邦 296
  12.5　小结 300

第 13 章 如何实现统一登出 301

13.1 仅退出当前应用 301
13.2 退出当前应用和登录平台 302
13.2.1 前通道 303
13.2.2 后通道 303
13.3 小结 305

第 14 章 灵活实现扫码登录 306

14.1 基于 Spring Security 实现公众号关注即登录 306
14.1.1 背景和价值 306
14.1.2 Java Spring-Security 307
14.1.3 Open API 307
14.1.4 关注公众号即登录的流程设计 307
14.1.5 应用架构设计 310
14.1.6 API First 开发方式 311
14.1.7 基于 Spring Security 实现关注微信公众号即登录 311
14.1.8 总结 324
14.2 基于 Keycloak 的关注微信公众号即登录方案 324
14.2.1 好处 325
14.2.2 实现效果预览 325
14.2.3 基于 Keycloak 的关注微信公众号即登录方案的实施架构 326
14.2.4 具体设计与实现 327
14.2.5 总结 334
14.3 基于 Authing.cn 的关注微信公众号即登录的实现方案 334
14.3.1 最终方案展示 335
14.3.2 关注微信公众号即登录的核心要件 336
14.3.3 其他方案及其与 Authing.cn 方案的对比 337
14.3.4 实现步骤 337
14.3.5 总结 340
14.4 对接微信登录的三种方式 340
14.4.1 登录原理概览 340
14.4.2 三种登录方式的关键步骤 342
14.4.3 总结 343
14.5 小结 344

第 15 章 多因素身份认证 345

15.1 你所拥有的东西 346
15.1.1 手机（作为令牌） 346
15.1.2 通过短信发送一次性密码 346
15.1.3 通过电子邮件发送一次性密码 353

	15.1.4	通过原生应用生成一次性密码	354
	15.1.5	通过硬件生成一次性密码	354
	15.1.6	智能卡	354
	15.1.7	硬件 Fob	354
15.2	你所知道的东西		354
	15.2.1	用户名和密码	355
	15.2.2	PIN	355
	15.2.3	安全问题	355
15.3	你本身就是生物识别因素		355
	15.3.1	指纹	355
	15.3.2	声纹	355
	15.3.3	面部识别	355
	15.3.4	虹膜扫描	356
	15.3.5	视网膜扫描	356
15.4	小结		356

第 16 章 设备码授权流程 ... 357

16.1	对接 Keycloak 设备码授权流程		359
	16.1.1	源代码	359
	16.1.2	最终效果体验	359
	16.1.3	配置	360
	16.1.4	获取用户授权码和设备码	361
	16.1.5	打开浏览器并浏览 verification_uri	363
	16.1.6	等待用户授权	364
	16.1.7	轮询令牌	365
	16.1.8	用户授权成功	367
	16.1.9	总结	367
16.2	对接 Duende IdentityServer 的设备码授权流程		367
	16.2.1	流程概览	367
	16.2.2	准备工作	369
	16.2.3	效果演示	370
16.3	在网页中对接设备码授权流程		372
	16.3.1	相关代码提交	372
	16.3.2	增加获取 XSRF 令牌接口	372
	16.3.3	测试先行	372
	16.3.4	增加接口	374
	16.3.5	添加网页文件和相关的 JS	375
	16.3.6	本地测试	376
	16.3.7	上线测试	377
	16.3.8	总结	377

第 17 章　NONCE 模式与令牌交换流程 ... 378

17.1　NONCE 模式 ... 378
17.2　令牌交换流程 ... 380

第 4 部分　身份认证的趋势与展望

第 18 章　趋势与展望 ... 384

18.1　OIDC 的新特性 ... 384
18.1.1　JAR ... 384
18.1.2　PAR ... 385
18.2　Passkey 技术 ... 386
18.3　FIDO ... 386
18.4　FIDO2 和 WebAuthn ... 387
18.5　基于零信任的身份认证 ... 387
18.5.1　核心原则 ... 388
18.5.2　关键组件 ... 388
18.5.3　实施步骤 ... 388
18.6　分布式身份认证 ... 389
18.6.1　去中心化身份标识 ... 390
18.6.2　去中心化 PKI 体系 ... 390
18.6.3　可验证凭证 ... 391
18.7　隐私保护和数据安全 ... 391
18.8　AI 技术的应用 ... 391
18.9　小结 ... 391

结语 ... 392

参考文献 ... 393

第 1 部分　身份认证的基础概念

身份认证在当今数字化世界中扮演着至关重要的角色。无论是在个人日常生活中还是在商业和组织运营中，确保用户的身份和安全性至关重要。然而，身份认证并不仅仅是简单地验证用户名和密码。它涉及广泛的概念、技术和实践，以确保只有合法授权的用户才能够访问敏感信息和关键资源。

在本书的第 1 部分，我们将深入探讨身份认证的基础概念，帮助读者建立对这一领域的全面理解。我们将从最基本的问题开始：什么是身份认证？同时，我们将探讨身份认证与授权之间的联系和区别，及其在不同目标对象上的应用。

首先，我们将研究认证的目标对象。身份认证并不仅限于人类用户，也包括机器和其他资源的认证。我们将详细讨论机器认证（Peer Authentication）和人类认证（Request Authentication）的特点和要求，以帮助读者理解不同类型的认证目标。

接下来，我们将探讨不同的认证方式。从基本的认证方法，如 Basic 和 Digest，到现代的 OAuth 和 Bearer 等，我们将介绍各种常见的认证方式，让读者了解它们的原理、优缺点以及适用场景。

认证场景也是我们关注的重点。我们将介绍不同的认证场景，包括面向 API 的身份认证（2A）、面向企业合作伙伴的身份认证（2B）、面向客户的身份认证（2C）、面向开发者的身份认证（2D）和面向内部员工的身份认证（2E）。通过了解这些场景，读者将能够了解在不同环境和应用中的身份认证需求和挑战。

另外，本部分还将介绍一些常用的术语，如令牌与会话的选择、SAML、OAuth 2.0 和 OIDC 等。这些术语在身份认证领域具有重要意义，理解它们将有助于读者更好地理解和应用身份认证技术。

通过深入研究身份认证的基础概念，我们将为读者奠定坚实的基础，使读者能够更好地理解和应用后续章节中的身份认证技术。让我们一同探索身份认证的世界，开启数字安全的大门。

第 1 章

什么是身份认证

> **提　示**
>
> 毫无疑问，对于一个安全的应用来说，身份认证是第一道门槛，它为后续所有的安全措施提供"身份"这样一个关键信息。

在数字化时代，身份认证成为保护用户隐私和确保数据安全的重要环节。无论是登录社交媒体账户、进行在线银行交易还是访问个人健康记录，身份认证都扮演着关键的角色。然而，什么是身份认证？为了深入理解身份认证的概念和意义，让我们给予身份认证一个明确的定义。

身份认证是一种确认用户或实体声明的过程，通过验证其所提供的凭证和属性，确定其所宣称的身份的真实性和合法性。简而言之，身份认证旨在确认一个主体是他所声称的那个主体。这个过程涉及验证用户所提供的标识信息，如用户名、密码、指纹、虹膜等，以确保被认证的主体是合法的用户，并有权访问特定资源或执行特定操作。

如果要再细化一点，可以将身份与认证再拆开成身份识别与认证两部分。举个例子，当你使用用户名、密码登录一个系统时，用户名用来识别你的身份，而密码用来认证。如果你使用指纹登录某个系统，那么指纹既被用作身份识别，也被用作认证。

身份认证的核心目标是确保只有经过授权的用户才能够获得访问权限，并阻止未经授权的个体侵入系统或获取敏感信息。通过使用各种认证方法和技术，身份认证可以提供一种可靠的方式来验证用户的身份，从而建立起可信任的数字交互环境。

身份认证在现代计算机系统和网络中具有广泛的应用。它不仅仅用于个人用户的登录和访问控制，还用于机器对机器的通信和交互，以及各种企业和组织间的身份验证。无论是通过传统的用户名和密码认证，还是使用更先进的生物特征识别和多因素认证方法，身份认证都是构建安全可靠的数字身份基础设施的关键组成部分。

本章将深入探讨身份认证的概念和原理，以及与授权之间的联系和区别。我们将研究不同的认证目标对象，如机器和人类用户，并探讨各种常见的认证方式和场景。通过全面理解身份认证的本质，读者将能够更好地应用和理解后续章节中介绍的具体身份认证技术和解决方案。

让我们深入探索身份认证的世界，揭示其中的奥秘和挑战，为构建安全可靠的数字化未来铺平道路。

1.1 身份认证简介以及和授权的联系与区别

本节将介绍身份认证的概念，并探讨身份认证与授权之间的联系与区别。虽然这两个概念经常被一起提及，但它们在数字身份管理中扮演着不同的角色。

1.1.1 身份认证简介

身份认证是确认用户或实体声明的过程，通过验证其所提供的凭证和属性，确定其所宣称的身份的真实性和合法性。身份认证的目标是验证一个主体是他所声称的那个主体，并验证其对特定资源或操作的访问权限。身份认证通常涉及以下要素。

- 标识信息：用户提供的用于识别自己身份的信息，如用户名、邮箱、手机号等。
- 凭证：用户提供的用于证明自己身份的凭证，如密码、数字证书、生物特征等。
- 认证过程：用于验证用户所提供的标识信息和凭证的过程，以确保其真实性和合法性。

1.1.2 身份认证与授权的联系与区别

身份认证和授权是数字身份管理中的两个核心概念，它们密切相关，但又有明显的区别。

身份认证用于确认用户的身份，确保其是合法用户。它验证用户所提供的标识信息和凭证，并通过比对和验证来确定用户的真实身份。认证是一个"是谁"的问题。

授权是指在身份认证的基础上，为用户分配适当的权限和访问权限，以决定用户能够访问哪些资源或执行哪些操作。授权是一个"能做什么"的问题。

换句话说，身份认证用于确认用户的身份，而授权决定用户在系统或应用中的权限范围。身份认证是用户身份验证的过程，而授权是根据用户的身份和权限进行访问控制的过程，如图1-1所示。

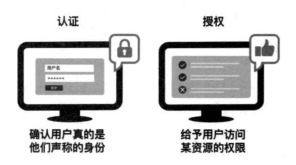

图1-1　认证与授权的区别

需要注意的是，身份认证和授权是互相补充且相互依赖的过程。在访问控制的流程中，首先要进行身份认证，验证用户的身份。只有在成功认证后，用户才能接受授权并获得相应的权限。而在开放身份互联的过程中，身份认证协议又会在授权过程完成之后为客户端颁发身份令牌，即身份认证和授权是相互依赖、紧密联系的过程。

总结起来，身份认证是确认用户身份的过程，授权是为用户分配权限和访问权限的过程。通过清晰地区分身份认证和授权的概念，我们能够更好地理解和应用身份管理领域的相关技术和实践。

在接下来的章节中，我们将更深入地探讨不同的身份认证方式、场景和技术，帮助读者建立起更全面的身份认证知识体系。

1.2 认证目标对象有哪些

本节将探讨身份认证的目标对象，即身份认证所针对的主体类型。身份认证并不局限于人类用户，它可以应用于不同的目标对象，涵盖广泛的应用场景。

1.2.1 机器认证

在现代计算机网络和通信领域，机器之间的通信也需要进行身份认证。机器之间的身份认证被称为 Peer Authentication，主要用于确保通信的可靠性和安全性。例如，在分布式系统中，不同的节点需要通过身份认证来建立安全的通信通道，以确保数据的机密性和完整性。机器身份认证的实现方式与人类用户的身份认证有所不同，通常涉及使用密钥、证书或其他身份凭据。

机器是秘密的非人类消费者，如机器人、移动终端、服务器、虚拟机、容器、应用程序、微服务、Kubernetes 服务账户、Ansible 节点和其他自动化进程，为机器提供可靠、安全的识别和授权是身份进化很重要的组成部分。一旦可以对各类机器进行有效识别和授权，就能够使用策略来控制机器可以访问哪些秘密内容，以及还有哪些用户（机器和人员）可以访问指定机器，从而更好地完成操作管理、SSH 访问、流量控制等工作[6]。

> **提示**
>
> 在说到身份认证时，尽管人们首先会想到人类用户，但有趣的是，最先应用数字身份认证技术的却是机器之间的通信。在 1970 年，美国国防部的研究人员就开始研究如何在分布式系统中实现机器之间的身份认证，以确保通信的安全性和可靠性。在 1980 年，随着公钥密码学的发展，数字身份认证技术才开始应用于人类用户的身份认证，成为现代身份认证技术的基础。

在 Open API 概念盛行的今天，API 都要为开放而设计。但是开放后如何保证安全呢？为开放而设计的认证方案就非常适合用于 Open API。为此，我们需要理解一些安全概念以及安全共建责任模型。

1. 安全共建责任模型

详情可以参考 AWS 的安全共建责任模型。简单来说，没有任何单一实体可以保证系统安全；安全是一个共建的过程，需要所有的参与者共同努力。在这个模型中，AWS 为客户提供了一个安全的基础设施，但是客户也需要确保自己的应用程序和数据是安全的。图 1-2 展示了一个概念图。

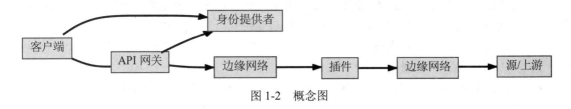

图 1-2　概念图

图 1-2 涉及一些术语，它们的解释如表 1-1 所示。

表 1-1　相关术语

术　语	解　释
身份	用户或者应用的身份，在面向机器的认证中，特指 API 的身份，也称安全主体
认证	即验证身份的处理过程
授权	指定并且实施对资源的访问，确保调用者能且只能做有权限做的事情，也称访问控制
身份提供者	身份提供者为安全主体创建、维护和管理身份信息，同时也为依赖它的应用通过联邦的方式或者在分布式网络中提供认证服务
客户端	访问 API 的一个用户代理、程序或者设备，也称 API 消费者
边缘网络	API 网关的一部分，从客户端接收 IP 流量。在使用 Kong 的组织里，边缘网络通常是一个或者多个 Kong 节点，又称数据平面
API 网关	API 网关组成部分的所有集合，比如边缘网络、控制平面、数据平面、插件等
源	API 网关在处理请求时的内部调用源头，也称上游
传输层	网络中的节点所使用的网络协议，比如和 TLS 结合使用的 TCP/IP、UDP/IP
Json Web Token	简称 JWT，用于向 API 提供认证信息。这种令牌包含由身份提供者签名的声明。如果令牌中包含范围，那么授权也可以被实施。一般情况下，JWT 以 Bearer token 的形式通过 Authorization 标头发送给 API

除 AWS 外，几乎所有的云服务商都会使用安全责任共建模型。值得注意的是，账号与身份都是客户的责任，而不是云服务商的责任。这意味着，客户需要确保自己的账号和身份是安全的，以防止被攻击者利用。

2. 实践模式

在实践中，幻影令牌和零信任 API 事件是两种常见的模式，可用于安全共建责任模型。

1）幻影令牌

这个模式用于在身份验证和授权过程中，通过使用临时的、单次性的令牌来增强安全性。在该模式下，客户端向服务器请求一个幻影令牌，该令牌包含一些用于验证客户端身份和访问权限的信息。服务器验证该幻影令牌并生成一个授权令牌，该授权令牌用于后续的请求。这种模式可以提供额外的安全性，因为幻影令牌的生命周期很短，且只能用于一次特定的请求，降低了令牌被滥用或被劫持的风险。

幻影令牌结合了不透明令牌和结构化令牌的优点，可以在不暴露用户信息的情况下，提供更好的安全性和可扩展性。

- 不透明令牌更安全，用在边缘网络中。在身份验证和授权系统中，不透明令牌是一种令牌类型，它的内容对客户端来说是不可解读的。客户端无法直接理解或访问令牌的详细信息，而是将令牌发送给授权服务器进行验证。授权服务器可以解读和验证令牌，并根据需要提供相应的访问权限。
- ➢ 它仅仅是一个随机字符串，没有任何结构化信息，更没有 PII 信息。
- ➢ 体积更小，对缓存友好。
- ➢ 更易于刷新或者撤销。
● 结构化令牌是内部使用的最佳实践。结构化令牌是一种令牌类型，其内容被组织为特定的结构或格式。这种令牌通常包含有关用户、权限、有效期等信息，并使用某种标准或协议进行编码和解码。客户端可以直接读取和解析结构化令牌的内容，以获得与身份验证和授权相关的信息。结构化令牌可以提供更多的灵活性和可扩展性，允许在令牌中携带更多自定义的数据。
- ➢ 在上游源中性能可以进一步优化。服务通过使用结构化令牌，从而得到了所有需要的信息，而不需要再次查询身份提供者。
- ➢ 内部使用结构化令牌，外部对其不可知，从而在调整内部结构化令牌的结构时，不会对外部造成不稳定的影响。

然而，要使用这种模式，需要结合 API 网关架构，并且要在 API 网关和身份提供者之间增加一个中间层（反向代理层），用于处理幻影令牌和授权令牌之间的转换。图 1-3 展示了该架构。

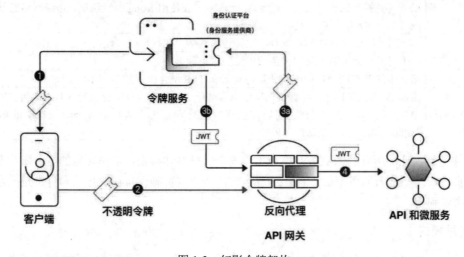

图 1-3　幻影令牌架构

2）零信任 API 事件

在处理事件消息时，很容易失去身份控制，这可能导致网络内部的安全威胁。在零信任架构中，Zero Trust API Events Pattern 可以帮助确保以下事项：

（1）在异步工作流程恢复时，事件消息中的数据可以进行数字验证。

（2）在消费事件消息时，可以验证访问权限。

（3）当处理的事件包含非关键数据且不需要额外的访问控制时，这种模式可能是多余的。

1.2.2　人类认证

在众多的应用场景中，人类用户是身份认证的主要目标对象。无论是登录一个网站、访问一个应用程序，还是进行在线交易，人类用户都需要通过身份认证来证明自己的身份。这种类型的身份认证通常涉及用户提供的标识信息和凭证的验证，以确保只有合法用户可以访问特定的资源或执行特定的操作。

身份认证的目标对象可以是不同的个体，包括但不限于个人用户、企业合作伙伴、开发者、内部员工等，如图 1-4 所示。根据不同的场景和应用需求，身份认证可以针对特定类型的目标对象进行定制化的实现。

通过对认证目标对象的深入理解，我们可以更好地把握身份认证的适用范围和应用场景，为不同类型的用户提供安全、可靠的身份认证解决方案。

接下来，我们将详细介绍不同的身份认证方式、技术和实践，以帮助读者全面理解身份认证的概念和应用。

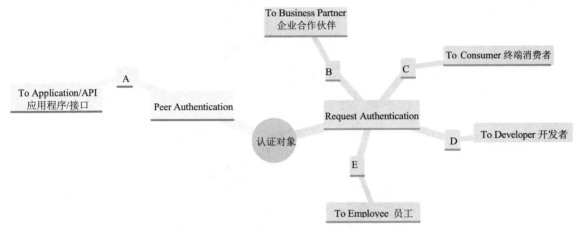

图 1-4　认证对象和场景

1.3　认证场景有哪些

身份认证在不同的场景下有不同的需求和应用方式。简单地分类，认证的主要场景有对外认证和对内认证[1]，对外认证面对的主要是终端客户，而对内认证面对的主要是员工和合作方。出乎意料的是，对外认证的场景更单一，而对内认证的场景则非常复杂。笔者曾以为企业的生存更依赖外部客户，因此对外认证"当然"应该更为重要，也更加复杂。但是，随着自己经验的积累，才发现事实正好相反，一般来说，对外认证场景要比对内认证的场景简单得多。

为了更加深入地了解和解决实际问题，笔者更愿意将场景再细分一下，并且在这个细分的场景下，会发现有一些场景是同时存在对外和对内认证的。笔者将这些场景按照首字母列举出来，发现正好可以用 ABCDE 来概括，如图 1-5 所示。其中，面向开发者的认证场景，即 2D，既存在于对内又存在于对外的情况，以下一一详述。

---

[1] https://time.geekbang.org/column/article/178520

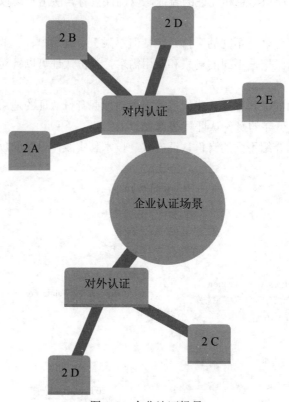

图 1-5　企业认证场景

1.3.1　2A，面向 API 的身份认证

在许多应用程序中，API（Application Programming Interface，应用程序编程接口）扮演着关键的角色，用于数据交换和服务访问。2A（To API）身份认证场景是指在 API 访问中使用身份认证来验证请求的合法性。在这种场景下，身份认证通常使用 API 密钥、令牌或其他形式的凭证。

这种场景其实也包括对内和对外。一般建议有两个 API 网关，一个网关面向内部，另一个网关面向外部。但是网关的作用都是类似的，都会对 API 的调用者鉴权。一个企业内部会存在多个领域和子领域，能力的复用也可以通过 API 的形式来提供。

API 可以分为同步 API 和异步 API，同步 API 多是我们熟悉的 Restful API，或者是 GraphQL。而异步 API 一般应用了事件驱动架构。建议领域内部通过同步 API 来调用，而跨领域使用异步 API 以解耦。

1.3.2　2B，面向企业合作伙伴的身份认证

企业合作伙伴之间的信息交换和资源共享需要进行身份认证以确保安全性和可信度。2B（To Business）身份认证场景是指企业间的身份认证，允许合作伙伴之间进行受控的访问和交互。

1.3.3 2C，面向客户的身份认证

面向客户的身份认证是指为终端用户提供访问应用程序或在线服务的身份验证机制。2C（To Consumer）身份认证场景在电子商务、社交媒体和在线银行等领域非常常见。在这种场景下，常用的认证方式包括用户名密码登录、社交登录和多因素身份验证等。

关于该领域的详细探讨，可以参考 Simon Moffatt 编写的 *Consumer Identity & Access Management Design Fundamentals* 一书。

1.3.4 2D，面向开发者的身份认证

2D（To Developer）身份认证场景是指开发者之间进行身份认证，以便在开发过程中访问受保护的资源和服务。在这种场景下，通常使用开发者密钥、API 密钥或令牌进行认证。

在企业内部，有很多供开发者使用的系统，如常见的日志系统、监控系统等。在这种情况下，开发者是企业的内部员工的一个子集。当然，还有面向外部开发者的系统，比如大的平台，都会提供开发者门户网站，或者开放平台等，这时面向的主要就是外部开发者了。

谈到一门生意，一般我们会想到 2B 或者 2C，而实际上，2D 也可以做成很大的生意，比如微信，其 2D 业务如图 1-6 所示。

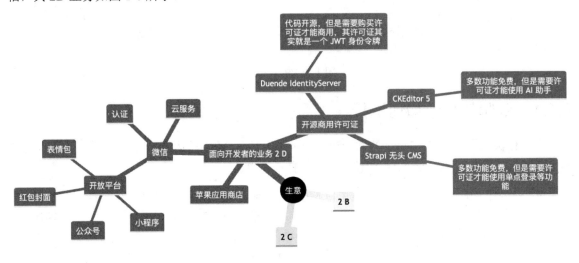

图 1-6　常见的 2D 业务

这时 2D 的身份认证建设至关重要。

1.3.5 2E，面向内部员工的身份认证

企业内部系统和资源的访问需要对内部员工进行身份认证。2E（To Employee）身份认证场景是指面向内部员工的身份验证，确保他们只能访问其所需的受保护资源和权限。

1.4 常用术语有哪些

在身份认证领域，有一些常用的术语和概念，在相关的文章中以及本书后面的内容中，将常常提到这些术语，如图 1-7 所示。

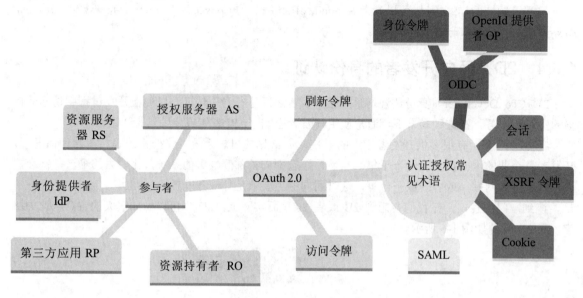

图 1-7 常见术语

1.4.1 令牌与会话如何选择

在身份认证中，令牌（Token）和会话（Session）是两个常用的概念。它们用于表示用户的身份信息和认证状态，但在实际应用中使用的方式有所不同。

- 令牌用于在身份认证和授权过程中传递身份信息和访问权限的数据结构。令牌是一种包含身份信息的数据结构，通常是一个字符串。它可以被用于验证用户的身份和权限，以及在不同的请求之间传递认证信息。令牌可以存储在客户端的本地存储或 Cookie 中，并在每个请求中发送给服务器进行验证。在身份认证领域中，常见的令牌有三种，分别是访问令牌、刷新令牌与身份令牌。
- 会话是一种服务器端的状态保持机制，用于跟踪用户的认证状态。在会话中，服务器会为每个用户分配一个唯一的标识符（通常是一个会话 ID），并将用户的认证信息保存在服务器上。用户在认证后，服务器会将会话 ID 发送给客户端，并在后续的请求中使用该会话 ID 来验证用户的身份。一般来说，这种会话 ID 都是通过 Cookie 发送给客户端的。

选择使用令牌还是会话取决于具体的应用需求和安全策略。令牌适用于分布式系统和无状态的 API 认证，而会话适用于传统的 Web 应用和需要服务器端状态管理的场景。

在上面介绍令牌与会话时，都提到了 Cookie，这是因为 Cookie 是实现会话的一种常用方式。Cookie 是一种存储在客户端的小型文本文件，用于存储用户的认证状态和其他信息。在身份认证中，Cookie 通常用于存储会话 ID，以及其他一些用户信息。总之，Cookie 在身份认证过程中扮演了非常重要的角色。下面来看两个例子。

1. 如何推测一个网站使用了令牌还是会话

前面我们讲到，令牌是一种无状态的认证方式，而会话则是一种有状态的认证方式。那么，如何推测一个网站使用了令牌还是会话呢？

虽然有些网站是两者同时使用，但是我们还是可以通过一些方法来推测网站使用的是令牌还是会话。我们可以从以下几个方面来推测该网站主要使用了令牌还是会话。

（1）首先，在该网站上登录，然后通过浏览器的开发者工具查看请求头中是否有 Cookie 字段，以及 Cookie 字段中是否有名称中包含 Session 或 JSESSIONID 的字段，如果有，那么该网站使用的是会话，否则使用的是令牌。

（2）通过浏览器的开发者工具查看请求头中是否有 Authorization 字段，如果有，那么该网站使用的是令牌，否则使用的是会话。

令牌和会话各有优缺点，我们可以根据自己的需求来选择使用哪一种认证方式。

1）令牌的优缺点

- 令牌的优点：不需要服务器端存储，节省服务器端的资源。
- 令牌的缺点：令牌的有效期一般比较长。如果令牌被盗用，攻击者可以在较长时间内使用该令牌，从而造成更大的损失。

除非使用复杂的技术，一般来说，令牌在有效期内是无法被撤销的。所以很多站点对颁发的访问令牌给予了较短的有效期，比如 1 个小时，或者 5 分钟。这样，即便令牌被暴露，攻击者也只能在有效期内使用该令牌，有效期过后，攻击者就无法再使用该令牌，从而减少了损失。但为了用户体验更好，不要求用户频繁地输入登录凭据，很多网站会在令牌过期前自动刷新令牌，这就是很多网站会同时颁发访问令牌和刷新令牌，并且将刷新令牌的有效期设置得比访问令牌长的原因。

2）会话的优缺点

- 会话的优点：会话的有效期一般比较短，如果会话被盗用，那么攻击者只能在会话有效期内使用该会话，有效期过后，攻击者就无法再使用该会话，从而减少了损失。
- 会话的缺点：会话需要服务器端存储，因而要占用服务器端的资源。

如今的网站会话普遍使用了 Cookie 来保存会话编号，以便让服务器通过会话编号查找用户信息。这样，会话的有效期就取决于 Cookie 的有效期。如果 Cookie 的有效期设置得比较长，那么会话的有效期也就比较长，反之，如果 Cookie 的有效期设置得比较短，那么会话的有效期也就比较短。其中有一种特殊的 Cookie，叫作 Session Cookie。Session Cookie 的有效期设置为浏览器会话结束时失效，也就是说，只要关闭浏览器，会话就结束了。重新打开浏览器时，需要重新登录才能进入登录状态。很多对安全性要求比较高的网站，都设置了这种 Cookie。

了解了这个特性之后，其实我们又多了一种从观察网站的登录状态的表现来推测网站使用的是令牌还是会话的方法。如果我们在网站上登录之后关闭浏览器，再立即重新打开该网站，如果还处于登录状态，那么该网站使用的是令牌（因为令牌的有效期不会立刻过期），否则使用的是会话。

关于会话与令牌的选择，还有一个很有意思的现象。一般传统的 MVC 网站会使用基于 Cookie

的会话；而新兴的单页应用则偏爱基于 Local Storage 的令牌。尽管完全可以使用 Local Storage 来存储会话信息，也完全可以使用 Cookie 来保存令牌，但实际上这样做的网站并不多。

在本书后面会详细讲解单点登录的实现。在单点登录中，会使用多个网站之间的会话共享，这时会话就需要存储在服务器端，而令牌则不需要。所以，单点登录一般都是基于会话的。

而且，单点登录会有一个集中的身份认证中心，这个身份认证中心会有一个单独的域名，这个域名一般是不会被其他网站使用的，所以单点登录中的身份认证中心一般都是基于 Cookie 的会话。尽管身份认证中心自己一般使用基于 Cookie 的会话，但是它也会提供基于令牌的身份认证服务，以便其他网站或者应用使用。很多网站应用只是纯前端应用，没有后端（或者有后端，但却并不想再维护一个会话状态，而将所有会话都委托给身份认证中心），这时就只能使用基于令牌的认证方式了。于是形成了如图 1-8 所示的情况。

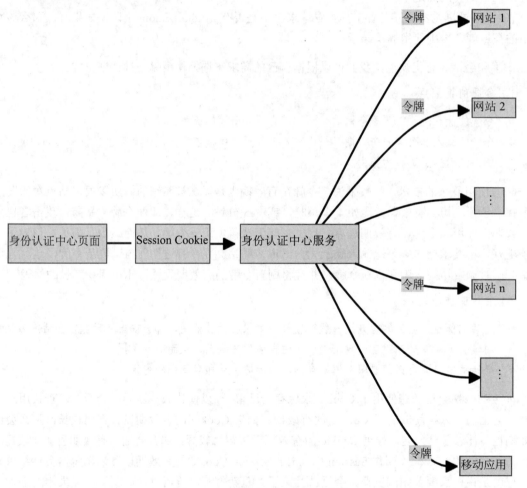

图 1-8　Cookie 和 Token 同时使用

2. 如何利用 Cookie 绕过登录进入登录状态

在前面的章节中，我们讲解了 Cookie 的基础知识，现在来灵活运用一下这些知识，解决一些自动化测试的问题。

有的团队使用 Cypress 对站点进行自动化测试，但是很多场景是用户在登录状态下进行的，需要首先解决登录问题。尽管预先注册账号，并将密码保存在一个安全的地方，在运行测试时动态获取，然后操作页面模拟用户登录。但是一般登录页面都会带上防机器人的脚本，直接阻止这样的自动化登录。比如有的网站使用了 WAF 服务商提供的 JS 脚本，其工作原理可以参考笔者的一篇博文[1]。

这时，我们可以考虑使用 Cookie 绕过登录，直接进入登录状态。这里有一个前提，就是我们需要有一个登录状态的 Cookie。该方案要求正常人类用户先手动登录站点，获得 Cookie，然后在自动化脚本中直接使用该 Cookie 访问目标站点，从而直接进入登录状态。这个方案听上去有点像黑客行为，因此，在最终使用该方案前，我们也可以考虑一下其他的解决方案，在由于各种原因导致其他方案实在不可行时，再来考虑使用 Cookie 绕过登录。

1）可能的解决方案

（1）使用特殊的 HTTP 标头。在目标站点的代码中做一个小改动。当检测到请求头中有一个特殊的字段，并且其值为允许的值时（比如 X-Internal=a-jwt-token），直接放行，不要应用机器人检测。这个方案改动量很小，比如：

```
// 如果头部 "X-Internal" 存在并且包含有效的访问令牌，则绕过机器人检测分析
if (request.headers["X-Internal"]) {
    if (await validateInternalAuthToken(request, request.headers["X-Internal"]
[0].value, lambdaContext, requestId))
        return request;
    else
        return buildBlockResponse(request, requestId);
}
```

但是它要求允许的测试客户端小心地保存这个秘密值。不过，即使客户端保存得很好，但终究需要明文传输，总有可能会被暴露。

（2）IP 白名单。这种方法可以轻松解决问题，但是在服务器端维护这个白名单会增加工作量，尤其当 IP 可能发生变化时。

（3）给目标站点添加多个入口域名，在内部域名访问时，去除机器人检测。可以给站点设定一个公开域名和一个内部域名，如图 1-9 所示。内部域名只允许通过 VPN 访问，相当于内网环境，不用检测机器人。对于公开域名，可以通过某些 DNS 服务来动态添加机器人检测脚本（比如 Cloudflare 这样的提供商）。自动化测试时使用内部域名。

Cloudflare 提供这样的服务，详见其官网文档：https://developers.cloudflare.com/bots/reference/javascript-detections。然而，如果公司没有使用这样的云，很可能就不能这样做了。

另外，如果公司的自动化测试运行在云上的 Elastic Runner 上，也不一定能够使用 VPN。

如果以上几种方案都不可行，那么可以尝试使用 Cookie 绕过登录，前提是目标网站没有使用 Session Cookie，而是使用了一个有效期较长的 Cookie。比如知乎网站、Bilibili 网站都采用了有效期较长的 Cookie，因为通过有效期较长的 Cookie 来减少用户登录的次数可以提升用户体验，同时开发量又很小。

要实现这个方案，需要先手动登录目标站点，然后获取 Cookie，在自动化脚本中使用该 Cookie 来访问目标站点，从而直接进入登录状态。说起来简单，实现起来的开发量并不小，但是该方案一旦实现之后，也可以用在其他的场景，这样边际成本就很小了。

---

[1] 可以在知乎上搜索：网络应用防火墙（WAF）防机器刷流量的工作原理，以登录举例。

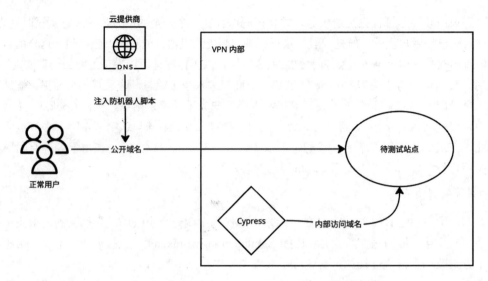

图 1-9　给站点设定一个外部域名和一个内部域名

其实，在笔者的两篇博文[1]中，曾经提到的"叽歪同步工具"用于自动化发布知乎专栏，就是采用了这个方案。让我们来仔细查看它的架构和核心代码。

如何获取用户 Cookie？

如果是浏览器登录，一般可以通过 F12 键打开开发者工具栏看到 Cookie，如图 1-10 所示。

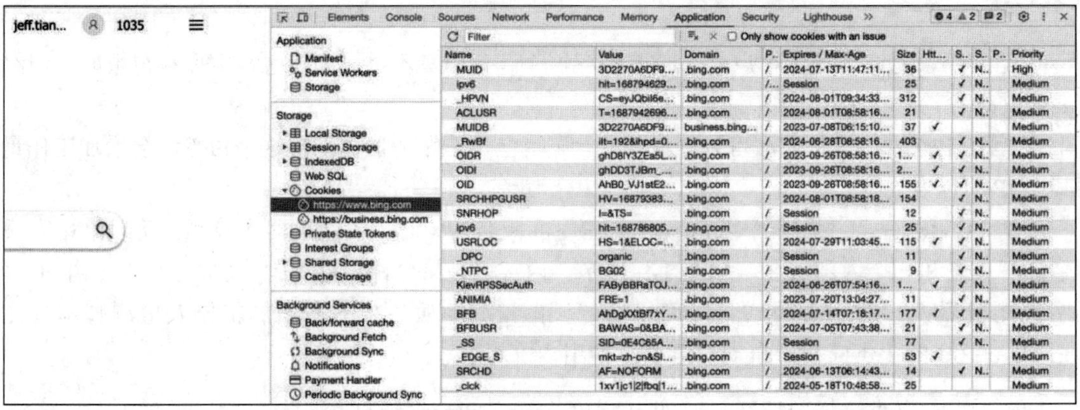

图 1-10　查看 Cookie

对于自动化测试来说，正常登录后，将 Cookie 手动保存下来即可。对于其他场景，可能需要自己做一个站点，来收集用户的 Cookie。笔者曾经录过的一个视频[2]中有提到我开发的一个收集知乎 Cookie 的站点。

2）架构图

整体架构图如图 1-11 所示。

---

[1] 可以在知乎上搜索：如何优雅地将 Markdown 文档同步到知乎专栏（叽歪同步工具介绍），以及如何优雅地将 Markdown 文档同步到知乎专栏（叽歪同步工具介绍之有头模式）。
[2] 可以在知乎上搜索："扫二维码登录一定安全吗？" 查看该视频。

第 1 章 什么是身份认证 | 15

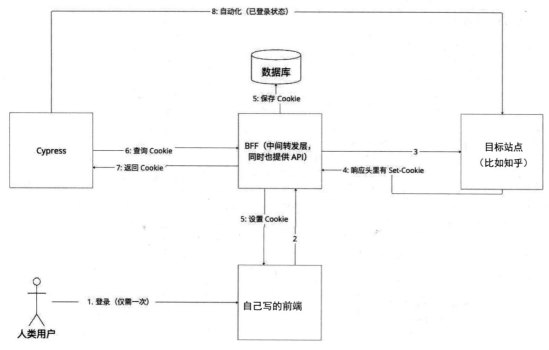

图 1-11 收集 Cookie 的架构

3）核心代码

Cypress 启动时，禁用浏览器安全：

```
const {defineConfig} = require("cypress");

module.exports = defineConfig({ chromeWebSecurity: false, /* 其他设置省略 */ })
```

运行测试用例前，获取 Cookie：

```
describe("feature", () => {
    let cookie
    before(() => {
        cy.request(
            'POST', THE_PROXY_API_FOR_GET_COOKIE,
            {
                "query": "a graphql request body",
                "variables": {"key": "user-cookie-60808105033728"}
            }
        ).then((response) => {
            cookie = JSON.parse(response.body.data.cookie);
        })
    })

    it('should login automatically and do stuff', () => {
        login(cookie);
        //...
    })
})
```

使用 Cookie 登录：

```
function login(cookie) {
    // 一开始未登录
    cy.visit('https: www.the.site')
    cy.clearCookies();
    Cypress.Cookies.debug(true)        // Cypress 替换 Cookie 时，会打印日志显示出来

    JSON.parse(cookie).data.map(item => {
       const cookie = Cookie.parse(item);
       cy.setCookie(cookie.key, cookie.value, {
          expiry: (!!cookie.expires && cookie.expires !== 'Infinity') ? new Date(cookie.expires).getTime() / 1000 : undefined,
          path: cookie.path,
          domain: cookie.domain ? cookie.domain : undefined,
          secure: cookie.secure,
       })
    });
    // 现在是登录状态了
    cy.visit('https: www.the.site')
}
```

1.4.2　什么是 SAML、OAuth 2.0 和 OIDC

讲到身份认证，总能碰到一些常见的术语。首先，从大的概念上讲，会碰到几种常见协议的名称，它们分别是 SAML（Security Assertion Markup Language、OAuth（Open Authorization）2.0 和 OIDC（OpenID Connect）。

- SAML：一种基于 XML 的开放标准，用于在身份提供者和服务提供商之间交换认证和授权信息。它主要用于企业间的单点登录（Single Sign On，SSO）和身份提供者（Identity Provider，IdP）与服务提供商（Service Provider，SP）之间信任关系的建立。SAML 解决了企业间身份集成和信任关系建立的问题。
- OAuth 2.0：一种开放标准，用于授权第三方应用访问受保护资源的框架。OAuth 提供了安全且可扩展的身份认证和授权机制。它允许用户授权第三方应用访问它们在其他应用中存储的资源，而无须共享它们的凭据。OAuth 2.0 广泛应用于 Web 和移动应用的身份验证和授权场景。
- OIDC：建立在 OAuth 2.0 之上的身份认证协议，提供了基于令牌的身份验证和用户信息交换的能力，由 OpenID 基金会开发。

在身份认证领域，以上几个标准和协议被广泛应用于认证和授权的流程。其中 SAML 主要使用在单点登录场景，我们留到后面的 1.4.6 节和其他单点登录协议一并介绍，下面分别详细介绍 OAuth 2.0 和 OIDC。

1. OAuth 2.0

对于 OAuth 2.0 来说，"第三方"是一个关键字，也就是说，如果你的应用既不准备使用任何第三方能力，也不准备为任何第三方赋能，不会被任何第三方来调用，那么这样的孤立应用程序（Siloed Application）是完全不需要使用 OAuth 开放标准的。

> **提 示**
>
> 如果你确定需要使用 OAuth 协议，那么在动手前还要想一想，你的应用是第三方还是授权服务器。如果是第三方，那么你需要利用 OAuth 客户端来和 OAuth 服务器进行交互；如果是授权服务器，那么你很可能需要实现一个 OAuth 服务器。

OAuth 允许用户不共享凭据的情况下授权第三方应用访问它们在其他应用中的资源，这是通过用共享访问令牌替代共享凭据（比如密码）来实现的。产生这个访问令牌的方式涉及不同的许可类型（或者称为授权模式）。在后文中，我们将举例逐一介绍不同的许可类型，但是现在让我们总体了解一下 OAuth 2.0 的授权流程，如图 1-12 所示。

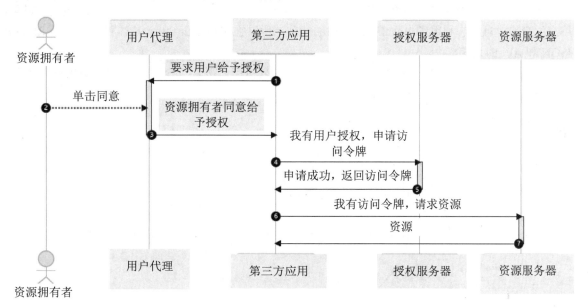

图 1-12　OAuth 2.0 的授权流程

在图 1-12 中，提到了如下几个参与方，它们也是常见术语的一部分。

- 第三方应用（Third-Party Application）：需要得到资源持有者授权访问其资源的那个应用。也经常被称为客户端或者请求方，它从授权服务器请求访问令牌，并且可以携带访问令牌从资源服务器访问用户的资源。
- 资源持有者（Resource Owner）：拥有授权权限的人，是第三方应用的用户，拥有资源并可以授权他人访问其拥有的资源。
- 授权服务器（Authorization Server）：能够根据资源持有者的意愿提供授权（授权前进行了必要的认证过程）的服务器。
- 资源服务器（Resource Server）：能够提供第三方应用所需资源的服务器，它与认证服务器可以是相同的服务器，也可以是不同的服务器。它接收令牌，并且在令牌验证有效时返回资源。
- 用户代理（User Agent）：资源持有者用来访问服务器的工具。对于人类用户来说，这通常是浏览器，或者原生应用。对于机器用户，即在微服务的互相调用的认证场景中，一个服务经常会作为另一个服务的用户，此时的用户代理就是 HttpClient、RPCClient 等。

如果你现在觉得上面的名称有些抽象，没关系，在后面的具体示例中会有案例说明，到时候就一清二楚了。

2. OIDC

OIDC 是一个基于 OAuth 2.0 的身份验证协议，它提供了在 Web 应用中验证和获取用户身份信息的机制，是 OAuth 2.0 的超集，即 OIDC=授权协议+身份认证。OIDC 在 OAuth 2.0 的基础上添加了标准化的身份验证流程和用户信息交换。它被广泛应用于 Web 应用程序中的用户身份验证和授权，并且可以提供单点登录的能力，使用和 OAuth 2.0 相同的授权流程。

OIDC 是 OAuth 2.0 的一个扩展，为 OAuth 2.0 协议提供了一个标准的身份验证流程。通过 OIDC，客户端可以通过 OAuth 2.0 的授权流程获取用户的身份令牌，并使用该令牌验证用户的身份和获取用户的身份信息。它利用了 OAuth 2.0 提供的基础，所以它和 OAuth 2.0 一样，是一种基于 REST、JSON 和 API 的系统。

如果说 OAuth 2.0 是一层非常厚的基于令牌的授权协议，那么 OIDC 是一层非常薄的基于令牌的身份认证协议，它们之间的关系如图 1-13 所示。

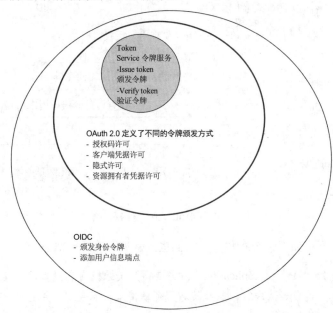

图 1-13　OIDC 和 OAuth 2.0 的关系

OIDC 定义了三种主要角色，分别说明如下：

- EU（End User），即最终用户，也就是使用我们的应用的用户。
- RP（Relying Party），即依赖认证服务的第三方，也就是我们的应用。
- OP（OpenID Provider），即 OIDC 服务提供者，也就是我们的认证服务器。

在前言中讲过，笔者认为身份认证不仅仅局限于登录注册。OIDC 基于授权服务器执行的验证用户的过程简化了确认用户身份的方式，并提供了类 RESTful 接口的互操作方式，用于获取用户资料。这种开放互联的设计使得不同的系统能够轻松集成，使数字化系统的搭建变得像搭建积木一样简单高效。OIDC 为应用和网站开发者赋能，使他们能够启用登录流程并在基于网页、移动端和

JavaScript 的客户端之间验证用户身份，此外，OIDC 支持诸如身份数据加密、身份提供者发现以及会话注销等扩展功能。对于开发者来说，OIDC 安全可靠地回答了一个问题："正在使用当前浏览器或者移动应用的个体的数字身份是什么？"。OIDC 的优势在于，它使开发者不再需要负责设置、存储和管理密码，而这些任务非常困难，凭据泄露事件频繁发生就是最好的证明。因此，将这些烦琐的任务交给 OIDC，开发者可以更加专注于业务逻辑。图 1-14 展示了 OIDC 连接协议套件的示意图[1]，其中的最小核心组件已足以实现系统之间的开放互联。而将整个套件全部包含进来，则形成了一个非常理想的身份认证平台。

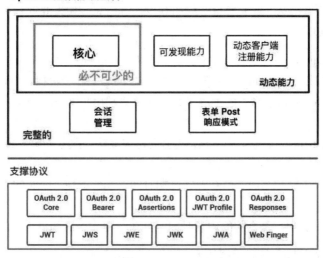

图 1-14 OIDC 连接协议套件示意图

前面反复提到 OIDC 是基于 OAuth 2.0 的，那么在日常开发实践中如何快速区分它们呢？这里有一个不十分严谨但非常高效的做法：你可以简单地认为，OAuth 2.0 提供访问令牌（Access Token），而 OIDC 的最小核心组件额外提供身份令牌（ID Token）。

- 访问令牌：表示用户身份和访问权限的令牌，用于向资源服务器请求受保护资源的访问。
- 身份令牌：在 OIDC 中使用的令牌类型，包含有关用户身份的信息，用于进行身份验证和用户信息交换。

OIDC 致力于为授权过程中的主体（或者说用户）提供更多的保证。身份令牌，正如名称所暗示的，它聚焦于提供身份相关的信息，它也是 JWT 格式的。

除客户端凭据许可类型外，其他的许可类型会同时提供访问令牌和身份令牌。我们后面会详细介绍在 OIDC 中的许可类型，不同许可类型对访问令牌和身份令牌的支持情况表如表 1-2 所示。

表 1-2 不同许可类型对访问令牌和身份令牌的支持情况表

许可类型	访问令牌	身份令牌
授权码许可	支持	支持
隐式许可	支持	支持

---

[1] https://openid.net/developers/how-connect-works/

（续表）

许可类型	访问令牌	身份令牌
密码许可	支持	支持
客户端凭据许可	支持	不支持
设备许可	支持	支持

访问令牌不需要被使用方解析，可以使用不透明令牌，而身份令牌是一个 JSON Web Token（JWT），属于结构化令牌，需要使用方对令牌进行解析，从中获取用户的身份信息，处理用户的登录状态等逻辑。尽管一个结构化令牌的载荷可以自定义，但是 OIDC 规范中定义了一些标准的字段，用于表示用户的身份信息，以及身份令牌的有效期等信息。如果要颁发一个身份令牌，则以下 5 个 JWT 声明参考是必需的：

（1）iss，全称 issuer，是令牌的颁发者，其值就是 OpenID 提供者（OpenID Provider，OP）的 URL，这个身份认证服务，在 OpenID 规范里，也被称为 OpenID 身份提供者。

（2）sub，全称 subject，是令牌的主题，其值就是终端用户（End User，EU）的唯一标识，比如用户的 ID。

（3）aud，全称 audience，是令牌的受众，其值就是依赖认证服务的第三方应用（Relying Party，RP）的 app_id。

（4）exp，全称 expiration time，是令牌的过期时间，其值就是一个时间戳，表示令牌的过期时间。

（5）iat，全称 issued at，是令牌的颁发时间，其值就是一个时间戳，表示令牌的颁发时间。

一个生成身份令牌的 Java 代码示例如下（后面的示例中还会展示如何用 Node.js 来实现同样的逻辑）：

```java
private String generateIdToken(String appId, String user) {
//密钥
  String sharedTokenSecret="hello-auth"; Key key = new SecretKeySpec(
    sharedTokenSecret.getBytes(),
//采用 HS256 算法
    SignatureAlgorithm.HS256.getJcaName()
);

//ID 令牌的头部信息
Map<String, Object> headerMap = new HashMap (); headerMap.put("typ", "JWT");
headerMap.put("alg", "HS256");

Map<String, Object> payloadMap = new HashMap ();
//ID 令牌的主体信息
payloadMap.put("iss", "http: localhost:8081/");
payloadMap.put("sub", user);
payloadMap.put("aud", appId);
payloadMap.put("exp", 1584105790703L);
payloadMap.put("iat", 1584105948372L);
```

```
return Jwts.builder()
        .setHeaderParams(headerMap)
        .setClaims(payloadMap)
        .signWith(key, SignatureAlgorithm.HS256)
        .compact();
}
```

第三方解析身份令牌的示例代码如下（在后面讲解 JWT 的过程中也有 Node.js 实现，而身份令牌也是一个 JWT）：

```
private Map<String, String> parseJwt(String jwt) {
// 密钥
String   sharedTokenSecret="hello-auth";
// HS256 算法
SignatureAlgorithm.HS256.getJcaName()
);
Map<String, String> map = new HashMap<String, String>(); Jws<Claims> claimsJws =
Jwts.parserBuilder()
.setSigningKey(key)
.build()
.parseClaimsJws(jwt);
// 解析 ID 令牌主体信息
Claims body = claimsJws.getBody(); map.put("sub", body.getSubject()); map.put("aud",
body.getAudience()); map.put("iss", body.getIssuer());
map.put("exp", String.valueOf(body.getExpiration().getTime())); map.put("iat",
String.valueOf(body.getIssuedAt().getTime())); return map;
}
```

这里再特别强调一下，第三方只需要验证身份令牌的签名是否正确就可以确定身份令牌的真实性。这是唯一需要的合法性校验，随后的解析只需要保留 JWT 中的载荷部分即可。

OIDC 在很多方面都可以看成是现代化的 SAML。SAML 是一种基于 XML 的旧协议，在 2000 年开始流行起来。它是跨组织使用断言形式进行信息联邦的事实标准。从用户角度来看，SAML 的使用比起以前更少了。

以上介绍的 SAML、OAuth 2.0 和 OIDC 是身份认证领域常用的标准和协议，了解它们的特点和用途对于设计和实现身份认证系统至关重要。

1.4.3 许可类型

在身份认证和授权过程中，许可（Grant）类型用于确定用户授权的方式和权限范围。许可类型定义了用户如何获取访问令牌（Access Token）以及使用令牌所拥有的权限，它们之间最大的不同在于获取访问令牌的方式不一样，但是整体的流程是相似的。图 1-15 是 OAuth 2.0 的概览流程，不同的授权许可类型只是在其中的个别步骤上有一些差异。

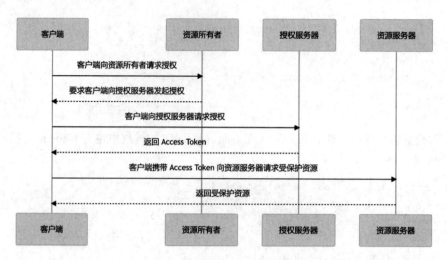

图 1-15　OAuth 2.0 的概览流程

OAuth 2.0 中常见的许可类型如表 1-3 所示。后面将逐个详细介绍。

表 1-3　OAuth 2.0 中常见的许可类型

授权许可类型	获取访问令牌的方式
授权码许可	通过授权码（code）换取用户的访问令牌（access token）
客户端凭据许可	通过第三方调用客户端的密钥对（client_id 和 client_secret）来换取客户端级别的访问令牌
隐式许可	通过嵌入浏览器中的第三方调用客户端的标识（client_id）来换取客户端级别的访问令牌
资源拥有者凭据许可	通过资源拥有者的用户名和密码换取用户的访问令牌，因此也叫密码许可类型

1. 授权码许可

对于普通用户来说，这是最常见的授权方式，可能每天都会和这个授权许可打交道。比如微信扫码登录第三方网站，就是这种授权许可模式。

作为普通用户，不用关心其中的细节，而对于技术人员，可以观察一下：当你扫码后，手机上会询问是否允许第三方网站获取你的信息。一旦你点击"允许"，浏览器上的二维码页面会重定向至第三方网站，并携带一个微信颁发的授权码。你可以在浏览器的地址栏中看到这个授权码，它以查询字符串的明文方式出现。

这个授权码是和你的身份绑定的，也就是说，微信可以通过这个授权码定位到你的身份。当然，你基本上不用担心这个授权码被泄露，因为它的有效时间很短，而且只能使用一次，使用一次后立即失效。

这个授权码在浏览器的地址栏一闪而过，立即就被第三方网站消费掉了。第三方网站拿到你的授权码，就会使用这个授权码去向微信换取你的访问令牌以及身份令牌。再次说明一下，不用太担心授权码的泄露，因为即使攻击者拿到了授权码，并能够抢在你授权的第三方网站去微信端换取你的身份信息，也不能成功。因为在使用授权码换取访问令牌和身份令牌时，还需要提供第三方网站的客户端级别的访问令牌，而这个令牌是需要第三方提前使用其客户端密钥对（client_id 和 client_secret）来获得的。

这个流程可以总结为如图 1-16 所示的时序图。

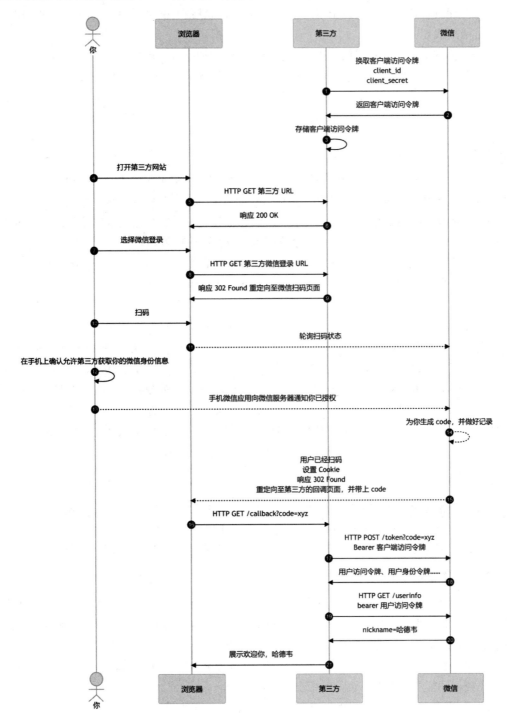

图 1-16　授权码许可时序图

在 OAuth 2.0 的标准协议中，有一些更抽象的名称，比如资源拥有者，在图 1-16 中就是你，第三方网站需要你的个人信息，你是你个人信息的拥有者；而授权服务器就是微信，由它来颁发令牌；

资源服务器也是微信,因为第三方网站想要使用你在微信端的头像、昵称等,这些就是资源,保存在微信中,但拥有者是你;第三方应用是允许你使用微信登录的网站;而网页浏览器和手机上的微信应用都是用户代理。

尽管在前面的 OAuth 2.0 授权流程中分别列出了资源拥有者、用户代理、第三方应用、授权服务器以及资源服务器,但是在这个场景(网站的微信扫码登录)中,用户代理有两个具体的实例,分别是网页浏览器和手机上的微信应用;而授权服务器和资源服务器是同一个,即微信。在后面更多的具体实例中,我们会碰到更多的场景,在有些场景中,授权服务器和资源服务器是分开的,而且在很多场景中,用户代理都是网页浏览器的一个实例。

综上所述,授权码许可类型(Authorization Code Grant Type)是一种常见的许可类型,它用于 Web 应用的身份认证和授权流程。在授权码许可类型中,用户首先通过身份提供者(Identity Provider,IdP)登录(在上述微信扫码登录网页的例子中,IdP 就是微信),并授权给客户端应用访问其资源。一旦用户授权成功,身份提供者将生成一个授权码并将其发送给客户端应用。然后,客户端应用使用授权码向身份提供者请求访问令牌,进而获取用户资源的访问权限。

授权码许可类型的优势在于客户端应用不直接获取访问令牌,而是通过授权码进行交互,从而增加了安全性。此外,授权码许可类型还支持客户端的机密性,并且授权码只能用于特定的客户端应用。

除了用于网页浏览器外,授权码许可也可用于手机应用。网页的回调通过 HTTP 302 重定向实现,而在手机上的回调通过 Scheme URL 来实现。不过,在手机上,恶意软件可以通过 Scheme URL 冒充真实的应用而截获授权码,这是一个安全隐患。为了解决这个问题,OAuth 2.0 引入了 Proof Key for Code Exchange(PKCE)协议,这个协议的目的是防止授权码被截获。后面可以通过详细的例子来说明这个协议,在详细了解 PKCE 之前,让我们先来看一看隐式许可类型,并且详述一下它的安全性问题,以及为什么可以通过启用 PKCE 的授权码许可类型来替代隐式许可类型(Implicit Grant Type)。

2. 隐式许可

隐式许可类型是另一种常见的许可类型,它通常用于单页面应用(Single Page Application,SPA)或移动应用的身份认证和授权流程。在隐式许可类型中,用户直接在浏览器中进行身份认证并授权,身份提供者会直接向客户端应用返回访问令牌。因此,隐式许可类型不涉及授权码的交换过程。

1)为什么会有隐式许可类型

既然不推荐该许可类型,那么它为什么会出现呢?这是因为在 OAuth 2.0 的初期,隐式许可类型是唯一一种支持单页面应用的许可类型。在 OAuth 2.0 应用的初期,单页面应用在浏览器中受到的限制比较大,比如 JavaScript 不能访问浏览器的浏览历史,也不能访问浏览器的本地存储。并且,那时候很多服务器也不接受跨站 POST 请求,导致单页面应用没法通过/token 端点获取到令牌,从而使得整个授权码流程不能在单页面应用上正常运行。

我们现在假设要开发一个名为"哈德韦"的单页面应用,它使用隐式许可类型接入了微信登录,那么流程如图 1-17 所示。

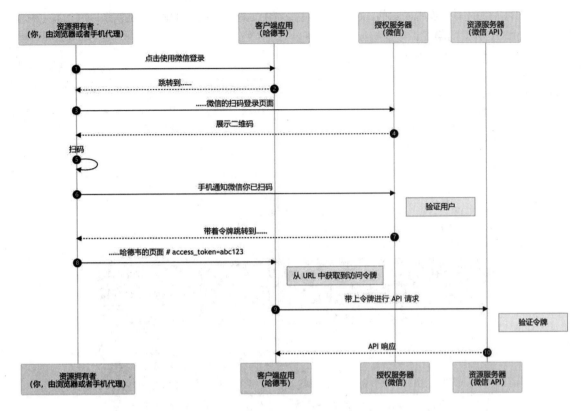

图 1-17 隐式许可时序图

注意，当你认证完成，授权服务器（微信）在响应回客户端应用（哈德韦）时，会在 URL 上直接带上令牌。这个时候，微信并不能确认是否真的是浏览器（期待的接收者）接收到了令牌，更糟的是，多数浏览器或者插件支持同步浏览历史，这会导致令牌泄露。为了缓解这个问题，一般支持隐式流程的授权服务器，都会通过#token=xxx 的方式将令牌返回到客户端应用（在授权链接中通过 response_mode=fragment 指定），因为#后面的部分不会被发送到服务器，仅存在于浏览器端，但是这仍然不够安全。

2）单页面应用的路由模式该如何选择

单页面应用是一种特殊的 Web 应用，它将所有的活动都在一个页面中完成，通过动态加载 HTML、CSS、JavaScript 等资源来实现页面的切换和更新。一般单页面应用框架都设置了两种路由模式供开发者选择，分别是 browser 和 hash。browser 模式使用 HTML5 的 history API 来实现路由，而 hash 模式则是在 URL 中使用#来作为路由标记。笔者认为，browser 模式大家更加熟悉，而且对服务器渲染更加友好，而 hash 模式仅能够在客户端进行路由，并且#后面的内容不会被发送到服务器，因此在很多情况下，笔者都会推荐使用 browser 模式。

不过，如果单页面应用要对接隐式许可，那么推荐使用 hash 模式。或者至少在接收访问令牌时，访问令牌一定要放在#后面，这样可以避免将访问令牌发送到服务器，从而减少暴露面。如果不将访问令牌放在#后面，那么服务器开发者或者运维人员可以从应用的访问日志中查看到访问令牌，在有效期内可以轻易冒充最终用户的身份。

如图 1-17 中的第 8 步所显示的,在隐式许可类型中,令牌是通过 URL 中的#后面的查询字符串来传递的。一个典型的隐式许可的授权链接如下:

```
https: dev-micah.okta.com/oauth2/default/v1/authorize? client_id=0oapu4btsL2xI0y8y356
&redirect_uri=http: localhost:8080/callback &response_type=id_token token
&response_mode=fragment
        &state=SU8nskju26XowSCg3bx2LeZq7MwKcwnQ7h6vQY8twd9QJECHRKs14OwXPdpNBI58
&nonce=Ypo4cVlv0spQN2KTFo3W4cgMIDn6sLcZpInyC40U5ff3iqwUGLpee7D4XcVGCVco
        &scope=openid+profile+email
```

而对应的典型的隐式许可的授权响应的跳转链接如下(见图 1-18):

```
http: localhost:8080/callback# id_token=eyJraWQiOiI3bFV0aGJyR2hWVmx
&access_token=eyJraWQiOiI3bFV0aGJyR2 &token_type=Bearer
        &expires_in=3600 &scope=profile+openid+email
        &state=SU8nskju26XowSCg3bx2LeZq7MwKcwnQ7h6vQY8twd9QJECHRKs14OwXPdpNBI58
```

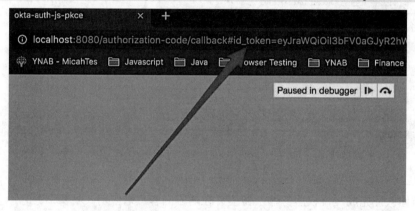

图 1-18　隐式许可跳转链接 URL

如果不用隐式流程,对于单页面应用,那该怎么办呢?其实可以使用 PKCE,它的全称是 Proof Key for Code Exchange,作为授权码流程的扩展,已经被广泛用于手机原生应用。

3)使用 PKCE 让应用更安全

PKCE 有单独的规格说明,它让使用公开客户端的授权码流程更加安全。在理解这一点前,我们先来看看不使用 PKCE 时为什么不够安全。这里涉及公开客户端,也就是在授权服务器的应用列表里,该客户端只有 client id 而没有 client secret。在原生应用场景中,当授权服务器将授权码返回给应用时,它会调用应用的 Scheme URL 来唤起该应用。然而,如果有恶意应用通过注册与合法应用相同的 Scheme URL 来冒充,那么授权码可能会被该恶意应用截获。从而抢在真正的应用之前向授权服务器换取令牌(因为没有 client secret,而 client id 又可以通过网络抓包获取到,所以只需通过 client id 加上授权码即可换取令牌)。

PKCE 流程会在发起整个授权码流程之前,通过动态生成的秘密值进行一些准备工作,并且在授权码流程结束附近处增加验证环节,让确保接收授权码的应用能够证明自己是发起整个流程的合法应用。

具体来说,应用在发起流程前生成一个随机值,称为 code verifier。应用将该值 hash 之后,即成为 code challenge。然后,应用像普通的授权码流程一样发起整个流程,只是在查询字符串中带上了 code challenge，一并发往授权服务器。授权服务器会存储 hash 后的 code challenge，在后面校验时会用到。当用户验证成功后，授权服务器把授权码发回应用。

应用收到授权码会再次发起请求以换取令牌，但是要带上 code verifier（虽然不需要传递固定的 client secret 了，但是需要传递一个动态的 secret，code verifier 就相当于动态的 secret）。现在授权服务器可以 hash 这个 code verifier，并且和它之前存储起来的 hash 过后的值进行比较，如果一致，验证就通过，正常返回令牌。这是一个非常有效的使用动态密钥代替静态密钥的机制。

这个流程最初只被运用在原生应用场景，因为那时候的浏览器和多数的授权服务器都不支持 PKCE。但是现在这个情况已经改变了，浏览器和授权服务器都可以支持 PKCE。

在前面的隐式许可的例子中，如果改为 PKCE，新的流程图如图 1-19 所示。

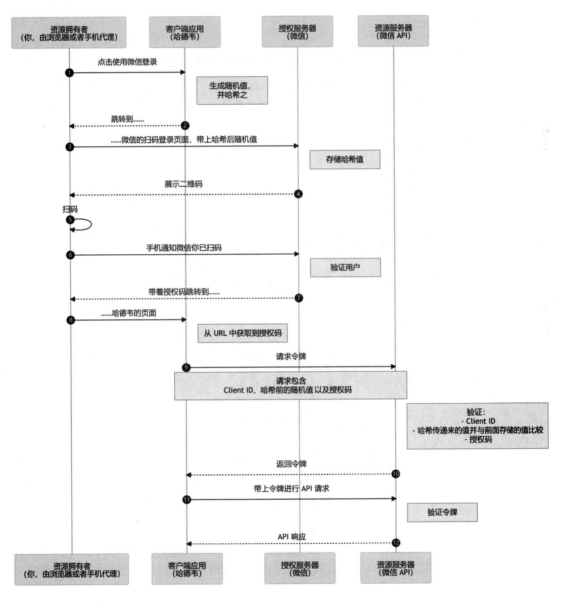

图 1-19　PKCE 流程时序图

3. 资源拥有者凭据许可/密码许可

密码许可（Password Grant，也称为密码授权）类型是一种直接使用用户凭据进行认证和授权的许可类型。用户名和密码有时也统称为用户凭据。用户在 OAuth 2.0 的流程中扮演了资源拥有者的角色，因此，密码许可类型有时也被称为资源拥有者凭据类型。总之，在密码许可类型中，用户向客户端应用提供其用户名和密码，客户端应用将这些凭据直接发送给身份提供者进行验证。一旦验证通过，身份提供者将直接向客户端应用返回访问令牌，以供后续的资源访问。

密码许可类型的优势在于简单直接，适用于用户对客户端应用的信任度较高的场景。然而，由于涉及用户凭据的传输和存储，密码许可类型的安全性需要特别关注，如采取适当的加密和保护措施。

4. 客户端凭据许可

以上几种许可类型都对应着面向人类用户的场景，但是 OAuth 2.0 也支持面向机器的场景。

在客户端凭证许可（Client Credentials Grant）中，客户端使用其自身的凭证（例如，客户端 ID 和密钥）直接向身份提供者请求访问令牌。这种许可类型适用于没有用户参与的场景，例如后台任务或服务到服务的通信。

这些是常见的许可类型，但实际应用中可能还存在其他类型的许可，我们可以根据具体的身份认证和授权需求来选择合适的许可类型。

注意，许可类型的选择应根据应用程序的特性和安全需求进行评估，以确保使用合适的授权机制和权限管理。

1.4.4 访问令牌和身份令牌的区别

在身份认证和授权过程中，访问令牌和身份令牌是两个关键的概念，它们具有不同的作用和特点。

- 访问令牌是一个用于访问受保护资源的令牌。它是身份认证后获取的，并且包含关于用户和授权信息的一组凭据。访问令牌通常用于向资源服务器发出请求，并验证用户对资源的访问权限。访问令牌通常具有较短的有效期限，以增加安全性。客户端在发送请求时需要将访问令牌包含在请求头或参数中。
- 身份令牌是在身份认证完成后返回给客户端的令牌。它包含有关用户身份和认证信息的声明。身份令牌通常用于在客户端应用程序中表示用户身份，以便进行个性化显示、用户信息展示或其他业务逻辑的处理。身份令牌通常具有较长的有效期限，以确保在用户会话期间持续有效。客户端可以在前端应用程序中存储身份令牌，以便在需要时使用。

访问令牌和身份令牌在功能和用途上有所区别。访问令牌主要用于授权和资源访问，而身份令牌主要用于表示用户身份和提供用户相关信息。

在一些身份认证和授权协议中，如 OAuth 2.0 和 OpenID Connect，访问令牌和身份令牌通常同时返回给客户端。客户端可以根据自己的需求和业务逻辑使用这两个令牌，以实现安全的资源访问和用户身份管理。

1.4.5 刷新令牌是什么

在前面介绍令牌与会话时，提到了令牌机制的一个缺陷，就是覆水难收。一旦令牌泄露，攻击者就可以使用该令牌访问受保护的资源。为了缓解这一安全隐患，在授权服务器颁发访问令牌时，需要将令牌的有效期设置得很短（比如 5 分钟）。但是，这样做会导致用户每隔 5 分钟就需要重新登录一次，如此一来，用户的体验是很差的。为了解决这个问题，OAuth 2.0 引入了刷新令牌（Refresh Token）的概念。

在身份认证和授权过程中，刷新令牌是一种用于获取新访问令牌的令牌。它通常用于在访问令牌过期后，向身份提供者（IdP）请求新的访问令牌。刷新令牌通常具有较长的有效期限，以确保在访问令牌过期后仍然有效。

一般来说，当 OIDC 客户端在获取用户信息时收到 401 错误，表明访问令牌已经过期。此时，可以使用刷新令牌来重新获取一个新的访问令牌，然后使用新的访问令牌获取用户信息，从而完成一次刷新令牌的过程。在这个过程中，终端用户通常无感知，感觉登录状态一直有效。

在 OAuth 2.0 规范中，如果要在令牌接口中获取刷新令牌，需要保证在构建授权链接时，scope 参数中包含 offline_access，这样才能在令牌接口中获取到刷新令牌。如果不传入这个参数，那么在令牌接口中就不会返回刷新令牌。

在使用刷新令牌换取新的访问令牌时，使用的是同一个令牌接口，但是传入的参数不同，需要传入 grant_type=refresh_token，而不是 grant_type=authorization_code 或者其他，同时还需要传入 refresh_token 参数，这个参数就是之前获取到的刷新令牌。除这几个参数外，还需要传入 client_id 和 client_secret，这两个参数是客户端的标识和密钥，用于在授权服务器校验客户端的身份，否则将得到一个不正确的客户端的响应。这个客户端凭据和参数不一样，是通过 HTTP Basic Authorization 头部传入的，格式详见前面关于 Basic 认证的讨论。

1.4.6 什么是单点登录

在自序中，笔者提到自己在一家外企将几个系统对接到公司的域账号后，既省去了用户的认知负担，又简化了管理员的工作。后来笔者才知道，让用户登录一个系统后，在另一个系统中可以重用之前登录的信息，省去了用不同的账号登录的过程，这就是单点登录（Single Sign On，SSO）。

单点登录是一种身份认证机制，它允许用户在多个应用系统中使用相同的凭据进行登录，从而实现一次登录，访问多个应用的目的。它的核心思想是让用户只需要提供一次身份验证，就可以在多个系统中无须重复输入凭据。

在传统的身份认证方式中，用户需要为每个应用系统单独进行身份验证，每次登录都需要输入用户名和密码。这不仅烦琐，还容易导致密码管理问题和用户体验不佳。而单点登录解决了这个问题，使用户只需登录一次，即可访问多个应用系统。

单点登录的工作原理通常涉及一个称为身份提供商的中心认证系统。用户向 IdP 提供凭据进行身份验证，一旦验证成功，IdP 会向用户颁发一个令牌（如访问令牌或身份令牌）。用户在访问其他应用系统时，只需提供这个令牌给应用系统，而无须再次进行身份验证。

通过单点登录，用户可以享受到以下好处。

- 便捷性：用户只需登录一次，即可访问多个应用系统，简化了登录过程，提高了用户体验。

- 安全性：由于用户只需提供一次凭据，减少了密码输入的次数，因此降低了密码泄露和重放攻击的风险。
- 统一管理：单点登录集中了用户身份验证和授权管理，方便对用户账户和权限进行集中管理。

单点登录已经成为现代应用开发中常用的身份认证方式之一，广泛应用于企业内部系统、云服务、社交媒体平台等各种应用场景。常见的单点登录标准协议包括 OIDC、OAuth 2.0、SAML2、CAS 3.0 和 LDAP。前面我们已经介绍了 OIDC 和 OAuth 2.0，接下来介绍 LDAP 和 SAML，并将 CAS 留到后面的 3.2 节进行介绍。

1. LDAP

轻量目录访问协议（Lightweight Directory Access Protocol，LDAP）是基于 X.500 的行业标准协议，用于管理账户和作为身份验证平台。但 LDAP 不会定义登录这些系统的方式，而是在身份验证和访问控制过程中扮演一部分角色。例如，在用户能够访问某些资源之前，LDAP 被用来查询用户及其所属的组织，以决定用户是否具备权限。

用户（有时是设备）数据在目录存储中以一种层次结构进行组织，并且有一系列的标准协议可以用来进行访问、存取和复制。LDAP 在互联网中的历史很悠久，新版本是 v3，在 RFC4511[1] 中定义。不过 LDAP 的最初设计是在 1990 年出现的，主要用在电信领域和 x500 标准中。x500 是一个聚焦于描述 DAP（Directory Access Protocol）、DSP（Directory System Protocol）、DISP（Directory Information Shadowing Protocol）和 DOP（Directory Object Protocol）的组件集合。

LDAP 是 x500 DAP 中描述的一些概念的简要版本，尽管不是高精尖的科技，但是在很多面向内部或者外部的身份平台中扮演了非常重要的角色。为什么呢？因为它为存储和扩展用户数据提供了坚实的基础。比如微软的 Active Directory 以及 Azure Active Directory（后被改成 Entra ID），就是基于 LDAP 的。

大规模的用户存储有一些基本的属性要求。首先，它们需要能够存储大量用户数据，而且需要能够快速地进行查询。其次，需要有能力将数据高速地复制到不同的办公室、站点或者地理位置以实现容错和高可用。

LDAP 对实体的模式描述基于它们在 DIT（Directory Information Tree，即目录信息树，将数据的层次结构放到树中的不同分支）中的位置。比如一个名叫 John Doe 的用户实体，可能会被描述为：

```
cn=John Doe,ou=People,dc=example,dc=com
```

在这个描述中，cn 是 common name 的缩写，ou 是 organizational unit 的缩写，dc 是 domain component 的缩写。这个描述中的每个部分都是一个 RDN（Relative Distinguished Name，即相对唯一名称），它们都是相对于 DIT 的根节点而言的。

基于 LDAP 的系统可以类比为作为用户数据存储的关系数据库。尽管很多数据库都可以存储这样的数据，但基于 LDAP 的服务仅仅聚焦于一点，那就是存储实体并提供高吞吐量和高扩展性的身份认证——无论是用户身份还是设备身份。

2. SAML

SAML（Security Assertion Markup Language，安全声明标记语言）是一种基于 XML 的开放数

---

[1] https://tools.ietf.org/html/rfc4511

据格式,允许计算机在网络间共享安全令牌。SAML 2.0 可以基于跨域网络实现单点登录,从而减少向单个用户发放多个身份令牌的开销。

它包含两个实体:

- 服务提供商。
- 身份提供者。

授权过程大致如下:

(1)服务提供商向身份提供者发送 SAML 请求,请求用户身份验证。
(2)身份提供者要求用户输入用户名和密码,并对其进行验证。
(3)如果验证成功,身份提供者将 SAML 响应返回给服务提供商,其中包含额外的信息以确保响应未被篡改。

其具体时序图如图 1-20 所示。

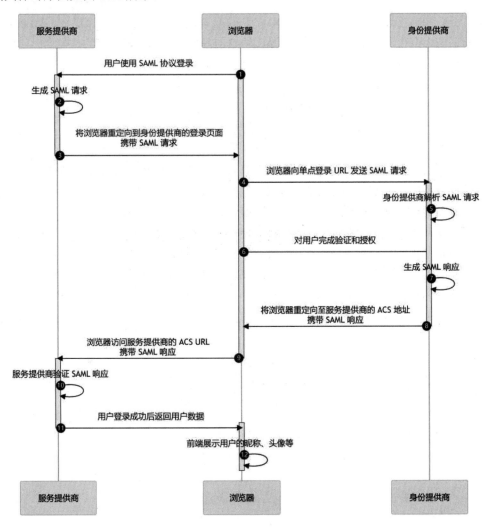

图 1-20　SAML 认证流程

图 1-20 中提及的 ACS 是 Access Control System（访问控制系统）的缩写。

3. 总结

单点登录有多个标准协议可选，如果想要实现单点登录，建议使用的协议顺序是：OIDC > SAML2 > CAS 3.0 > LDAP > OAuth 2.0。表 1-4 是一个更加详细的单点登录协议对比表格。

表 1-4 单点登录协议对比表格

协议名称	OIDC	SAML2	CAS 3.0	OAuth 2.0
验证	是	是	是	否
授权	是	是	否	是
易于使用的程度	☺☺☺☺☺	☺☺	☺☺☺	☺☺☺☺
安全性	都是安全的			
使用场景	多应用之间的单点登录 API 授权	企业内部单点登录	企业内部单点登录	多应用之间的单点登录 API 授权

可以看到，单点登录协议有多个，而 OIDC 协议是首选。因为 OIDC 在 OAuth 2.0 的基础上添加了身份验证能力，也可以说 OIDC 是在 CAS 协议的基础上添加了授权能力，但同时它比 SAML 协议更加简单。它的便利性、隐私保护和安全特性让它成为组织实现单点登录最好的选择。

1.5 小　　结

本章介绍了身份认证的基本概念，包括身份认证、授权、许可类型、访问令牌、身份令牌、刷新令牌和单点登录等，强调了身份认证和授权的联系与区别。这些概念是理解身份认证和授权的基础，对于设计和实现身份认证系统至关重要。同时，按照目标对象进行了分类，还介绍了一些常见的身份认证协议和标准，包括 SAML、OAuth 2.0 和 OIDC 等。另外，对认证场景进行了细分，并重点介绍了 OAuth 2.0 的几种许可类型，包括授权码许可、隐式许可、资源拥有者凭据许可和客户端凭据许可。最后，介绍了刷新令牌和单点登录的概念，以及它们的作用和特点。

下一章将介绍身份认证所依赖的安全协议，并详细介绍一些在身份认证场合常用的加密和哈希算法。希望通过这些介绍消除读者在实际使用时的迷惑，让读者能够更加自信地使用这些算法。

第 2 章

认证机制与相关算法

在身份认证过程中，涉及各种认证机制、加密和哈希算法。了解这些基本概念对于深入理解身份认证的工作原理和安全性至关重要。本章将介绍常用的认证机制、安全协议和加密算法，帮助读者建立对其核心原理和应用场景的认识。

认证机制是指在身份认证过程中使用的验证方法和技术。它们定义了验证实体的身份、检验凭据的有效性以及确保认证过程的安全性。常见的认证机制包括基于密码的认证、基于令牌的认证、基于生物特征的认证等。

安全协议是指在通信过程中用于确保认证数据传输安全性的协议。它们通过使用加密、身份验证和消息完整性校验等技术，保护认证过程中传输的敏感信息不被篡改或窃取。常见的安全协议包括 SSL/TLS、IPSec、Kerberos 等。

加密算法是指在认证过程中用于保护敏感数据的加密技术。它们通过使用密钥对数据进行加密和解密，确保数据在传输和存储过程中的机密性和完整性。常见的加密算法包括对称加密算法（如 AES、DES）、非对称加密算法（如 RSA、ECC）以及哈希算法（如 SHA-256）等。

深入理解认证机制、安全协议和加密算法的原理和特点，有助于我们选择适合特定应用场景的认证方案，并能更好地保护用户的身份和数据安全。

接下来，我们将逐个介绍这些基础概念，并探讨它们在身份认证中的应用和意义。

2.1 认证的基本原理，怎么证明你是谁

在身份认证过程中，最基本的问题是如何证明你是谁。认证的目的是确保系统可以验证用户提供的身份信息的真实性和准确性。本节将介绍认证的基本原理和常见的身份验证方法，帮助读者理解身份认证的核心概念。

2.1.1 认证的基本原理

认证的基本原理是通过验证用户所提供的身份信息来确认其身份的真实性。这涉及用户提供的凭据和验证机制的相互配合。通常，认证过程中使用的凭据可以是密码、数字证书、生物特征（如指纹或面部识别）等。

验证机制通常包括以下步骤。

步骤01 用户提供身份信息：用户向系统提供其身份信息，例如用户名、密码或其他识别凭据。

步骤02 凭据验证：系统使用预先存储的凭据信息与用户提供的信息进行比对，以确定其凭据的真实性和有效性。

步骤03 身份确认：如果凭据验证成功，则系统确认用户的身份，并授权其访问所需的资源或服务。

认证的基本原理是确保凭据的安全性和可信度，以及验证机制的可靠性和有效性，它是构建可靠身份认证系统的关键基础。

2.1.2 常见的身份验证方法

在现实世界中，有多种常见的身份验证方法可用于确认用户的身份。以下是一些常见的身份验证方法：

- 密码验证：用户提供的密码与系统中存储的密码进行比对。这是最常见的身份验证方法之一。
- 数字证书：基于公钥基础设施（Public Key Infrastructure，PKI）的身份验证方法，使用数字证书作为凭据来确认用户的身份。
- 生物特征识别：利用生物特征信息（如指纹、面部识别、虹膜扫描等）来验证用户的身份。
- 多因素身份验证：结合多个不同的身份验证因素（如密码、硬件令牌、生物特征等）进行验证，提高了安全性。

以上仅是一些常见的身份验证方法示例，实际应用中可能还有其他特定的身份验证机制和技术。深入理解身份验证的基本原理和常见方法有助于我们设计和选择合适的身份认证方案，确保系统安全性和用户身份的可信度。

在上面介绍的几种身份认证方式中，密码认证方式很常见，实现起来也相对简单。接下来，我们将介绍几种常见的密码认证实现，这些方式是实现身份认证的基础技术和手段。了解不同的认证方式可以帮助我们选择合适的方式来满足特定的认证需求。

1. Basic 认证

Basic 认证是最简单的一种身份认证方式，通常用于 HTTP 协议中。它通过在 HTTP 请求的 Header 中添加一个 Authorization 字段，包含用户名和密码的 Base64 编码形式来进行身份验证。其格式是：

```
Basic Base64(username:password)
```

如果在应用中使用 Basic 认证，当用户在浏览器中打开该应用时，浏览器会弹出一个对话框，要求用户输入用户名和密码。当用户输入用户名和密码后，浏览器会将用户名和密码进行 Base64 编码，并在后续的请求中添加 Authorization 头，将编码后的用户名和密码发送给服务器。服务器收到请求后,会对用户名和密码进行解码,然后将用户名和密码跟数据库或者内存中记录的值进行比较,如果匹配,则验证通过,随后返回请求的资源。其整个时序图如图 2-1 所示。

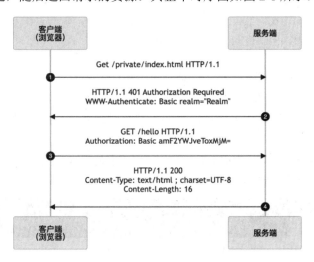

图 2-1 Basic 认证时序图

在 Spring Security 中可以很方便地开启 HTTP Basic 认证,只需要在配置类中添加如下代码即可:

```
@Configuration
public class SecurityConfig extends WebSecurityConfigurerAdapter {
@Override protected void configure(HttpSecurity http) throws Exception {
   http.authorizeRequests()
    .anyRequest().authenticated()
      .and()
      .httpBasic()
      .and()
      .csrf().disable();
   }
}
```

由于这是浏览器的自动行为,展示的表单样式不能定制,也不能扩展其他字段,仅支持用户名和密码,因此使用 Basic 认证的用户体验并不好,而且由于用户名和密码是以明文形式传输的,存在安全风险,因此不适合在面向人类用户的 Web 应用中使用。

> **提 示**
>
> 在日常工作中,笔者经常听到有人说"使用了 Base64 加密"之类的说法,这是一个常见的误解。Base64 并不是一种加密算法,它只是一种编码方式,可以将任意的二进制数据编码成可打印的 ASCII 字符串。尽管通过 Base64 编码后,密码看似已经以非明文的方式传输了,但入侵者仍然可以截获并解码,得到原始明文。
>
> 比如这样一串经过 Base64 编码后的字符串:SGVsbG8gd29ybGQ=,你可以轻易地通过以下命令行解码出明文"Hello World":
>
> `echo SGVsbG8gd29ybGQ= | base64 --decode`

> **提示**
>
> 另外,即使使用加密技术对密码进行了加密,但如果仍然使用 Basic 认证,那么入侵者仍然可以使用截获的用户名和密码来访问系统,不需要解码,即进行重放攻击。所以,使用 Basic 认证时,一定要使用 HTTPS 来保证传输的安全性。

但是,在面向机器的请求验证中,Basic 认证仍然被广泛采用,比如在 RESTful API 中,可以使用 Basic 认证来验证客户端的身份。此外,在 OAuth 2.0 的刷新令牌请求中,也可以使用 Basic 认证来验证客户端的身份。在这种情况下,由于请求是在后台发起的,用户并不会感知到,因此不会影响用户体验。

例如,Epic Games 甚至在其获取访问令牌的 API 中要求使用 Basic 验证的方式传递客户端凭据,图 2-2 是从 Epic Games 官网上获取的截图。

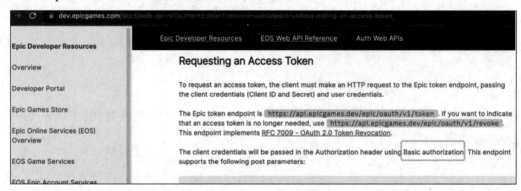

图 2-2　Epic Games 要求使用 Basic 验证方式传递客户端凭据

你可以使用 Postman 来方便地构造这样的请求,如图 2-3 所示。

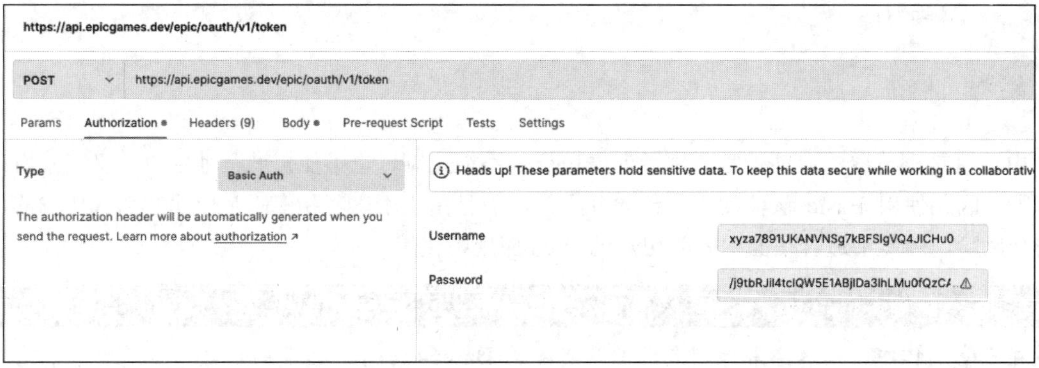

图 2-3　使用 Postman 构造请求

只需要在 Authorization 面板中选择 Basic Auth 类型,然后输入用户名和密码即可,它会自动帮你构造正确格式的 Authorization 头。

当然,也可以通过命令行来实现对接口调用前的身份验证,比如使用 curl 命令:

```
basic=`echo -n 'username:password'|base64`
curl -XPOST -H"Authorization: Basic ${basic}" https://api.epicgames.dev/epic/oauth/v1/token
```

2. Form 认证

Form 认证是一种基于表单的身份认证方式，通常用于 Web 应用中。它通过在 Web 表单中添加用户名和密码字段，然后将表单数据发送给服务器来进行身份验证。

除单纯的密码验证身份外，其他的认证方式也互相结合起来使用，比如在表单中添加验证码来增强身份认证的安全性。

3. Digest 认证

Digest 认证是对 Basic 认证的改进，通过使用摘要算法对用户名、密码和其他参数进行加密，避免了明文传输密码的安全风险。其时序图如图 2-4 所示。

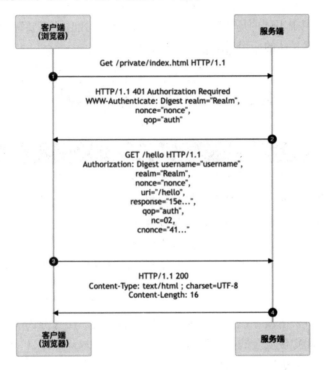

图 2-4　Digest 认证时序图

Digest 认证在 HTTP 协议中使用，提供了一定的安全性，但仍然存在一些限制和漏洞。Digest 认证具有以下特点：

- 绝不会用明文方式在网络上发送密码。
- 可以有效防止恶意用户进行重放攻击。
- 可以有选择地防止对报文内容进行篡改。

尽管摘要认证可以保护密码，还能防止重放攻击，但它不能保护消息内容，所以仍然需要配合 HTTPS 来确保通信安全。

4. OAuth 认证

OAuth 是一种授权框架，允许用户授权第三方应用访问其受保护的资源，而无须将用户名和密码直接提供给第三方应用。OAuth 认证通过令牌（Token）的方式来进行身份验证和授权，提供了更安全和灵活的身份认证机制。它已被广泛应用于 Web 和移动应用程序中。

OAuth 认证方式比较复杂，但它可以不依赖 HTTPS 就能保证安全性，因为 OAuth 令牌是通过加密的方式传输的。OAuth 2.0 是目前最常用的版本，它定义了 4 种授权方式，要注意其中的隐式许可授权模式（Implicit Grant）是不安全的，已经被 OAuth 2.0 的新版本（RFC 6749）废弃了。

5. Bearer 认证

Bearer 认证是一种基于令牌（Token）的认证方式，常用于 OAuth 2.0 和其他 API 认证场景中。在 Bearer 认证中，客户端通过在请求的 Authorization 头中携带令牌进行身份验证。这种方式相对简单，但需要保证令牌的安全性，避免被未经授权方访问和滥用。

不同的认证方式适用于不同的场景和需求。在选择认证方式时，需要综合考虑安全性、易用性和适用性等因素，并根据具体的应用需求进行选择和配置。

2.2 计算机安全学基础

> **提　示**
>
> 安全与计算是硬币的两面，换句话说，它们本质是一体的。安全存在的原因在于计算的复杂性，计算的复杂性保证了这个世界的安全，因此安全问题才会成为存在的问题。
>
> 我们今天之所以能够采取一些安全手段来保证安全，部分原因在于计算的复杂性。安全的基础仅有一个理论，那就是密码学理论。其他的都是虚假的，都不是真正的理论。只有与密码学相关的理论才是真正与安全相关的科学理论。可以说，密码学是建立在计算复杂性基础上的。

计算机安全学是研究计算机系统安全性和保护机制的学科。在身份认证领域，理解计算机安全学的基础概念对于设计和实现安全的身份认证机制至关重要。本节将介绍一些计算机安全学的基础知识，帮助读者建立对计算机安全的理解。

2.2.1 机密性、完整性和可用性

计算机安全学的基本目标是确保计算机系统的机密性、完整性和可用性。这些目标被称为 CIA 三元素，但不要和美国的中央情报局（也简称 CIA）的缩写搞混了，它们分别是：

- 机密性（Confidentiality）：确保信息只能被授权的个体访问，防止未经授权的信息泄露。它是信息安全的一个方面，聚焦在保护信息载荷的内容，防止数据被窃取。按照 ISO27000 标准的描述，机密性是确保"信息不要暴露给未经授权的个体、组织以及相关的过程"。在数字化身份认证领域，机密性至关重要重要，因为在身份认证生态系统中，涉及的数据大多和个人相关，其中包含大量的个人隐私信息，如姓名、出生日期、手机号码、银行账号等 PII（Personally Identifiable Information）信息，以及对系统的使用和活动数据。这些信息可以直接或与其他数据交叉对比，从而推断出与某个人相关的许多重要信息。如果这些信息泄露，将对用户造成严

重损失。
- 完整性（Integrity）：确保信息在传输和存储过程中不被篡改或损坏，保持数据的完整性和一致性。完整性是指一段数据"精确并且完好"。如果不能保护数据免于被意外修改，就会失去一定水平的保证性，进而难以确定数据的真实性。在数据驱动的数字化经济中，如今甚至一些所谓的"新闻"都充斥着虚假和谣言，导致这类新闻变得毫无价值。信息安全架构的完整性应真正关注两个方面：一是确保数据不被未授权方修改，二是在发生数据篡改时能够检测到这一事实。
- 可用性（Availability）：确保计算机系统和资源在需要时可用，防止服务中断和拒绝服务攻击。可用性实际上是任何信息安全项目的基石。如果一个系统或者服务在需要时不可用，那么剩下的其他功能性或者安全控制都变得不那么相关。可用性一方面确保正确的人在合适的时间可以访问服务；另一方面，系统的弹性和容错能力通常密切相关，这意味着尽管系统可能面临拒绝服务攻击，但它仍能迅速恢复正常运行，速度超过攻击发生的频率。

计算机安全学的设计和实施旨在实现这些目标，并建立一套安全机制和策略，以保护计算机系统和数据的安全。

2.2.2　安全机制：哈希与加密

安全机制是一套用于保护计算机系统和数据的方法和措施，如访问控制、身份验证、审计等。哈希和加密是计算机安全学中最重要的安全机制，它们在身份认证领域扮演着重要的角色。哈希与加密都能够为敏感数据提供保护，但它们有一个明显的区别：

- 哈希是一种单向函数（即几乎不可能将一个哈希值"解密"得到原始明文）。在密码验证上使用哈希非常适合。即使攻击者获取了哈希后的密码，也无法用它登录系统。除非是为了与某些不支持 OIDC 的验证系统兼容而需要以加密形式存储明文密码，否则密码都应该被哈希而不是加密存储。
- 加密是一种双向函数，即原始明文可以被解密。在数据传输方面使用加密非常适合。如果攻击者获取了加密后的数据但没有密钥，他也无法解密数据。例如，用户地址信息需要加密存储，同时可以在个人资料页面上以明文形式显示（如果在这种场景下使用哈希，会导致系统不可用）。

接下来我们详细介绍一下哈希和加密。

1. 哈希

尽管不十分严谨，但是类比是一种很好的学习方法。我们可以将哈希类比为将镜子摔到水泥地上的过程。镜子摔碎后，我们就无法将它还原成原来的样子了。同样地，哈希也是一种单向函数。另外，即使我们将两面几乎相同的镜子摔碎，得到的碎片也是完全不一样的，哈希算法也有这个特性，即使输入的数据只有一点点不同，得到的哈希值也会完全不同。

哈希的用途有很多，但是在身份认证场合，密码存储是最典型的用途。在身份认证中，用户的密码是非常敏感的数据，如果密码泄露，那么攻击者就可以用这个密码登录系统，从而获取更多的敏感数据。因此，我们需要对用户的密码进行保护，防止密码泄露。但是，我们又需要在用户登录时验证用户的密码是否正确。这就是哈希算法的用武之地了。

> **提 示**
>
> 2011 年 12 月 21 日，CSDN 网站的 600 万个用户资料在网上被公开，其中包括用户名、密码、邮箱等信息。这些用户资料以明文的形式存储在数据库中，而且没有进行任何加密或者哈希。这是一个典型的安全机制未被实施的案例，导致用户隐私信息被泄露。

哈希算法的实际用途很广泛，比如：

- 检测软件是否被篡改，比如下载的软件包的哈希值和软件官方网站上公布的哈希值不一致，就说明软件包可能被篡改了。
- 基于口令的加密，比如在用户注册时，将用户的密码哈希后存储在数据库中，而不是明文存储。基于口令的加密（Password Based Encryption，PBE）的原理是将口令与盐（salt，通过伪随机数生成器产生的随机值）混合后计算其哈希值，然后将这个哈希值用作加密的密钥。通过这样的方式能够防御针对口令的字典攻击。
- 消息认证码，可以检测并防止通信过程中的错误、篡改和伪装。消息认证码还用在了 SSL/TLS 中。
- 数字签名，比如在 JWT 中，使用 RSA 算法生成数字签名，用于校验令牌的完整性和真实性。
- 伪随机数生成器。
- 一次性口令（One Time Password，OTP），比如 Google Authenticator 就是基于哈希算法实现的。

2. 加密

加密聚焦于将一段明文输入并转换成密文后输出，以及相反的过程。完整的过程包含多个不同的组件，为了简单描述，我们可以将它的组成部分分解为加密函数、密钥、明文消息和解密函数。

在身份认证中，哈希和加密算法起着重要的作用，可以帮助确保用户身份的安全性和对数据的保护。接下来的几个小节中，我们将列举一些在身份认证场合常见或经常提及的哈希和加密算法。

2.2.3　非对称加密在身份认证过程中的应用

非对称加密是一种密码学技术，它使用了一对密钥：公钥和私钥。公钥可以公开分享给其他人，而私钥必须严格保密。非对称加密在许多身份认证协议中扮演着重要角色。这些协议使用了非对称加密算法来实现安全的身份认证过程，例如基于公钥基础设施（PKI）的认证协议、安全套接层（SSL）/传输层安全（TLS）协议等。非对称加密的应用使得身份认证过程更加安全和可靠，确保了用户身份的真实性和数据的保密性。

对于没有技术背景的读者，我们使用生活中的事物来类比一下。超市或者机场里的硬币寄存柜，任何人都可以使用一元硬币来打开一个柜子，然后将私人物品放置进去，同时会得到一个打印条码纸。关上柜门后，只有持有这个条码纸的人才能打开柜门，而其他人则无法打开。这里，硬币就相当于公钥，而条码纸就相当于私钥。

在身份认证过程中，非对称加密有以下几个常见的应用。

1. 数据加密

非对称加密可以用于加密数据，确保数据在传输过程中不会被窃取。在身份认证过程中，非对称加密可以用于加密令牌，防止令牌在传输过程中被截获。在使用非对称加密算法加密数据时，发送方使用接收方的公钥对数据进行加密，接收方使用自己的私钥对密文进行解密，还原成明文。这样,即使密文被截获,也无法还原成明文,因为只有接收方才有私钥。

2. 数字签名

数字签名是一种基于非对称加密的技术,用于验证消息的完整性和真实性。发送方使用自己的私钥对消息进行签名,接收方使用发送方的公钥对签名进行验证。如果验证成功,接收方可以确认消息未被篡改,并且确实是发送方发送的。在以令牌为基础的身份认证过程中,数字签名可以用于验证令牌的真实性和完整性,防止令牌篡改或伪造(见 2.4.3 节)。

由于在数据交换时涉及多个参与方,并且非对称加密的密钥是成对出现的,导致很多人特别是初学者搞不清非对称密钥加密和数字签名的区别。其实可以从使用谁的密钥来加以区别:非对称加密使用接收方的公钥进行数据加密,接收方收到密文后也是使用自己的私钥进行解密,还原成明文,即整个数据加密和解密过程用的都是接收方的密钥;而数字签名完全相反,是使用发送方的私钥进行数据签名,接收方收到签名数据后也是通过提前获取的发送方的公钥进行解密的,即整个数据签名和解密的过程用的都是发送方的密钥。

- 加密场景:公钥负责加密,私钥负责解密。
- 签名场景:私钥负责签名,公钥负责验证。

> **提 示**
>
> 不要把这里说的数字签名和邮件末尾的签名搞混了。我们经常会在邮件的末尾附上一段文字来表明自己的名字、职位以及公司等信息,这些文字也称为"签名"。但该"签名"和这里所说的"数字签名"是完全不同的两个概念。这里所说的"数字签名"是根据消息内容生成一串"只有自己才能计算出来的数值",而邮件末尾的"签名"则只是一段固定的文字。
>
> 另外也不要把这里说的数字签名和名人在纪念品上挥毫题上自己的大名的"签名"搞混了。这种签名是为了证明这个纪念品是名人亲自签名的,在英文里叫 autograph,而不是带有"签署"之意的 signature。

数字签名一般用在安全信息公告、软件下载、电子邮件、电子合同、电子票据、电子商务等场景中,用于验证消息的完整性和真实性。在身份认证过程中,数字签名可以用于验证令牌的真实性和完整性,防止令牌被篡改或伪造。

3. 密钥交换

非对称加密也可用于安全地交换密钥。在身份认证过程中,密钥交换是一个关键的步骤,用于确保通信双方可以安全地共享对称加密所需的密钥。通过非对称加密算法,通信双方可以协商并交换加密所需的密钥,而不会将密钥直接传输给对方,从而提高了安全性。

4. 数字证书

数字证书是一种包含公钥和相关身份信息的数字文件。它由认证机构(Certificate Authority,CA)签发,用于验证公钥的真实性和所属身份。在身份认证过程中,数字证书可以用于验证用户的身份,并确保所使用的公钥是有效且可信的。因为非对称密钥只会成对生成,并且可以无限次重新生成,所以一个用户可以拥有多个密钥对,即密钥本身并不能绑定唯一用户,导致仅通过密钥无法真正确保用户身份的合法性。

数字证书可以将密钥和用户绑定起来，以确保密钥的唯一性。它是怎么做到的呢？实际上还是需要通过一个中间人来做担保，这个中间人就是认证机构，或者说是证书颁发机构。认证机构会对用户的身份进行验证，并且签发数字证书。数字证书包含用户的公钥和身份信息，并且由认证机构签名。这样，当用户使用数字证书时，接收方可以通过认证机构的签名来验证数字证书的真实性和用户的身份。

数字证书本质上是一个存储在计算机上的记录，在这个记录中有认证机构签发的声明，证明证书主体（即证书申请者）与证书中所列的公钥是一一对应的。声明中不仅包含证书主体的公钥，还有主体的名称、位置等相关信息，以及签发该证书的认证机构的数字签名和证书的有效期等内容。每台计算机在出厂时都预先信任了一些知名的认证机构，这样当计算机在检测证书时，就可以通过预先信任的认证机构来验证证书的真实性。如果证书是由预先信任的认证机构签发的，那么计算机就会信任这个证书，否则会拒绝这个证书。

在身份认证过程中，要检验用户证书的服务，也需要预先信任指定的认证机构（可以是自建的认证机构）。

2.3 常用的算法

身份认证中有一些常用的算法，比如 MD5、SHA256、RSA、AES 等，本节将对这些算法进行简单介绍。

2.3.1 SHA（重点：SHA256）

在之前对身份令牌进行探讨时，我们提到了其头部包含一个字段 alg，用来指定哈希或者加密算法。在处理 JWT 时，经常会发现这里使用的是 SHA256 算法。因此，在详细了解 SHA256 之前，有必要先介绍一下 SHA（Secure Hash Algorithm，安全哈希算法），因为 SHA256 只是 SHA 算法家族中的一种。图 2-5 展示了 SHA256 在 SHA 算法家族中的位置。

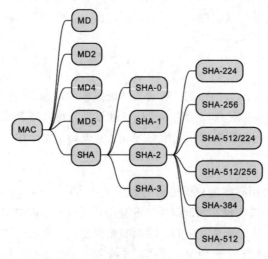

图 2-5 SHA256 算法

SHA 算法是一种哈希算法，主要用在数字签名上，是比 MD5 算法（MD5 由 Rivest 于 1991 年设计的单向散列函数，能够产生 128 比特的散列值，详见 RFC1321）更加安全的不可逆的 MAC 算法。截至本书写作之时，它有 4 个主要的版本，分别是 SHA-0、SHA-1、SHA-2 和 SHA-3，SHA-3 和前三种 SHA 版本的算法区别最大。其中 SHA-2 和 SHA-3 版本中又有多种不同的子分类。而 SHA-256 就在 SHA-2 子分类中，SHA-2 根据最终生成的摘要消息长度的不同，分为 SHA-224、SHA-256、SHA-512/224、SHA-512/256、SHA-384 和 SHA-512 六种算法。

> **提 示**
>
> MD、MD2、MD4 和 MD5 中的 MD 是消息摘要（Message Digest）的缩写。

> **提 示**
>
> MD5 的强抗碰撞性已经被破解，也就是说，现在已经能够产生具备相同散列值的两条不同的消息，因此它不再是安全的了，所以不建议再使用 MD5 算法。
>
> 2004 年山东大学的王小云教授的团队提出了针对 MD5、SHA-0 等散列函数的碰撞攻击方法，2005 年，王小云团队又提出了针对 SHA-1 的碰撞攻击方法，给出了攻击算法和范例。2007 年，王小云团队又提出了针对 MD4 的碰撞攻击方法。2008 年，王小云团队又提出了针对 MD2 的碰撞攻击方法。这些攻击方法都是基于 MD5、SHA-0、SHA-1、MD4、MD2 等散列函数的结构缺陷，因此，这些散列函数都不再是安全的了，不建议再使用。
>
> 其中 SHA-1 已经被列入"可谨慎运用的密码清单"，即除了用于保持兼容性目的外，其他情况下都不建议再使用 SHA-1 算法。

> **提 示**
>
> SHA-2 尚未被攻破，因此可以安全使用。

> **提 示**
>
> MAC（Message Authentication Code，消息认证码）是一种用于验证消息完整性（Integrity）的技术，用于在接收端进行消息完整性验证和消息源身份认证，即使用消息认证码可以确认自己收到的消息是发送者的本意，还是有人伪装成发送者发送的消息。MAC 算法的输入包括原始消息和共享密钥，输出是一个固定长度的消息摘要，被称为 MAC 值。
>
> 在消息认证码中，发送者和接收者之间需要共享密钥，否则无法计算出正确的 MAC 值。在后续的实战案例中，对于使用身份令牌进行认证的场合，要求颁发令牌的服务和验证令牌的服务之间配置相同的密钥，正是出于这个原因。此外，这个密钥绝对不能泄露给其他人，否则可能会导致令牌被伪造。

下面详细介绍一下 SHA 算法的基本认证原理：SHA256 是一种哈希算法，它将任意长度的输入转换为固定长度的输出。SHA256 生成的哈希值长度为 256 位，通常以十六进制字符串的形式表示。SHA256 生成的哈希值是不可逆的，即无法从哈希值推导出原始输入。SHA256 生成的哈希值是唯一的，即不同的输入不会生成相同的哈希值。它和 MD5 算法的认证原理极为相似，先把原始消息划分为固定长度的块，最后加上用于标识原始消息长度的位（SHA 的不同版本用于标识原始消息长度的位数不同),再结合共享密钥(可以是共同设置的预共享密钥,也可以是对端公钥),利用一系列的逻辑算法生成固定长度的消息摘要,用于在接收端进行消息完整性验证和消息源身份认证。

表 2-1 列出了各种版本(SHA-3 因区别较大除外)的 MAC 算法在进行散列运算时所涉及的一些参数特性。

表 2-1 主要 MAC 算法的基本参数特性比较

MAC 算法类型		最大消息长度	块大小/比特	摘要长度/比特	内部块长度/字节	运算轮数
MD5		不受限制	512	128	64	64
SHA-0		$2^{64}-1$	512	160	64	80
SHA-1		$2^{64}-1$	512	160	64	80
SHA-2	SHA-224	$2^{64}-1$	512	224	64	64
	SHA-256	$2^{64}-1$	512	256	64	64
	SHA-512/224	$2^{128}-1$	1024	224	128	80
	SHA-512/256	$2^{128}-1$	1024	256	128	80
	SHA-384	$2^{128}-1$	1024	384	128	80
	SHA-512	$2^{128}-1$	1024	512	128	80

从表 2-1 可以看出,SHA-0、SHA-1 算法和 MD5 类似,都是把输入原始消息的二进制串划分为 512 位的块,最后一块的最后 64 位用来表示原始消息的长度,不足 512 位要进行填充。而 SHA-2 的各种版本实质上都是由 SHA-256 和 SHA-512 这两种版本衍生出来的,其他的版本都是通过将上述两种版本所生成的结果进行截取得到的。另外,SHA-224 和 SHA-256 在实现上采用了 32×8 比特的内部状态,因此更适合 32 位的 CPU。

那么对于 SHA 算法,在进行消息分块时,是如何填充的呢?方法和 MD5 算法一样,也是先加 1 位 1,然后填充若干 0。SHA-0 和 SHA-1 最后会把划分和填充后的消息与共享密钥进行 80 轮的逻辑运算处理,得到一个 160 位的消息摘要。不过 SHA-0 和 SHA-1 仍然容易出现碰撞(即有可能多个不同的原始消息最后得到了相同的摘要),所以目前主要采用 SHA-2 版本。

由于在 JWT 的实际运用中多采用 SHA-256,下面以 SHA-256 为例介绍其基本的摘要运算过程,其他 SHA 版本的基本摘要运算过程与之类似。

(1)把包括密钥和初始消息在内的二进制比特串(不妨称之为"原始消息",并假设长度小于 2^{64}),以及在最后新增一个用于记录原始消息二进制长度的 64 位二进制数一起被划分成一个个 512 位的块。

> **提 示**
>
> 当采用 SHA-256 进行运算时,如果原始消息长度大于或等于 2^{64},只取前 $2^{64}-1$ 位进行摘要运算。

(2)同样对以上划分的 512 位的块经过系列"与""或""非""异或"逻辑算法处理后,输出 8 个 32 位分组,将这 8 个 32 位分组级联后将生成一个 256 位散列值,即为消息摘要。这里同样涉及"填充"操作,因为大多数原始消息(包含密钥和初始消息)加上 64 位后可能不能恰好被 512 整除,也就是说原始消息的二进制位数除以 512 后的余数不是 448(512-64=448),这时就表明需要对原始消息进行填充处理了。但这里也有两种情况：第一种情况是余数小于 448，另一种情况是余数大于 448。

如果原始消息二进制位数除以 512 后的余数小于 448，则先在原始消息的最后一个 512 位块的最后填充一个 1，再填充若干 0，使得该块的原始消息总长度等于 448 位，再加上用于标识原始消息长度的 64 位，正好形成一个 512 位的块。

如果原始消息二进制位数除以 512 后的余数大于 448，那么就要新增一个 512 位的块。首先在原始消息的最后一个 512 位块的最后填充一个 1，然后填充若干 0，使得该块的原始消息总长度等于 512 位；接着新增一个块，前面 448 位均填 0，再加上用于标识原始消息长度的 64 位，形成一个新的 512 位块。

2.3.2 自适应单向函数

前面介绍的 SHA-256 这样的安全哈希算法也是一种单向函数，但是和这里的自适应单向函数有所不同。通过使用 SHA-256 这样的安全哈希算法，可以有效地防止数据泄露，即使系统被攻破，也只是存储的密文被泄露而已。相比于泄露明文，密文被泄露对于攻击者来说，破解的难度要大得多。尽管如此，在获取到泄露的密文之后，黑客总是可以在线下进行暴力破解。要防御这种情况，只有一种办法，那就是选择使用资源密集型的哈希算法[16]，在进行哈希计算时，耗费的资源越多越好，从而使得暴力破解的成本远远高出破解成功后能够得到的好处。

自适应单向函数（Adaptive One-Way Function, AOWF）是一种单向函数，它和普通的单向函数的区别在于，它在进行哈希计算时，会有意地占用大量系统资源（如 CPU、内存等）。这样，假如攻击者在尝试不同的用户名密码组合时，整个系统的响应就会变得非常缓慢，从而有效地防止暴力破解攻击。不像 MD5 和 SHA-1 被设计成快速的哈希算法，AOWF 被设计成慢速的哈希算法，并且需要多慢都可以通过调节工作因子来实现。

在 Spring Security 中，可以使用 bcrypt、pbkdf2、scrypt、argon2id、sha256、sha512 等编码器。其中，bcrypt、pbkdf2、scrypt、argon2 都是 AOWF，而 sha256、sha512 则是普通的单向函数。Spring Security 提供了一个名为 DelegatingPasswordEncoder 的类，它可以根据不同的编码器 ID 来选择不同的编码器。网站也不需要对外隐藏其使用的哈希算法，如果你使用了现代化的密码哈希算法，并且做了合理的参数配置，那么对外公开所使用的哈希算法是没有问题的。

> **提 示**
>
> 存储密码的最佳实践：
>
> 要使用 Argon2id 算法，最少要配置 19MiB 内存，迭代次数设置为 2，并行度设置为 1。
>
> 如果 Argon2id 不可用，那么尝试使用 scrypt 算法，并将最小的 CPU/内存成本参数设置为 2^{17}，将最小的块大小设置为 8（1024 字节）以及将并行度设置为 1。
>
> 对于使用 bcrypt 的遗留系统，将工作因子（迭代次数）设置为 10 或者更高，并将密码大小限制在 72 个字符（72 字节）以内。
>
> 如果需要做到 FIPS-140 合规，就需要使用 PBKDF2 算法，将工作因子（迭代次数）设置为 600 000 或者更高，并在内部使用 HMAC-SHA-256 哈希算法。

1. 工作因子

工作因子是指哈希算法在对每个密码进行哈希计算过程中所执行的迭代次数（一般是 $2^{\text{工作因子}}$ 次迭代）。工作因子越大，哈希计算所需的时间就越长，从而使得暴力破解的成本越高。工作因子一般会存储在哈希输出值里。

当选择工作因子时，不得不在安全与性能之间做一个权衡。越高的工作因子，破解越困难，但同时也会让验证登录行为的过程变得越慢。

> **提　示**
>
> 你是不是也疑惑过，连苹果等这种国际大厂商的网站，输入完密码单击"登录"时，页面也要转很久才会跳转至登录状态？这就是因为他们使用了 AOWF，而且工作因子设置得很高，从而导致登录验证的过程变得很慢。

2. 升级工作因子

工作因子的存在有一个很大的优势，就是随着时间的推移，硬件会变得更强并且更便宜，所以可以适时不断提高工作因子。对于密码验证的场景，一个常见的做法是，当用户下次登录时，使用新的工作因子重新哈希他们的密码。这意味着不同的哈希值有不同的工作因子，也意味着如果有一些用户永远不再登录系统的话，他们的哈希值永远不会被升级。不同的应用有不同的需求，有一种合理的需求是清除老旧的哈希值，并要求这些用户再次登录系统时进行密码重置，从而使得他们的密码被重新哈希。这样做可以避免在系统中存储老旧的不那么安全的哈希值。

3. Argon2id

Argon2 在 2015 年的密码哈希竞赛中获得了冠军。它有 3 个版本，我们应该使用 Argon2id 这个版本，因为它在防止旁道攻击与基于 GPU 的攻击方面取得了很好的平衡。

> **提　示**
>
> 在密码学中，旁道攻击又被称为侧信道攻击、边信道攻击。这种攻击方式不是使用暴力破解或者基于加密算法的弱点，而是基于从密码系统的物理实现中获取信息，比如时间、功率消耗、电磁泄露等，为进一步破解系统提供参考信息。

和其他的算法不一样，Argon2id 不仅仅只有一个简单的工作因子，相反，它有 3 个不同的参数可供配置。Argon2id 应该使用下面的配置之一作为最小的基准，该配置包含最小内存（缩写为 m）、最小迭代次数（缩写为 t）和最小并行度（缩写为 p）。

- m=47104 (46 MiB), t=1, p=1（不要在 Argon2i 中使用该配置）。
- m=19456 (19 MiB), t=2, p=1（不要在 Argon2i 中使用该配置）。
- m=12288 (12 MiB), t=3, p=1。
- m=9216 (9 MiB), t=4, p=1。
- m=7168 (7 MiB), t=5, p=1。

以上几个配置从防御效果上说是等价的，只是在 CPU 和内存的使用上有不同的权衡。

4. scrypt

scrypt 是 Colin Percival 创建的基于密码的密钥派生函数（Key derivation function，KDF）。Argon2id 应该是密码哈希的首选，但如果因为各种原因导致不能使用该算法，就可以考虑使用 scrypt 密钥派生函数。

> **提　示**
>
> 在密码学中，密钥派生函数使用伪随机函数从诸如主密钥或密码的秘密值中派生出一个或多个密钥。KDF 可用于将密钥扩展为更长的密钥或获取所需格式的密钥，例如将作为迪菲-赫尔曼密钥交换结果的组元素转换为用于高级加密标准（Advanced Encryption Standard，AES）的对称密钥。用于密钥派生的伪随机函数最常见的示例是密码散列函数。

和 Argon2id 一样，scrypt 也有 3 个参数可供配置，分别是 CPU/内存成本参数（缩写为 N）、块大小（缩写为 r）和并行度（缩写为 p）。scrypt 应该使用下面的配置之一作为最小的基准，该配置包含最小的 CPU/内存成本参数（N）、最小的块大小（r）和最小的并行度（p）。

- $N=2^{17}$ (128 MiB), r=8 (1024 bytes), p=1。
- $N=2^{16}$ (64 MiB), r=8 (1024 bytes), p=2。
- $N=2^{15}$ (32 MiB), r=8 (1024 bytes), p=3。
- $N=2^{14}$ (16 MiB), r=8 (1024 bytes), p=5。
- $N=2^{13}$ (8 MiB), r=8 (1024 bytes), p=10。

以上几个配置从防御效果上说是等价的，只是在 CPU 和内存的使用上有不同的权衡。

5. bcrypt

对于遗留系统来说，或者为了满足 FIPS-140 合规要求而使用 PBKDF2 算法的情况，bcrypt 算法是一个绝佳的选择。bcrypt 是一种基于 Blowfish 加密算法的密码哈希函数，它的工作因子（迭代次数）可以根据验证服务器的性能设置为最大值，但至少应该设置为 10。

1）输入限制

对于大多数的 bcrypt 实现来说，它支持的最大输入长度是 72 个字符（72 字节）。如果要使用 bcrypt，就需要将密码长度限制为 72 字符以内；如果使用的 bcrypt 版本的输入字符限制比 72 个字符还少，那么密码长度也需要相应地限制在更少的字符。

2）预哈希密码

如果不想限制密码的长度，可以考虑使用快速哈希算法，比如前文介绍的 SHA-256，对用户的密码输入进行预哈希，然后对预哈希结果应用 bcrypt，就像这样：bcrypt(base64(hmac-sha256(data: $password, key: $pepper)), $salt, $cost)）。尽管这种做法很常见，但是也很危险，因为在将 bcrypt 和其他哈希算法结合使用时，可能会出现一些意想不到的问题。因此，应该避免采用这种方式。

6. PBKDF2

PBKDF2 是 NIST 推荐的并且具有经过 FIPS-140 合规性验证实现的哈希函数。如果有相关的硬性要求，那就需要选择使用该算法。

PBKDF2 要求选择一个内部哈希算法（比如 HMAC 或者其他哈希算法的变种）。HMAC-SHA-256 被广泛支持，且被 NIST 推荐。

PBKDF2 的工作因子通过迭代次数来控制，根据所使用的内部哈希算法不同，该值应该被设置为相应的的不同值。

- PBKDF2-HMAC-SHA1：1 300 000 次迭代。
- PBKDF2-HMAC-SHA256：600 000 次迭代。
- PBKDF2-HMAC-SHA512：210 000 次迭代。

如果要在一个已经使用了其他哈希算法的项目中提升安全性而使用 PBKDF2，那么如何平滑升级呢？对于新的用户密码，直接使用 PBKDF2 进行哈希处理。同时，在密码验证环节保留旧的哈希算法，一旦检测到旧的哈希值，就返回一个表示"成功但是需要重新哈希密码"的结果。通常情况下，验证结果是"成功"或"失败"。但对于旧的哈希值，虽然验证成功，但系统需要将密码更新成新的哈希值，因此需要返回一个特殊的表示"虽然成功但需要重新哈希密码"的结果。以下是一个基于.NET 技术栈的示例代码，旧的哈希算法基于 HMAC-SHA-512：

```csharp
using System;
using System.Globalization;
using System.Security.Cryptography;
using System.Text;

public class HashServiceHMACSHA512 {
    private const int SALTSIZE = 64;
    private const int SHAREDSECRETSIZE = 64;
    private readonly byte[] _sharedSecretBytesBytes;

    // 构造函数
    public HashServiceHMACSHA512(string sharedSecret)
    {
        var sharedSecretBytes = HexToByteArray(sharedSecret);
        if (sharedSecretBytes.Length != SHAREDSECRETSIZE)
            throw new InvalidOperationException($"共享密钥必须是 {SHAREDSECRETSIZE} 字节");
        _sharedSecretBytesBytes = sharedSecretBytes;
    }

    // <summary>
    // 从明文密码和盐值计算出哈希
    // </summary>
    // <param name="plainText">明文密码</param>
    // <param name="saltBase64">base64 格式的盐值</param>
    // <returns>base64 格式的哈希值</returns>
    public string ComputeHash(string plainText, string saltBase64)
    {
        var saltWithSharedSecret = GetSaltWithSharedSecret(Convert.FromBase64String(saltBase64), _sharedSecretBytesBytes);
        using var sha512 = new HMACSHA512(saltWithSharedSecret);
        var plainTextBytes = Encoding.Unicode.GetBytes(plainText);
```

```csharp
            return Convert.ToBase64String(sha512.ComputeHash(plainTextBytes));
        }

        // 还需要两个辅助函数来完成以上哈希计算，定义为私有
        // 将十六进制转换成字节数组
        private static byte[] HexToByteArray(string text)
        {
            var bytes = new byte[text.Length / 2];

            for (var i = 0; i < text.Length; i += 2)
            {
                bytes[i / 2] = byte.Parse((text[i] + "" + text[i + 1]), NumberStyles.HexNumber);
            }

            return bytes;
        }

        // 加盐
        private static byte[] GetSaltWithSharedSecret(byte[] saltBytes, byte[] sharedSecretBytes)
        {
            var result = new byte[SALTSIZE + SHAREDSECRETSIZE];
            var saltBytesLength = saltBytes.Length;
            Array.Copy(saltBytes, result, saltBytesLength);
            Array.Copy(sharedSecretBytes, 0, result, saltBytesLength, SHAREDSECRETSIZE);
            return result;
        }
}
```

现在准备切换成 Microsoft.AspNetCore.Identity.PasswordHasher，它实现了 PBKDF2。首先，在 appsettings.json 中进行配置：

```json
{
  "PasswordHashing": {
    "SharedSecret": "BRICKVERSE",
    "IterationCount": 600000
  }
}
```

然后，使用自定义的 PasswordHasher 继承自 Microsoft.AspNetCore.Identity.PasswordHasher，以便在密码比对环节与旧哈希值兼容。

```csharp
public class MyPasswordHasher : PasswordHasher<ApplicationUser> {
    private readonly HashServiceHMACSHA512 _hasher;
    private readonly ILogger<MyPasswordHasher> _logger;

    public MyPasswordHasher(IOptions<PasswordHashingConfiguration> options,
ILogger<MyPasswordHasher> logger) : base(options)
    {
        _hasher = new HashServiceHMACSHA512(options.Value.SharedSecret);
```

```csharp
            _logger = logger;
        }

        public override string HashPassword(ApplicationUser user, string password)
        {
            var stopwatch = Stopwatch.StartNew();
            try
            {
                return base.HashPassword(user, password);
            }
            finally
            {
                stopwatch.Stop();
                _logger.LogDebug("哈希密码花费了 {ElapsedMilliseconds} 毫秒。用户 ID: {PublicUserId}", stopwatch.ElapsedMilliseconds, user.PublicId);
            }
        }

        public override PasswordVerificationResult VerifyHashedPassword(ApplicationUser user, string hashedPassword, string providedPassword)
        {
            var stopwatch = Stopwatch.StartNew();
            var result = base.VerifyHashedPassword(user, hashedPassword, providedPassword);
            stopwatch.Stop();
            _logger.LogDebug("校验密码花费了 {ElapsedMilliseconds} 毫秒。结果是 {PassWordResult}。用户 ID: {PublicUserId}", stopwatch.ElapsedMilliseconds, result, user.PublicId);

            if (result != PasswordVerificationResult.Failed)
            {
                return result;
            }

            if (user.PasswordSalt == null)
            {
                return PasswordVerificationResult.Failed;
            }

            // 兼容旧哈希
            var hmacSha512Hash = _hasher.ComputeHash(providedPassword, user.PasswordSalt);
            if (hmacSha512Hash == hashedPassword)
            {
                // 这是一个旧哈希，调用者需要重新哈希用户的密码，
                // 否则当本服务不再兼容旧哈希时，用户会登录失败
                // 所以返回一个 "成功但是需要重新哈希" 的结果
                return PasswordVerificationResult.SuccessRehashNeeded;
            }

            return PasswordVerificationResult.Failed;
        }
    }
```

7. 并行的 PBKDF2

并行的 PBKDF2 的成本参数也应该和所使用的内部哈希算法相匹配。下面是一些常见的配置：

- 并行 PBKDF2-SHA512：成本参数设置为 2。
- 并行 PBKDF2-SHA256：成本参数设置为 5。
- 并行 PBKDF2-SHA1：成本参数设置为 10。

以上设置在防御功效上是等价的。

PBKDF2 预哈希

当和 HMAC 一起使用时，如果密码比哈希函数的块大小（SHA-256 的块大小是 64 字节）还要长，那么密码就会自动被预哈希。比如这样一个长密码：This is a password longer than 512 bits which is the block size of SHA-256 会被转换成一个如下的哈希值（以十六进制表示）：fa91498c139805af73f7ba275cca071e78d78675027000c99a9925e2ec92eedd。

良好实现的 PBKDF2 会在执行昂贵的哈希阶段之前进行预哈希，不过有一些实现会在每一个哈希阶段进行预哈希转换，这会让哈希长密码比哈希短密码的成本显著增加。如果用户使用了特别长的密码，就可能会造成拒绝服务隐患。手动预哈希可以降低该风险，但是要记得在预哈希阶段加盐。

> **提 示**
>
> 要确保你所使用的哈希库支持国际字符，包括所有的 Unicode 代码点。需要允许用户输入现代手机键盘上可以输入的任何字符，并且确保哈希库支持包含空字节的密码。

8. 如何防止用户名枚举攻击

一般的登录验证做法是，如果用户名不存在，直接返回错误；如果用户名存在，则将用户名输入的密码进行哈希，再和数据库中存储的哈希过的密码进行比较，然后返回结果。更安全的做法是，不仅需要哈希密码，还会对密码加"盐"来对抗彩虹表攻击。不过，在这样实施的方案下，即使黑客无法攻破用户的密码，黑客仍然能够拿到有价值的信息，即可以探测出哪些用户名在系统中存在，哪些不存在。

要为攻击者猜测系统账号增加障碍，就是当用户名不存在时，不要立即返回结果，而是要模拟一个正常的登录流程，包括密码哈希和"盐"的计算，这样，无论用户名是否正确，都要经过一段时间才能得到响应，从而无法快速枚举用户。

要注意的是，不能使用 Task.Delay 或者 Thread.Sleep 这样的简单模拟延迟的方法，因为同样的延迟模式会给黑客一些明显的提示，从而可以通过对比响应时间的延迟来得知用户名是否存在。然而要简单地随机化延迟时间是不够的，因为黑客可以通过多次尝试来计算出平均延迟时间，从而得知用户名是否存在。要做到不暴露用户名不存在的特征，更优雅的做法是使用真正的密码哈希过程。比如生成一个符合系统要求的随机密码，然后使用自适应单向函数进行哈希和"盐"的计算，这样，无论用户名是否存在，都要经过一段时间才能得到响应，并且不会和真实用户登录时产生不同的对外特征，从而使得攻击者无法快速枚举用户。

还是以上面的例子，假设之前没有防御用户枚举攻击，现在需要改造一下登录方法，下面给出主要的改动之处：

```csharp
    public class ApplicationUserSigninManager : SignInManager<ApplicationUser>,
IApplicationUserSigninManager {
        public override async Task<SignInResult> PasswordSignInAsync(string userName, string password, bool isPersistent, bool lockoutOnFailure) {
            var user = await UserManager.FindByNameAsync(userName);
            if (user is null)
            {
                // 通过增加响应时间让用户名枚举攻击变得更困难
                var length = Math.Min(GetInt32(password.Length, password.Length + 20), PasswordValidation.MaximumLength);
                // 确保密码支持 Unicode
                var lengthByteCount = Unicode.GetByteCount(new string('密', length));
                var randomPassword = Unicode.GetString(GetBytes(lengthByteCount));
                _userManager.PasswordHasher.HashPassword(new ApplicationUser(), randomPassword);

                Logger.LogUserInvalidUsername();
                await _eventService.RaiseAsync(new UserLoginFailureEvent(userName, InvalidCredentialsAuditError, "错误的用户名", GetClientId(), null));

                return SignInResult.Failed;
            }

            // 以下是正常的用户密码登录校验
            return await PasswordSignInAsync(user, password, isPersistent, lockoutOnFailure);
        }
    }
```

在 Spring Security 中，也有以上类似的逻辑，我们看一下 DaoAuthenticationProvider 中的部分代码：

```java
public class DaoAuthenticationProvider extends
  AbstractUserDetailsAuthenticationProvider {
    // 首先定义了 USER_NOT_FOUND_PASSWORD 常量，这个是当用户查找失败时的默认密码
    private static final String USER_NOT_FOUND_PASSWORD = "userNotFoundPassword";

    // ...
    protected final UserDetails retrieveUser(String username, UsernamePasswordAuthenticationToken authentication) throws AuthenticationException {
        // 首先会调用 prepareTimingAttackProtection 方法，该方法的作用是使用 PasswordEncoder 对
        常量 USER_NOT_FOUND_PASSWORD 进行加密，并将加密结果保存在 userNotFoundEncoded Password 变量中
        prepareTimingAttackProtection();
        try {
            UserDetails loadedUser = this.getUserDetailsService().loadUserByUsername(username);
            if (loadedUser == null) {
                throw new InternalAuthenticationServiceException("UserDetailsService returned null, which is an interface contract violation");
            }

            return loadedUser;
```

```
            } catch (UsernameNotFoundException ex) {
                // 当根据用户名查找用户时,如果抛出了 UsernameNotFoundException 异常,则调用
mitigateAgainstTimingAttack 方法进行密码比对
                mitigateAgainstTimingAttack(authentication);
                throw ex;
            }
            // ...
        }

        private void prepareTimingAttackProtection() {
            if (this.userNotFoundEncodedPassword == null) {
                this.userNotFoundEncodedPassword =
this.passwordEncoder.encode(USER_NOT_FOUND_PASSWORD);
            }
        }

        private void mitigateAgainstTimingAttack(UsernamePasswordAuthenticationToken
authentication) {
            if (authentication.getCredentials() != null) {
                String presentedPassword = authentication.getCredentials().toString();
                this.passwordEncoder.matches(presentedPassword,
this.userNotFoundEncodedPassword);
            }
        }
    }
    // ...
```

注意,在调用 mitigateAgainstTimingAttack 方法进行密码比对时,使用了 userNotFoundEncodedPassword 变量作为默认密码和登录请求传来的用户密码进行比对。这样做其实注定会导致密码比对失败,那么为什么还要进行比对呢?主要是为了避免旁道攻击。如果根据用户名查找用户失败,直接抛出异常而不进行密码比对,黑客经过大量的测试后会发现有些请求耗时明显小于其他请求,由此可以推断该请求的用户名不存在(因为用户名不存在,所以不需要密码比对,所以节省了时间),从而获取到系统信息。为了避免此问题,当用户查找失败时,同样会调用 mitigateAgainstTimingAttack 方法进行密码比对,这样可以误导黑客。

2.3.3 RSA

RSA 是一种非对称加密算法,它需要一对密钥,分别是公钥和私钥。公钥用于加密,私钥用于解密。RSA 算法的原理是,将明文进行加密,得到密文,然后使用私钥对密文进行解密,得到明文。RSA 算法的安全性基于大数分解的难度,即使在今天,也没有任何一种算法可以在合理的时间内对大数进行分解。因此,只要密钥的长度足够长,就可以保证 RSA 算法的安全性。

该算法的名字来自于它的发明者 Ron Rivest、Adi Shamir 和 Leonard Adleman 的姓氏首字母。该算法曾在美国取得专利,不过现在已经过期。接下来,我们来看一看它的加密过程。

1. RSA 加密过程

假设 Alice 想要向 Bob 发送一条消息,那么 Alice 就需要使用 Bob 的公钥对消息进行加密,再

将加密后的消息发送给 Bob。Bob 收到消息后,就可以使用自己的私钥对消息进行解密,从而得到 Alice 发送的明文消息。

RSA 算法的加密过程如下:

步骤01 Bob 生成一对密钥,分别是公钥和私钥。公钥是公开的,任何人都可以获得,而私钥则是保密的,只有 Bob 自己知道。

步骤02 Bob 将公钥发送给 Alice。

步骤03 Alice 使用 Bob 的公钥对消息进行加密,得到密文。

步骤04 Alice 将密文发送给 Bob。

步骤05 Bob 使用自己的私钥对密文进行解密,得到明文。

步骤06 Bob 得到明文后,就可以对消息进行处理了。

那么,这个公钥和私钥究竟是什么呢?RSA 算法的公钥和私钥都是一对大素数,在实际应用中,这两个大素数的长度一般都是 1024 位或者 2048 位,这样可以保证 RSA 算法的安全性。

其加密过程可以表示为如下公式:

$$密文 = 明文^E \bmod N$$

即,RSA 的密文是对代表明文的数字的 E 次方取模,其中 N 是两个大素数的乘积。也就是说,将明文和自己做 E 次乘法,然后将其结果除以 N 取余数,得到的余数就是密文。

RSA 和对称密码不一样,不用做复杂的函数和操作,没有将比特序列挪来挪去的烦琐过程,也不用做 XOR 等运算,相比之下,显得非常简洁。

上述加密公式中出现了两个数:E 和 N。任何人只要知道了这两个数,都能完成加密运算。所以 E 和 N 是 RSA 加密的密钥,也就是公钥。

注意,E 和 N 本身不是密钥对,这两个数共同组成了一个公钥。总之,RSA 加密就是"求 E 次方的 mod N"。

下面我们来看 RSA 的解密过程。

2. RSA 解密过程

RSA 的解密和加密一样简洁,公式如下:

$$明文 = 密文^D \bmod N$$

即,RSA 的明文是对代表密文的数字的 D 次方取模,其中 N 是两个大素数的乘积。也就是说,将密文和自己做 D 次乘法,然后将其结果除以 N 取余数,得到的余数就是明文。

和加密过程一样,解密过程中也出现了两个数,D 和 N。任何人只要知道了这两个数,都能完成解密运算。所以 D 和 N 是 RSA 解密的密钥,也就是私钥(由于 N 是公钥的一部分,是公开的,所以单独将 D 称为私钥也是可以的)。在本小节最开头的例子中,只有 Bob 自己知道 D 和 N,所以只有 Bob 才能完成解密运算。

这样来看,RSA 不仅简洁,而且其加密和解密的形式是一样的。加密是求"E 次方的 mod N",而解密是求"D 次方的 mod N"。

如果是美妙的算法,当然不是随便一个数都可以作为 E 和 D 的。E 和 D 必须满足一定的条件,才能保证 RSA 算法的正确性。前面提到,E 和 D 是一对大素数,长度要达到 1024 位或者 2048 位,否则不能保证安全性。

为了便于理解 RSA 算法，不妨拿小素数来举例，比如 17 和 23。这两个数的乘积是 391，这个数就是 N。但是注意，这时的 17 和 23 只是为了生成 N，并不是 E 和 D 本身。

为了求 E 和 D，还需要求出 16 和 22 的最小公倍数。这个最小公倍数是 176，通过它可以得到 E 和 D。首先，E 和 176 必须互质，这样的数有 1、3、5、7、11、13、17、19、23、25[1]等，我们这里选择 7 来作为 E。即公钥已经产生了，那就是（7，391）。

接下来，求 D。D 需要满足如下条件：

$$E \times D \bmod 176 = 1$$

其中，E = 7，那么可以找到一个质数 D = 201，使得上面的等式成立。这样，私钥就产生了，那就是（201，391）。

如果明文是 123，那么加密过程如下：

$$密文 = 123^7 \bmod 391 = 246$$

解密过程如下：

$$明文 = 246^{201} \bmod 391 = 123$$

这样，就完成了加密和解密过程。

提 示

明文必须小于 N，这是由于解密运算也需要 mod N，而 mod N 的结果必然小于 N。如果明文大于 N，那么解密后的结果就不是明文本身了。

以上示例使用了 123 作为明文，如果再选择更大的数（比如 392），就会出现问题。因为 392>391。记住，明文必须小于 N。

另外，我们在求出 E=7 和 D=201 时，使用了另外两个质数，即 17 和 23。这两个质数虽然不是密钥 D，但是也不能被泄露，否则就可以通过它们来计算出 D。泄露这两个质数对和泄露私钥是等价的。

---

3. RSA 签名

RSA 算法还可以用于签名，后面要介绍的 RS256 就是它在 JWT 中的应用实例。

2.3.4 常用的签名算法

HS256 和 RS256 是 JWT 最常用的签名算法，比如，在第 6 章的图 6-5 中，authing 的控制面板中就展示了身份令牌 JWT 提供的两种签名算法的选择界面。前文介绍了 SHA 和 RSA 两类不同的算法，而 HS256 和 RS256 则分别是这两类算法在 JWT 中的具体应用实例。接下来，我们分别介绍一下它们。

---

[1]注意，25 并不是质数，即公钥不必是质数，只要和 176 互质就可以了。

1. HS256

HS256（HMAC SHA-256）是一种对称加密算法，它需要一个密钥，这个密钥既用于加密，也用于解密。HS256 算法的原理是，将 Header 和 Payload 两部分的 Base64 字符串用"."连接起来，然后使用密钥对其进行 HMAC SHA-256 算法加密，得到一个签名字符串。这个签名字符串就是 JWT 的第三部分，也就是 Signature。当 JWT 接收方收到 JWT 时，会对其进行解密，然后使用同样的密钥对 Header 和 Payload 两部分的 Base64 字符串进行 HMAC SHA-256 算法加密，得到一个签名字符串，然后将这个签名字符串和接收到的 JWT 的第三部分进行比较，如果两者相同，就说明 JWT 没有被篡改过。

HS256 使用同一个密钥进行签名和验证，因此必须确保密钥的安全性。在开发应用时，启用 JWT，使用 HS256 更加安全，但你必须确保密钥不被泄露。

2. RS256

RS256（RSA SHA-256）是一种非对称密钥算法，它使用公共/私钥对进行签名和验证。公钥用于验证签名，因此不需要保护（大多数标识提供方或者说身份提供者使其易于获取和使用），私钥用于生成签名，因此必须保密。如果你无法控制客户端，无法做到密钥的完全保密，那么 RS256 是更好的选择，因为 JWT 的使用方只需要知道公钥。

3. HS256 和 RS256 的区别

HS256 和 RS256 都是 JWT 常用的签名算法，它们的主要区别在于使用的密钥类型和安全性。

总结来说，选择 HS256 还是 RS256 取决于你的具体需求。如果你需要更高的安全性，且能确保密钥的安全性，可以选择 HS256。如果你无法确保密钥的安全性，或者需要在不安全的网络环境中通信，则可以选择 RS256。

2.4　JWT 结构化令牌详解

JWT 是一种轻量级的、基于 JSON 的令牌格式，常用于在身份认证过程中传递信息。

在 OAuth 2 的访问令牌和 OIDC 的身份令牌中经常见到 JWT 的身影，它为身份认证过程中的 JSON 对象提供了标准的签名和加密方式。尽管在 OAuth 2 中的访问令牌普遍使用 JWT 格式，但是 OAuth 2 的规格说明书中并没有显式指定访问令牌的格式，只是要求令牌模型一般是"引用"令牌或者"无状态"令牌。

引用令牌通常是一个不透明的字符串，比如 FFDAE5E3-5E42-1291-666A-9AC91BABBBA5 这样的全局唯一标识符。客户端应用程序和资源服务器不能直接从该令牌获取任何信息，而是要使用颁发令牌的授权服务的"令牌内省"端点来验证和获取令牌内容。

而"无状态"令牌指的是授权服务颁发 JWT 这样的令牌。这种令牌是人类可读的，不过有时会被加密。如果未加密，这种格式会使用 JSON 对象表示，并由三个部分组成：头部（Header）、载荷（Payload）和签名（Signature），每个部分由点号"."分隔，即结构是 Header.Payload.Signature，每个部分又有其自己的结构，整体呈现为一个树形结构，如图 2-6 所示。

第 2 章 认证机制与相关算法 | 57

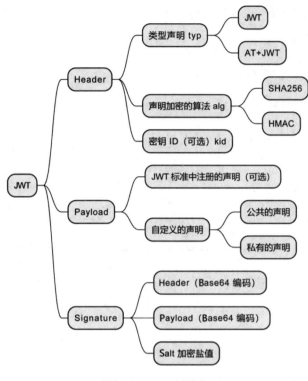

图 2-6 JWT 的结构

签名是使用标准的对称密钥消息认证码或非对称密钥签名算法进行加密生成的组件，添加在 JSON 对象的末尾。头部包含一些元信息，比如签名的生成算法等。下面我们详细展开讲解 JWT 的每一个部分。

2.4.1 头部

JWT 的头部（Header）部分包含两项信息：令牌的类型（typ）和所使用的签名算法（alg）。这些信息以 JSON 对象的形式进行编码，然后通过 Base64 URL 编码变成一个字符串。

案例分享：一个 JWT 头部引发的血案

这里分享一个由于 JWT 头部引起的系统问题，以及如何解决的案例。

问题是这样的，在一个微服务环境中，身份认证中心采用了 Duende IdentityServer，而接入该身份认证中心的微服务都是基于 Spring Boot 搭建的 Java 项目。在使用 JWT 作为身份认证的令牌时，IdentityServer 生成的 JWT 头部如下：

```
{
  "alg": "RS256",
  "kid": "1",
  "typ": "at+jwt"
}
```

即它的 typ 默认是 at+jwt，这并不被默认的 SpringBoot 项目识别，从而要么需要修改众多的微服务应用，要么需要修改 Duende IdentityServer 在颁发 JWT 时的行为，即只颁发 typ 为 JWT 的令牌。由

于修改多处不如修改一处来得简单,所以我们选择修改 Duende IdentityServer 的行为。相关代码如下:

```
namespace IdentityServer;

internal static class HostingExtensions
{
    public static WebApplication ConfigureServices(this WebApplicationBuilder builder)
    {
        builder.Services.AddRazorPages();

        builder.Services.AddIdentityServer(options =>
            {
                options.EmitStaticAudienceClaim = true;

                // 将默认的 at+jwt 修改为 jwt
                options.AccessTokenJwtType = "jwt";
            })
        ...
    }
}
```

2.4.2 载荷

JWT 的载荷(Payload)部分用于存储令牌所携带的信息,可以包含一些标准的声明(例如 iss、sub、exp)以及自定义的声明,如表 2-2 所示。这些声明以 JSON 对象的形式进行编码,然后通过 Base64 URL 编码成一个字符串。

表 2-2 JWT 标准中的声明

字 段 名	描　　述
iss(Issuer)	令牌的发行者,其值应为区分字母大小写的字符串或者 Uri
sub(Subject)	令牌的主题,可以用来鉴别一个用户,比如可以是一个用户的公开 ID(PUID)
exp(Expiration Time)	令牌的过期时间,其值必须是一个数值,代表从 1970-01-01T00:00:00Z UTC 开始计算的秒数
aud(Audience)	令牌的受众,其值必须是区分字母大小写的字符串或者 Uri,或者是字符串数组或 Uri 数组。一般可以是特定的 App、服务或者模块。服务器端的安全策略在签发和验证令牌时,需要保证它的 aud 是一致的
iat(Issued At)	令牌的签发时间,其值必须是一个数值,代表从 1970-01-01T00:00:00Z UTC 开始计算的秒数
nbf(Not Before)	令牌的生效时间,其值必须是一个数值,代表从 1970-01-01T00:00:00Z UTC 开始计算的秒数
jti(JWT ID)	令牌的唯一标识符,其值必须是区分字母大小写的字符串。一般用于一次性消费的令牌,用来防止重放攻击

除标准声明外,还可以添加自定义的声明,以满足特定的业务需求。

比如,后面会介绍的 Duende IdentityServer,在颁发的 id_token 令牌中,就会包含一个 sid 的声明,如图 2-7 所示。它表示与 ID Token 相关联的会话标识符(Session ID)。sid 声明用于跟踪用户的会话。当用户进行身份验证并获得 ID Token 时，sid 可以包含在 ID Token 中，以便客户端可以在以后的交互中使用它。例如，如果客户端支持单点登录，它可以使用 sid 来识别用户的会话，而不是要求用户再次进行身份验证。除单点登录外，还可以用 sid 来实现单点注销（即登出或退出登录），即当用户退出登录时，可以通过 sid 来通知其他应用退出登录。

图 2-7 sid 声明用于跟踪用户的会话

自定义的声明可以是公共的，也可以是私有的。公共的声明可以添加任何需要的信息，一般添加用户的相关信息或者其他业务需要的信息，注意不要添加敏感信息；私有声明是客户端和服务端共同定义的声明，尽管这里名称是私有声明，但要注意仍然不能在这里添加敏感信息，因为前面提到过，JWT 只是将信息进行了 Base64 编码，所以它很容易被解码（比如使用 jwt.io 就能方便地查看 JWT 的明文信息）。

2.4.3 签名

JWT 的签名（Signature）部分用于验证令牌的真实性和完整性。它使用了头部和载荷部分的内容，并结合一个密钥，通过指定的签名算法生成签名。签名的目的是防止令牌被篡改。签名通常由头部、载荷和密钥组合后通过 Base64 URL 编码生成的字符串组合。

> **提 示**
>
> 密钥一定不能泄露，否则会被入侵者利用它来签发伪造的令牌。

密钥需要安全地存储在服务端，或者是一个服务端可以安全获取的存储位置，服务端签发令牌时先将头部、载荷分别进行 Base64 编码，用"."号连接，再使用头部中声明的加密方式，利用密钥对连接后的字符串进行加密，得到签名。签名会再次用"."号拼接在头部和载荷后面，形成最终的 JWT 颁发给客户端。客户端后续请求时会携带该令牌，服务端收到令牌后会解码出头部和载荷，再次使用头部中声明的加密方式，利用密钥对头部和载荷进行加密，得到签名，然后将签名与令牌中的签名进行比较，如果一致，则说明令牌是合法的，否则说明令牌被篡改。注意，签名用来保证信息的完整性，但不保证机密性（见 2.2.1 节）。如果需要保证机密性，可以使用加密算法对令牌进行加密，但这在实践中不常见，所以要避免在 JWT 中存放敏感信息。

2.4.4 动手实验

纸上得来终觉浅，绝知此事要躬行。

程序员经常用来检视 JWT 的一个在线工具是由 Auth0 开发的 https://jwt.io，打开它就能看到一个默认的非常简单的 JWT 及其组成部分，如图 2-8 所示。

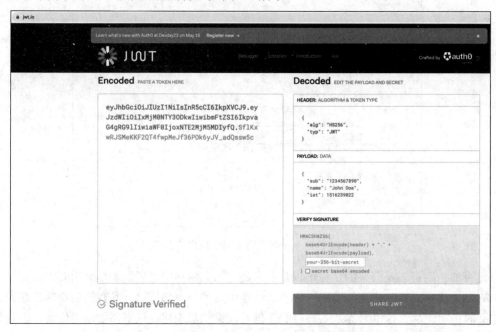

图 2-8　jwt.io 是一个常用的在线 JWT 检视工具

> **提　示**
>
> 整个 JWT 是使用 Base64 编码后的字符串。Base64 编码在网络基础设施中传输时不会丢失一些字符或者被转义，因为 Base64 编码后的字符串只包含大小写字母、数字、加号"+"、斜杠"/"和等号"="这些字符。这些字符在网络基础设施传输中都是安全的。
>
> 你注意到 JWT 总是 ey 开头吗？这是因为 JWT 是一个 JSON 对象，而 JSON 对象总是以大括号"{"开头，而大括号"{"的 Base64 编码正是 ey。

一般在实现的应用程序开发中，当需要和 JWT 打交道时，不推荐自己从头开始编写 JWT 编码解码的代码，而是使用成熟的库来完成这些事情。Auth0 是 Okta 旗下的产品，它除开发 https://jwt.io 这个在线工具外，还提供了开源的库函数，供开发者使用。比如，对于 Spring Boot 应用来说，可以引入以下两个依赖（以 maven 项目为例，在 pom.xml 文件中添加如下几行）：

```xml
<dependencies>
  ...
  <dependency>
      <groupId>com.auth0</groupId>
      <artifactId>java-jwt</artifactId>
      <version>3.8.3</version>
  </dependency>
```

```
    <dependency>
      <groupId>com.auth0</groupId>
      <artifactId>jwks-rsa</artifactId>
      <version>0.9.0</version>
    </dependency>
    ...
</dependencies>
```

但是，如果仅仅是要像 https://jwt.io 一样，将编码的 JWT 解开，得到载荷内容，也可以自己写代码来完成。当然，在严肃的项目中，仍然推荐使用成熟的库。不过，自己写代码来完成解码工作，尽管功能上不如库功能丰富和完善，但是可以在一定程度上消除其工作原理的神秘感，增加对代码的掌控感。当然，仅供学习使用，或者用在自己的个人项目中。以下是使用 TypeScript 实现的一个简单版本，对 https://jwt.io 里默认的 JWT 解开后的效果如图 2-9 所示。

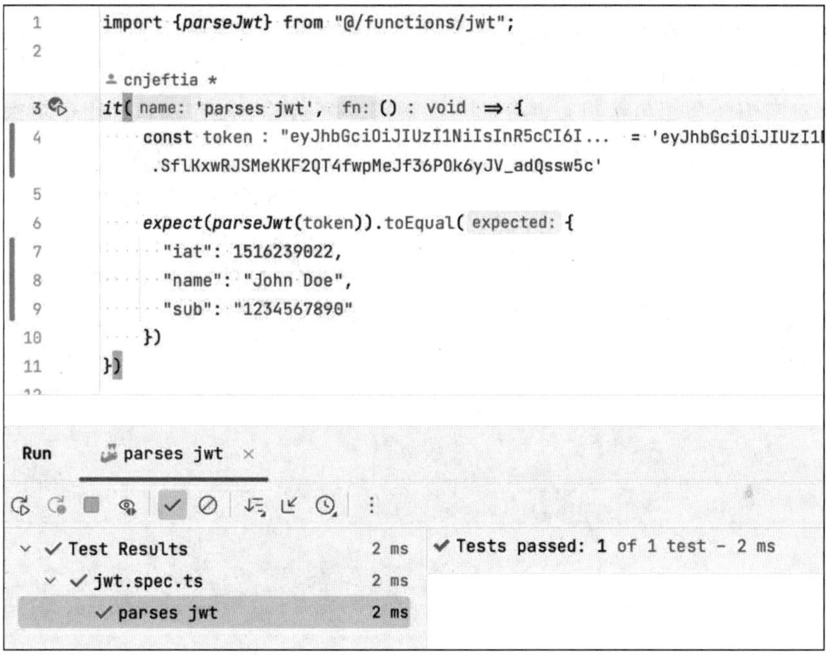

import {parseJwt} from "@/functions/jwt";
cnjeftia *
it(name: 'parses jwt', fn: () : void ⇒ {
const token : "eyJhbGciOiJIUzI1NiIsInR5cCI6I... = 'eyJhbGciOiJIUzI1
.SflKxwRJSMeKKF2QT4fwpMeJf36POk6yJV_adQssw5c'
expect(parseJwt(token)).toEqual(expected: {
"iat": 1516239022,
"name": "John Doe",
"sub": "1234567890"
})
})
Run
parses jwt
Test Results 2 ms
jwt.spec.ts 2 ms
parses jwt 2 ms
Tests passed: 1 of 1 test - 2 ms

图 2-9　测试通过

其实现代码如下：

```
export const parseJwt = (token) => {
  const base64Url = token.split('.')[1]
  const base64 = base64Url.replace('-', '+').replace('_', '/')
  const jsonPayload = Buffer.from(base64, 'base64').toString('utf8')
  return JSON.parse(jsonPayload)
}
```

也可以从网上直接下载该源码：https://github.com/Jeff-Tian/weapp/blob/ 094c6492600eb31b41ef40d94c8774b18b27d9f3/src/functions/jwt.ts。

总之，JWT 是一种自包含的令牌，可以由资源服务器验证，前提是资源服务器必须能够访问对称签名密钥（共享密钥）或者非对称公钥。这是一个非常有用的特性，不然总是要去授权服务器验证令牌，这样就会增加网络开销并带来延迟，而且会增加授权服务器的负载。

不过，JWT 也有一些缺点，比如无法吊销，只能等待它自然过期（所谓的"覆水难收"问题）。比如一个令牌被授权服务器授予了某个 API 的访问权限，并设置了 2 小时的过期时间，但是 15 分钟后，授权服务器收到警告，说这个令牌被泄露到了非法的第三方，必须予以吊销。

但是如果资源服务器并不向授权服务器发送请求来验证令牌，那么这个令牌如何能被吊销呢？技术层面有一些办法解决这个问题，比如发送一个吊销令牌的请求（传递令牌的 ID）到资源服务器等。

2.5 小　　结

本章讲述了认证的基本原理，讨论了计算机安全学基础，着重讨论了非对称加密及其在身份认证过程中的应用，重点总结了 RSA 加密算法的基本概念和工作原理。RSA 算法是一种非对称加密算法，使用一对密钥（公钥和私钥）进行加密和解密。公钥用于加密，私钥用于解密。本章还强调了 RSA 算法的安全性依赖于大数分解的难度，以及说明了加密和解密过程中使用的公式。此外，本章还解释了 RSA 的签名过程和常用的签名算法（HS256 和 RS256）之间的区别。

最后，本章提醒读者选择加密算法时应考虑安全需求和密钥保密性，并详解了 JWT 结构化令牌以及在 JWT 中常常用到的 SHA-256 算法，还通过一个代码实例破除了对 JWT 的神秘感。

在理解了这些基础概念后，接下来我们了解一下常见的认证解决方案，从而可以在实际工作中更好地选择和使用合适的认证方案。

第 3 章

认证解决方案

认证是一个广泛应用于各种系统和应用的重要领域,甚至可以说是云计算的基础设施之一。

> **提 示**
>
> 2023 年 11 月 12 日,阿里云发生了"史诗级"的故障,其 Status Page 显示,该故障不是一个单一可用区的故障,而是一个全球性的大故障,影响范围广泛,包括金融云、政务云等各个区域和服务,无一幸免,清一色全挂(即全部处于停机状态)。故障的根源在于认证中心发生故障,导致所有服务都无法完成认证流程,进而无法提供正常服务。这次故障给我们一个警示,认证作为一个极为重要的基础设施,必须确保具备异地多活、高可用以及容灾的能力。

在不同的场景和需求下,存在着多种认证解决方案,以满足各种安全要求和业务需求。本章将介绍一些常见的认证解决方案,包括云解决方案和开源解决方案。

3.1 云解决方案

随着云计算的快速发展,越来越多的组织和企业选择将其应用和系统部署在云平台上。在云环境中,认证解决方案也发生了一些变化和创新。本节将介绍一些常见的云解决方案。

3.1.1 IaaS、PaaS、SaaS 与 IDaaS

在云计算环境中,存在多种云服务模型,其中包括基础设施即服务(Infrastructure as a Service,IaaS)、平台即服务(Platform as a Service,PaaS)、软件即服务(Software as a Service,SaaS)以及身份认证即服务(Identity as a Service,IDaaS)。它们代表了不同层次的云服务,提供了不同程度的管理和控制能力。

- IaaS：IaaS 是一种云服务模型，提供基础的计算资源（如虚拟机、存储、网络等），用户可以通过 IaaS 来构建和管理自己的应用和环境，具有较高的灵活性和可定制性。在 IaaS 模型中，用户需要自行管理操作系统、应用程序和数据。
- PaaS：PaaS 是一种云服务模型，提供了在云平台上开发、部署和管理应用程序的环境和工具。PaaS 屏蔽了底层的基础设施细节，使开发者可以专注于应用程序的开发而不用关注底层的管理和配置。
- SaaS：SaaS 是一种云服务模型，提供了基于互联网的应用程序服务。在 SaaS 模型中，应用程序以服务的形式交付给用户，用户可以通过互联网进行访问和使用，无须进行安装和维护。SaaS 模型提供了快速、方便和可伸缩的应用程序服务。
- IDaaS：IDaaS 是一种云服务模型，专注于身份认证和访问管理。IDaaS 提供了身份验证、用户管理、访问控制等功能，以帮助组织实现安全的身份认证和访问控制，减少了组织自行构建和管理身份认证系统的成本和复杂性。

这些云服务模型之间存在一定的关系。IaaS 提供了基础设施层面的服务，PaaS 在此基础上提供了更高级别的开发和部署环境，SaaS 则在 PaaS 的基础上提供了具体的应用程序服务。IDaaS 作为一个专注于身份认证的服务，可以与上述云服务模型结合使用，为云环境中的身份认证提供便捷和安全的解决方案。

3.1.2 多租户的概念及其实例

多租户（Multi-Tenancy）是指在一个应用系统中支持多个独立的租户（组织、客户），每个租户拥有自己的数据和配置，但共享相同的应用实例和基础架构。在云计算环境中，这种架构模式十分常见，它允许多个用户（租户）共享同一个应用或系统的实例，但彼此之间的数据和配置是相互隔离的。多租户架构提供了高度的资源共享和利用效率，并能够满足不同用户的个性化需求。这种架构模式还有助于减少硬件资源和管理成本，并提供灵活的扩展和部署选项。

下面是一些多租户的实例。

（1）软件即服务（SaaS）平台：SaaS 提供商可以通过多租户架构在同一应用程序实例中为多个客户提供服务。每个客户的数据和配置是相互隔离的，而应用程序的核心代码和基础架构是共享的。这样，SaaS 提供商可以通过单一的应用实例为多个客户提供服务，从而降低了成本并提高了效率。

（2）云存储服务：云存储服务提供商可以通过多租户架构在同一存储系统中为多个租户提供存储空间。每个租户的数据是相互隔离的，而存储系统的基础设施是共享的。这种方式可以提高存储资源的利用率，降低成本，并提供安全的数据隔离。

（3）身份认证和访问管理服务：IDaaS 提供商可以通过多租户架构为多个客户提供身份认证和访问管理服务。每个客户的用户和权限数据是相互隔离的，而认证和访问管理的基础功能是共享的。这样，IDaaS 提供商可以通过单一的身份认证和访问管理平台为多个客户提供安全和可扩展的服务。

多租户架构在经济效益、资源共享、可扩展性和灵活性方面有优势，但也需要考虑到数据隔离、安全性和性能等方面的挑战。在设计和实施多租户架构时，需要综合考虑各种因素，并根据具体的需求进行合理的权衡和决策。

3.1.3 IDaaS 实例

IDaaS 是一种提供身份认证和访问管理服务的云服务模型。下面是几个常见的 IDaaS 提供商及其简介。

1. Authing

Authing 是一家专注于身份认证和访问管理的云服务提供商。它提供了全面的身份认证解决方案，包括用户注册、登录、密码重置等功能。Authing 支持多种身份验证方式，如用户名和密码、手机号码、社交媒体账号等。它还提供了强大的身份验证和访问控制功能，可以根据不同的角色和权限对用户进行管理和授权。

2. Okta

Okta 是一家知名的 IDaaS 提供商，为组织和企业提供全面的身份认证和访问管理解决方案。Okta 支持各种身份验证方式，包括单点登录、多因素认证等。它提供了易于集成和使用的开发工具和 API，可以轻松地将身份认证功能集成到现有的应用程序和系统中。

3. Auth0

Auth0 是一家广泛使用的 IDaaS 提供商，专注于身份认证和授权服务。它提供了可定制的身份认证解决方案，支持多种身份验证方式和协议，如 OAuth、OpenID Connect 等。Auth0 具有高度的可扩展性和安全性，可帮助组织和开发者实现灵活的身份认证和访问控制。

4. Azure AD（Entra ID）

Azure Active Directory（Azure AD）是微软提供的云身份认证和访问管理服务。它是在 Azure 云平台上构建的，可以与各种应用程序和服务进行集成。Azure AD 支持单点登录、多因素认证、角色管理等功能，为组织提供了可靠的身份验证和访问控制解决方案。

不过，最近它已经改名了，现在叫作 Entra ID。

5. AWS Cognito

AWS Cognito 是亚马逊 AWS 提供的身份认证和用户管理服务。它可以轻松地集成到 AWS 云平台和其他应用程序中。AWS Cognito 支持用户注册、登录、身份验证等功能，同时提供了可扩展的身份池和用户池管理功能，可以灵活地管理用户身份和访问控制。

以上是一些常见的 IDaaS 提供商的简介，它们提供了丰富的身份认证和访问管理功能，帮助组织和企业实现安全和便捷的身份认证解决方案。

3.2 开源解决方案

开源解决方案是指基于开源软件的身份认证和访问管理解决方案。开源软件具有开放的代码和社区支持，可以由用户自由地使用、修改和分发。本节介绍几种常见的开源身份认证解决方案。

3.2.1 基于 Java 的 Keycloak 及其关键组件

Keycloak 是一个开源的身份认证和访问管理解决方案，由 Red Hat 公司开发和维护，如今已经是 CNCF 的孵化项目。它提供了强大的身份验证、授权和用户管理功能。Keycloak 支持多种身份验证协议，如 OAuth、OpenID Connect、SAML 等，并且可以与各种应用程序和服务进行集成。Keycloak 提供了一套完整的身份认证和授权功能，可以用于保护应用程序、API 和服务的安全性。

下面介绍 Keycloak 的一些关键组件。

1. 认证服务器

认证服务器（Authentication Server）是 Keycloak 的核心组件，负责处理用户的身份认证和授权。它支持多种身份验证协议，如 OAuth、OpenID Connect 和 SAML。认证服务器维护用户的身份信息和凭据，并验证用户的身份以颁发访问令牌。

2. 客户端

Keycloak 的客户端（Client）是与认证服务器进行交互的应用程序或服务。客户端使用认证服务器颁发的访问令牌来访问受保护的资源。Keycloak 支持各种类型的客户端，如 Web 应用、移动应用和后端服务。客户端是指代表应用程序或服务的实体，它可以是 Web 应用程序、移动应用程序、后端 API 或其他与 Keycloak 进行身份认证和授权交互的实体。

每个客户端都与一个特定的 Realm 相关联，它使用 Realm 中定义的用户和角色来进行身份认证和授权。通过客户端，应用程序可以与 Keycloak 进行安全通信，获取访问令牌并使用它来保护资源。Keycloak 提供了不同类型的 Clients，包括：

- Confidential Clients（机密客户端）：这种类型的客户端可以安全地保持其凭据，例如客户端密钥。它们通常在服务器端执行，并且可以直接与 Keycloak 进行交互。
- Public Clients（公开客户端）：这种类型的客户端无法安全地保持其凭据。它们通常在客户端设备上执行，例如 Web 浏览器、移动应用程序等。公共客户端依赖于重定向和浏览器交互来进行身份认证和授权，在后面的 4.2.1 节进行详细介绍。
- Bearer-only Clients（仅承载令牌客户端）：这种类型的客户端只接受 Bearer 令牌，不会主动发起身份认证请求。它们通常用于保护后端 API，接收并验证传入的令牌，确保请求的合法性。即这类客户端的认证目标对象是机器（见 1.2.1 节），使用在面向 API 的认证场景中（见 1.3.1 节）。

每个客户端都有自己的配置和安全策略，例如访问令牌的有效期、访问权限的范围等。Keycloak 通过客户端的定义来控制应用程序的访问和权限，并为每个客户端颁发相应的访问令牌。

总之，客户端是 Keycloak 中的一个重要概念，代表着与 Keycloak 进行身份认证和授权交互的应用程序或服务实体。不同类型的客户端具有不同的特性和安全策略，可以根据应用程序的需求进行选择和配置。

3. 令牌

在 Keycloak 中，令牌（Tokens）是身份认证和授权的核心概念。它分为访问令牌（Access Token）和身份令牌（ID Token）。访问令牌用于访问受保护的资源，身份令牌包含有关用户身份的信息。

Keycloak 使用 JWT 格式来表示令牌。

4. 身份提供者

身份提供者（Identity Provider）是 Keycloak 与外部身份源集成的组件。Keycloak 支持与各种身份提供者集成，如 LDAP、Active Directory 和社交登录提供者（如 Google、Facebook）。通过身份提供者，Keycloak 可以实现跨域身份认证和用户数据的同步。

身份提供者是指在身份认证过程中负责验证用户身份的第三方服务提供商。它可以是一个独立的系统或服务，也可以是一个集成在 Keycloak 中的模块。

在 Keycloak 中，可以配置多个身份提供者来支持不同的身份验证方式，例如社交媒体登录（如 Google、Facebook）、企业身份提供者（如 Active Directory）等。

每个身份提供者都有自己的身份验证机制和用户存储，它负责验证用户提供的凭据（如用户名和密码）并返回认证结果给 Keycloak。

当用户尝试登录应用程序时，Keycloak 会将用户重定向到适当的身份提供者进行身份验证。一旦身份提供者成功验证用户身份，它将生成一个身份令牌或其他形式的证明，并将其返回给 Keycloak。

Keycloak 接收到身份令牌后，会对其进行验证，并为用户生成访问令牌，用于后续的资源访问和授权。身份提供者在身份认证过程中起到了关键的作用，可以帮助应用程序实现跨平台、跨域的身份认证和用户管理。

总之，身份提供者是 Keycloak 中的一个重要概念，用于验证用户身份并生成身份令牌。它可以是独立的第三方服务提供商，也可以是集成在 Keycloak 中的模块。通过配置不同的身份提供者，应用程序可以支持多种身份验证方式，提供更灵活和多样化的身份认证体验。

5. 安全领域

安全领域（Realm）是 Keycloak 中的一个独立安全域，用于管理用户、客户端和策略。每个领域具有独立的用户存储和身份认证配置。Keycloak 支持创建多个安全领域，用于隔离不同的应用程序或组织。

Realm 是 Keycloak 中的核心概念之一，它提供了一种逻辑上的分区方式，用于划分和管理不同的安全域。在每个 Realm 中，你可以定义自己的用户、角色、客户端和策略。

一个 Realm 可以被看作一个独立的身份认证和授权空间，具有自己的用户数据库和身份验证配置。它提供了一套独立的用户管理功能，可以定义自己的用户属性和访问控制策略。

Keycloak 支持创建多个 Realm，每个 Realm 都是相互隔离的，不共享用户和其他配置信息。这使得 Keycloak 非常适合多租户场景，可以在同一个 Keycloak 实例中为不同的应用程序或组织创建独立的安全域。

通过使用 Realm，你可以根据应用程序或组织的需求来划分和管理用户、角色和客户端。每个 Realm 都具有自己的配置和安全策略，可以满足不同应用程序的特定需求。

总之，Realm 是 Keycloak 中的一个关键概念，它提供了一种逻辑上的分区方式，用于划分和管理不同的安全域，以实现用户管理和身份认证的隔离与定制。

以上是 Keycloak 的关键组件，它们共同构成了一个完整的身份认证和访问管理解决方案。通过使用 Keycloak，开发人员可以快速集成身份认证功能，提高应用程序的安全性和用户体验。在实际应用上，使用 Keycloak 打通公司生态是很合适的，因为 Keycloak 内置了以下功能：

（1）单点登录，这个一般公司都是需要的。

（2）身份代理和社交登录，适合对接第三方登录。举例来说，对公司的消费者端有微信登录等，而对公司的员工这种内部使用场景有企业微信登录、钉钉登录等。当然，由于 Keycloak 的主要开发者在国外，因此它内置的社交登录是针对国外的社交平台的，如果需要对接国内的社交平台，需要自己开发或者使用第三方的插件。下面是一些推荐的第三方插件：

- 手机验证码登录插件：https://github.com/cooperlyt/keycloak-phone-provider，国外一般不用手机号登录，这可能是 Keycloak 没有内置此插件的原因。这个插件支持丰富的手机短信提供商，非常全面。
- 微信登录插件：https://github.com/Jeff-Tian/keycloak-services-social-weixin，支持 PC 端扫码登录、关注公众号即登录、手机微信等登录方式。
- 企业微信登录插件：https://github.com/Jeff-Tian/keycloak-services-social-wechatwork。
- 钉钉账号登录插件：https://github.com/Jeff-Tian/keycloak-services-social-dingding。

（3）用户联邦，适合打通公司的 LDAP 服务，如果需要此功能，采用 Keycloak 也很适合。

3.2.2　CAS

CAS（Central Authentication Service）是一个开源的单点登录解决方案，用于集中化的身份认证。CAS 可以与各种应用程序进行集成，实现用户在不同应用之间的无缝身份认证和会话管理。它支持多种身份验证方式，并提供了扩展性和安全性的配置选项。

在 CAS 中，服务票据被用来作为客户端和服务器之间通信的凭据。其过程如下。

（1）访问服务：客户端向应用程序的服务资源发送请求。
（2）重定向到认证：客户端将用户请求重定向到服务器。
（3）用户认证：用户在被重定向到服务器后完成身份验证。
（4）发放票据：服务器创建一个随机的服务票据。
（5）验证票据：服务器验证服务票据的有效性。
（6）传输用户信息：如果验证通过，服务器将用户认证结果返回给客户端。

CAS 流程图如图 3-1 所示。

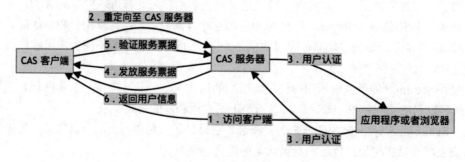

图 3-1　CAS 流程图

3.2.3 基于.NET Core 的 Duende IdentityServer

Duende IdentityServer 是一个基于 ASP.NET 的开源身份认证和授权解决方案。它是 IdentityServer4 的继任者，提供了强大且可定制的身份认证功能，用于构建安全的认证服务器和单点登录系统。

Duende IdentityServer 支持各种身份验证协议和规范，包括 OpenID Connect、OAuth 2.0 和 SAML 2.0。它可以作为认证服务器，为多个客户端应用程序提供身份验证和授权服务。

与其他身份认证解决方案相比，Duende IdentityServer 具有以下特点。

- 可扩展性和灵活性：Duende IdentityServer 提供了灵活的配置选项和可扩展的插件系统，使用户能够根据特定需求定制和扩展身份认证功能。
- 安全性：Duende IdentityServer 遵循最新的安全标准和协议，提供了多种安全保护机制，如令牌签名、访问控制规则等，以确保身份认证的安全性。
- 开发友好性：Duende IdentityServer .NET Core，使用 C#进行开发，提供了丰富的开发工具和文档，使开发人员可以轻松地集成和定制身份认证功能。

Duende IdentityServer 被广泛应用于各种场景，包括企业应用程序、云服务、单点登录系统等。它为开发人员提供了一个可靠和强大的身份认证解决方案，帮助他们构建安全、可扩展的应用程序。

如果你正在寻找一个基于.NET Core 的身份认证解决方案，Duende IdentityServer 是一个值得考虑的选择。

3.2.4 基于 Node.js 的 OIDC Server

基于 Node.js 的 OIDC Server 是一种基于开放标准的身份认证和授权解决方案，它遵循 OpenID Connect 协议和 OAuth 2.0 框架。Node.js 提供了一个强大的平台和生态系统，使得开发人员可以构建灵活、可定制和高性能的身份认证服务器。

在 Node.js 生态系统中，有几个知名的 OIDC Server 实现，分别说明如下。

1. panva/node-oidc-provider

panva/node-oidc-provider[1]是 OpenID 组织认证的 Node.js 实现，遵循 OpenID Connect 规范，并支持多种身份验证协议，如 OpenID Connect、OAuth 2.0 和 SAML 2.0。它提供了灵活的配置选项和可扩展的插件系统，使用户能够根据特定需求定制和扩展身份认证功能。

2. oauthjs/node-oauth2-server

oauthjs/node-oauth2-server[2]是一个完整的、合规的并且经过良好测试的 OAuth 2.0 服务器实现。它是框架中立的，你既可以选择使用 Express，也可以选择 Koa 等其他的框架作为 HTTP 服务器。

---

[1] https://github.com/panva/node-oidc-provider
[2] https://github.com/oauthjs/node-oauth2-server

3.3 小　　结

本章分别介绍了云解决方案中的身份认证和访问管理解决方案，以及开源解决方案。云解决方案包括云厂商提供的身份认证和访问管理服务，以及第三方提供的身份认证和访问管理服务。开源解决方案重点介绍了基于 Java 的 Keycloak 和基于 .NET Core 的 Duende IdentityServer，另外也提到了基于 Node.js 的 OIDC Server。在后续的实战应用中，我们还会多次提及它们，并给出使用它们的具体应用案例。

从下一章开始，我们将进入实战环节，通过大量案例讲解如何运用不同的认证解决方案来解决实际问题。

第 2 部分 身份认证的实战应用

本部分将探讨身份认证的实战应用。我们将深入研究不同领域中的身份认证案例，包括纯前端、BFF（Backend for Frontend）以及后端领域服务。然后，我们将以三个成熟产品为例，展示以配置为主的身份认证功能的对接。最后，我们将着重讲解社交登录这个专题。

通过这些实战案例，我们将深入了解不同应用场景下的身份认证实践，并探索如何选择和应用适当的身份认证方案来保护用户和数据的安全。

第 4 章

纯前端应用如何接入身份认证

本章将探讨纯前端应用如何接入身份认证系统，实现安全的用户认证和授权。纯前端应用通常是指基于 Web 技术的单页面应用或移动应用的前端部分，其主要逻辑和交互都在前端代码中完成，与后端服务的交互通过 API 进行。

4.1 实例讲解

本节将通过几个实例来演示如何在纯前端应用中对接身份认证平台。在具体深入各个案例前，我们先了解一下 oidc-client.js 这个库，通过使用它，可以了解对接身份认证平台的一般步骤。

4.1.1 准备工作

在开始之前，我们需要进行一些准备工作：

（1）注册身份提供者（Identity Provider）并获取相关配置信息，包括客户端 ID、授权终端 URL、令牌终端 URL 等。

（2）创建一个纯前端应用，并引入 oidc-client.js 库。

（3）配置 oidc-client.js，包括设置客户端 ID、授权终端 URL、令牌终端 URL 等。

4.1.2 实例演示

在这个实例中，假设我们的纯前端应用是一个单页面应用，使用 Vue.js 框架开发。

（1）引入 oidc-client.js：

```
import Oidc from 'oidc-client';
```

（2）配置 oidc-client.js：

```
const config = {
    authority: 'https://your-identity-provider.com',
    client_id: 'your-client-id',
    redirect_uri: 'https://your-app.com/callback',
    response_type: 'code',
    scope: 'openid profile',
};

const userManager = new Oidc.UserManager(config);
```

（3）处理登录和注销：

```
// 登录
userManager.signinRedirect();

// 注销
userManager.signoutRedirect();
```

（4）处理回调：

```
userManager.signinRedirectCallback().then((user) => {
    // 用户成功登录，可以获取用户信息和访问令牌
});

userManager.signoutRedirectCallback().then(() => {
    // 用户成功注销
});
```

通过以上步骤，我们可以实现纯前端应用的身份认证和授权功能。具体的配置和流程会根据身份提供者和应用需求而有所不同，可根据实际情况进行相应的调整。

接下来还会介绍其他的实例，它们分别是基于不同的前端框架所开发的应用。尽管也可以在其中使用 oidc-client.js，但是针对具体所使用到的前端框架，我们还是会介绍一些更加适合的解决方案。要注意的是，这些更加适合的方案在底层往往仍然使用 oidc-client.js，但是在上层进行了一些封装，使得我们在具体的前端框架生态中可以更加方便地使用它们。

1. 在 UmiJs 中接入认证平台

UmiJs 是一个基于插件的可扩展前端框架，它提供了一种简洁高效的方式来构建单页面和多页面应用。接下来将介绍如何在 UmiJs 项目中接入认证平台，实现身份认证和授权功能。我们将给出两个实例，分别使用 Keycloak 和 Duende IdentityServer 作为认证平台，使用 umi-plugin-oauth2 作为 UmiJs 的身份认证插件。最终实现的效果可以通过 https://umi-ckeditor5.vercel.app 查看，如图 4-1 所示。

1）在 Keycloak 后台添加一个公开客户端

由于这里演示的是使用纯前端直接对接身份认证平台，没有后端服务器的支持，因此必须将客户端设置为公开的，如图 4-2 所示。因为即使使用加密的客户端，由于密钥保存在前端没有意义，因此客户端就没有必要加密了。

图 4-1　在 UmiJs 中成功接入认证平台

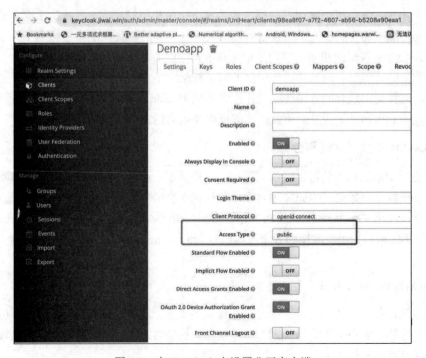

图 4-2　在 Keycloak 中设置公开客户端

2）在 Keycloak 中配置允许的回调 Uri

在 Keycloak 中配置允许的回调 Uri，如图 4-3 所示。这里的回调 Uri 是指 Keycloak 登录成功后，将用户重定向到的地址，这里我们将 http://localhost:8000/* 也添加进去，以便在本地就可以运行验证，其他不同的线上环境可以按需添加。如果不配置的话，单击"登录"按钮后会跳转到 Keycloak，而 Keycloak 会展示一个错误页面显示回调 Uri 不正确。

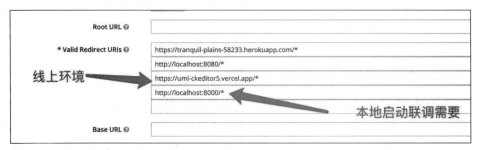

图 4-3　在 Keycloak 中配置允许的回调 Uri

3）配置 Web Origin

以上配置完成后，应用已经可以使用 Keycloak 登录了，登录成功后，会正常跳回应用。然后应用会使用 Ajax 向 Keycloak 的 OIDC 服务请求 Token 和 UserInfo，由于这是纯前端，而非服务器端应用或者本地客户端应用，因此会碰到跨域 CORS 错误，如图 4-4 所示。

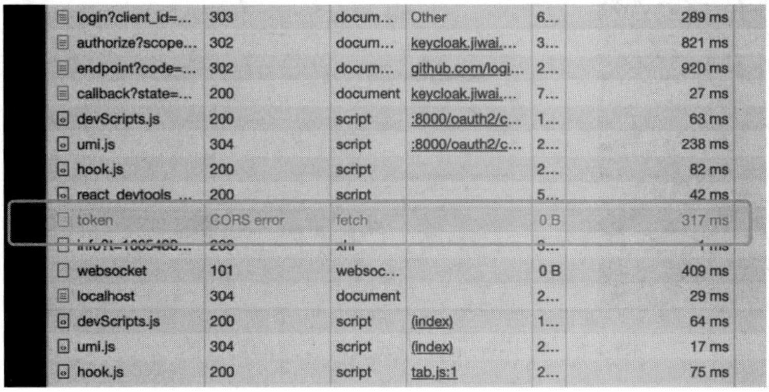

图 4-4　在 UmiJs 中接入认证平台时遇到的跨域错误

这是因为浏览器的同源策略限制了跨域请求，所以，对于这种纯前端应用，需要在 Keycloak 中配置 Web Origin，如图 4-5 所示。这里的 Web Origin 是指允许跨域请求的域名，这里我们将 http://localhost:8000 添加进去，以便在本地就可以运行验证。根据实际的多个环境，可以相应地添加多个 Web Origin。

图 4-5　在 Keycloak 中配置 Web Origin

4）在 Umi.js 中引入 umi-plugin-oauth2 包

在 Umi.js 项目中，我们需要引入 umi-plugin-oauth2 包。这个包是 Umi.js 的一个插件，它封装了 oidc-client.js，使得我们可以更加方便地与身份认证平台集成。

```
yarn add umi-plugin-oauth2
```

不过，这个包还依赖其他几个 peer dependency，也需要一并安装一下（这是 umi-plugin-oauth2 的后续优化点，不需要用户手动安装 peer dependency）：

```
yarn add ahooks client-oauth2 pkce
```

5）添加 oauth2Client 配置

在 umirc.[tj]s 文件（因为 Umi.js 项目支持两种风格，在创建时可以选择 TypeScript 或者 JavaScript。这里用[tj]s 表示后缀名可以是 ts，也可以是 js，根据具体项目的设置而定，下同）中添加 oauth2Client 的配置项。在这里，需要填入一些 Keycloak 服务的可发现 Uri 以及其他信息。其中，可发现 OIDC 的 Uri 可以这样找到：首先在领域配置中单击 OpenID Endpoint Configuration，如图 4-6 所示。

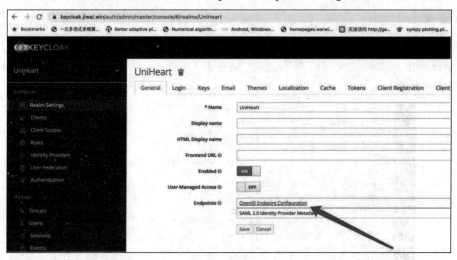

图 4-6　在 Keycloak 中找到可发现 OIDC 的 Uri

在打开的新页面中，复制相关的 Uri（这是 umi-plugin-oauth2 另一个的后续优化点，争取做到用户只需要填入这个可发现链接即可，插件包自行解析其他的 Uri），如图 4-7 所示。

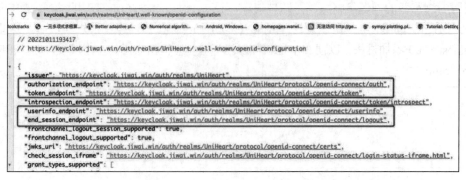

图 4-7　在可发现 OIDC 的 Uri 端点查看更多其他端点地址

这样，得到的 umirc.[tj]s 文件如下：

```
{
    // ...
    oauth2Client: {
        clientId: 'demoapp',
        accessTokenUri: 'https://keycloak.jiwai.win/auth/realms/UniHeart/protocol/openid-connect/token',
        authorizationUri: 'https://keycloak.jiwai.win/auth/realms/UniHeart/protocol/openid-connect/auth',
        redirectUri: 'https://umi-ckeditor5.vercel.app/oauth2/callback',
        scopes: ['openid', 'email', 'profile'],
        userInfoUri: 'https://keycloak.jiwai.win/auth/realms/UniHeart/protocol/openid-connect/userinfo',
        userSignOutUri: 'https://keycloak.jiwai.win/auth/realms/UniHeart/protocol/openid-connect/logout',
        homePagePath: '/',
    },
    // ...
}
```

注意以上的 redirectUri 填写了线上地址。在本地启动时，应使用本地地址。这时只需要在 umirc.local.[tj]s 文件中覆盖 redirectUri 即可：

```
import {defineConfig} from 'umi';

export default defineConfig({
    oauth2Client: {
        redirectUri: 'http://localhost:8000/oauth2/callback',
    },
});
```

6）添加一个 wrappers/auth.jsx 文件

在 UmiJs 中，我们可以通过路由守卫或插件来实现身份认证和授权的逻辑。

一种常见的方式是使用路由守卫，通过拦截需要进行身份认证的路由进行相应的处理。具体的实现方法可以参考 UmiJs 的文档和示例。

另一种方式是使用插件，一些认证平台的 SDK 或插件提供了相应的功能和方法来简化身份认证和授权的实现。你可以根据所使用的 SDK 或插件的文档来了解如何在 UmiJs 中使用它们。

在这里，我们添加一个 wrappers/auth.jsx 文件，代码内容如下：

```
import React from 'react';
import {useEffect} from 'react';
import {useOAuth2User} from 'umi';

const isEmptyObject = (obj) =>
    Object.keys(obj).length === 0 && obj.constructor === Object;

const Auth = (props) => {
    const {children} = props;
```

```
    const {token, user, signIn, refresh} = useOAuth2User();

    useEffect(
        () => {
            console.log('token = ', token, user);
            if (token === undefined || isEmptyObject(token) || user === undefined) {
                signIn();
            } else if (token !== undefined) {
                refresh(token);
            }
        },
        [],
    );

    if ((token !== undefined && !isEmptyObject(token)) || user !== undefined) {
        return children;
    }

    return <span>Loading...</span>;
};

export default Auth;
```

7)在组件中使用

比如像这样：

```
import 'react';
import {useOAuth2User} from 'umi';

export const UserInfo = () => {
    const {token, user, signIn, signOut} = useOAuth2User();
    return (
        <div>
            <p>
                {!token ? (
                    <button onClick={signIn}>登录</button>
                ) : (
                    <button onClick={signOut}>退出</button>
                )}
            </p>
            <div>
                <strong>Token Object</strong>:
                <br/>
                <textarea
                    readOnly
                    style={{width: '100%', height: '15em'}}
                    value={JSON.stringify(token, null, 4) ?? '登录后可见'}
                ></textarea>
                <strong>User Object</strong>:
                <br/>
                <textarea
```

```
                readOnly
                style={{width: '100%', height: '15em'}}
                value={JSON.stringify(user, null, 4) ?? '登录后可见'}
            ></textarea>
        </div>
    </div>
  );
};
```

通过以上步骤，就完成了 UmiJs 和 Keycloak 的对接。我们现在可以在 UmiJs 项目中进行身份认证了。

我们能够以 Duende IdentityServer 作为身份认证平台，并在同样的 UmiJs 项目中接入它了。

1）在 Duende IdentityServer 后台添加一个公开客户端

首先，给这个 WebApp 起个名字，比如叫 CoolApp，然后，在 Duende IdentityServer 中增加该客户端，相当于备案，代码如下：

```
// src/IdentityServer/Config.cs
public static class Config {
    // ...
    public static IEnumerable<Client> Clients =>
    new[] {
        new() {
            ClientId = "CoolApp",
            ClientName = "CoolApp",
            AllowedGrantTypes = GrantTypes.CodeAndClientCredentials,
            RequireClientSecret = false,
            RedirectUris = {
                "http://localhost:8000/oauth2/callback",
                "https://your.cool.app/oauth2/callback"
            },
            AllowedScopes = {
                IdentityServerConstants.StandardScopes.OpenId,
                IdentityServerConstants.StandardScopes.Profile,
                IdentityServerConstants.StandardScopes.Email,
            }
        },
        //...
    };
    //...
}
```

然后将客户端添加到 IdentityServer 数据存储中，这里以内存为例：

```
// src/IdentityServer/HostingExtensions.cs

internal static class HostingExtensions {
    public static WebApplication ConfigureServices(this WebApplicationBuilder builder) {
        builder.Services.AddRazorPages();

        builder.Services.AddIdentityServer()
```

```
            .AddInMemoryIdentityResources(Config.IdentityResources)
            .AddInMemoryApiScopes(Config.ApiScopes)
            .AddInMemoryClients(Config.Clients)
            .AddTestUsers(TestUsers.Users);
        //...
    }
}
```

2）配置 Umi.js

和对接 Keycloak 一样，依然引入 umi-plugin-oauth2 包，并在.umirc 文件中增加如下配置：

```
// .umirc
{
    oauth2Client: {
        clientId: 'CoolApp',
        accessTokenUri: 'https://your.identity.server/connect/token',
        authorizationUri: 'https://your.identity.server/connect/authorize',
        redirectUri: 'http://localhost:8000/oauth2/callback',
        scopes: ['openid', 'email', 'profile'],
        userInfoUri: 'https://your.identity.server/connect/userinfo',
        userSignOutUri: 'https://your.identity.server/connect/endsession',
        homePagePath: '/',
    }, // ...
}
```

3）路由修改

在路由中，我们需要将需要进行身份认证的路由进行拦截。如果是保护所有的页面，就得将原来的父级路由增加一个 wrappers（参考官网文档），同时增加一个登录的路由，比如这样：

```
// .umirc.ts
const routes: IRoute[] = [
  {
    path: '/login', // 非必需，可以留作后续扩展使用
    component: 'login',
    layout: false,
  },
  {
    path: '/',
    wrappers: ['@/wrappers/auth'],
    component: '../layouts/BlankLayout',
    flatMenu: true,
    routes: [
      {
        name: 'xxx',
        path: '/yyy',
        component: './zzz',
      },
      ...
    ]
```

    }
  ]

4) 实现 auth wrapper

在 src/wrappers/auth.tsx 文件中，实现代码如下：

```
// src/wrappers/auth.tsx

const Auth: React.FC<IRouteComponentProps> = (props) => {
  const { children } = props;

  const { token, user, signIn } = useOAuth2User();

  useEffect(
    () => {
      if (token === undefined && user === undefined) {
        // token 和 user 都是 undefined 时才需要请求

        // const uri = getSignUri();
        // return <a href={uri}>Goto SSO</a>;
        // 这里是自定义的未登录态的逻辑，可以显示一个登录链接，
        // 也可以是自动跳转到身份认证平台的统一登录页面的逻辑，
        // 甚至是跳转到自己写的一个特殊的登录页面的逻辑
        signIn();
      }
    },
    // 注销时不会重复登录
    [],
  );

  if (token !== undefined && user !== undefined) {
    return children;
  }
  return <span>Loading...</span>;
};

export default Auth;
```

5) 实现登录组件

这不是必需的，但是建议增加一个简单的组件，展示一下登录状态，如果已登录，就展示用户信息，并且提供一个退出的按钮（链接）。

```
// src/pages/login.tsx

export default () => {
  return (
    <OAuth2UserContext.Consumer>
      {({ user, token, signOut }) => {
        const userContent = token && user && (
          <div>
            {user.name}
```

```
            <br />
            <Link to="/" onClick={signOut}>
              SignOut
            </Link>
          </Link>
        </div>
      );
      return (
        <div>
          <div>Login Page</div>
          <div>User: {JSON.stringify(user)}</div>
          <div>Token: {JSON.stringify(token)}</div>

          {userContent}
          <Link to="/">Home</Link>
        </div>
      );
    }}
  </OAuth2UserContext.Consumer>
 );
};
```

6）运行效果

打开任意页面（除/login 外），只要是非登录状态，就会跳转到 IdentityServer 服务器，登录后跳回。如果打开/login 页面，可以查看已登录的用户信息，如图 4-8 所示。

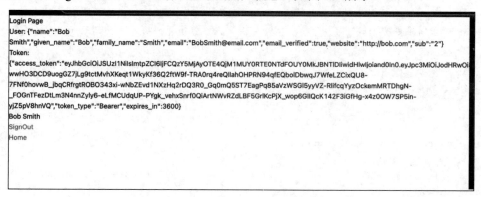

图 4-8　在 UmiJs 中接入 Duende IdentityServer

同时，发现 Local Storage 中有了访问令牌信息，如图 4-9 所示。

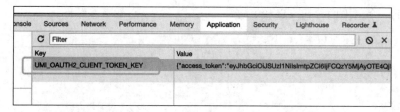

图 4-9　查看 Local Storage 中的访问令牌信息

该令牌是一个 JWT，结构如图 4-10 所示。

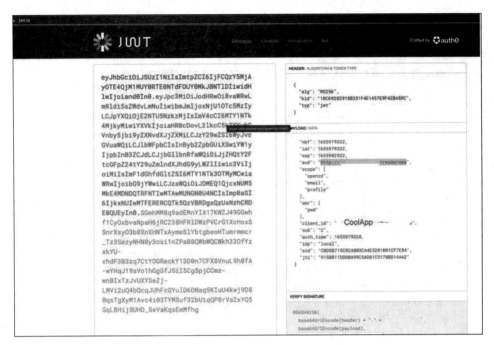

图 4-10 查看 JWT 令牌信息

注意其中的 aud 字段，在后面保护 API 时需要用到。另外，注意 typ 字段，如果是 at+jwt，则需要对 IdentityServer 进行相应配置，改成 jwt，以便在 Spring Boot 后端接入同样的身份认证平台时，能够正确识别该令牌。

2. 在 Next.js 中接入认证平台

Next.js 是一个流行的 React 框架，用于构建服务器渲染的 React 应用。接下来将介绍如何在 Next.js 项目中接入认证平台，实现身份认证和授权功能。最终，我们将基于 Next.js 构建一个简单的应用程序，用于演示身份认证和授权的实现。读者可以访问 https://notion.inversify.cn/ 链接查看演示效果，源代码在 https://github.com/Jeff-Tian/nobelium。接下来将聚焦 Next.js 应用侧的代码讲解，而省略身份认证平台的配置环节，因为这部分内容在前面已经讲解过了，这里不再赘述。但不同的是，我们将直接在 Next.js 应用中同时对接两个身份认证平台，分别是 Keycloak 和 Duende IdentityServer，所以读者需要在这两个平台中分别配置两个公开客户端。

1）添加依赖项

Next.js 的生态中，有一个著名的 Next-Auth.js 库，它提供了一套完整的身份认证和授权解决方案，可以帮助开发人员快速集成身份认证功能。它支持多种身份验证协议，包括 OpenID Connect、OAuth 2.0 和 SAML 2.0。它还提供了丰富的插件系统，使开发人员可以根据特定需求定制和扩展身份认证功能。我们需要添加 next-auth，并且会使用到两个提供者程序，分别是 next-auth/providers/identity-server4 和 next-auth/providers/keycloak。它们分别用于对接 Duende IdentityServer 和 Keycloak。我们可以通过 npm 命令来安装依赖项，命令如下：

```
npm install next-auth
```

2）添加认证文件

按照 Next.js 的约定，我们在 pages/api 目录下建立一个 auth 目录，然后在该目录下建立一个文件 [...nextauth].js，用于处理身份认证相关的逻辑。该文件的内容如下：

```js
import NextAuth from 'next-auth';
import IdentityServer4Provider from 'next-auth/providers/identity-server4';
import KeycloakProvider from 'next-auth/providers/keycloak';

export default NextAuth({
    // 通过 NextAuth 可以同时配置多个身份认证平台
    providers: [
        IdentityServer4Provider({
            id: 'id6',
            name: 'IdentityServer',
            authorization: {params: {scope: 'openid profile email'}},
            issuer: 'https://id6.azurewebsites.net',
            clientId: 'inversify',
            debug: true
        }),
        KeycloakProvider({
            clientId: 'demoapp',
            issuer: 'https://keycloak.jiwai.win/auth/realms/UniHeart',
            debug: true
        })
    ],
    secret: 'any-value',
    callbacks: {
        async jwt({token, account}) {
            if (account) {
                token.accessToken = account.access_token
                token.idToken = account.id_token
            }

            return token
        },

        async session({session, token, user}) {
            session.accessToken = token.accessToken
            session.idToken = token.idToken

            return session
        }
    }
});
```

3）添加登录状态页面

在 pages 目录下添加一个 signin.js 文件，内容如下：

```
import {useSession, signIn, signOut} from 'next-auth/react';
import * as util from 'util';

export default function SignIn() {
    const {data: session} = useSession();
    if (session) {
        return (
            <>
                Signed in as {session.user.email}
                <br/>
                Expired at {session.expires}
                <br/>
                Access token: {session.accessToken}
                <br/>
                Id token: {session.idToken}
                <br/>
                {util.inspect(session)}
                <br/>
                <button onClick={() => signOut()}>Sign out</button>
            </>
        );
    }
    return (
        <>
            Not signed in
            <br/>
            <button onClick={() => signIn()}>Sign in</button>
        </>
    );
}
```

可以看到，我们使用了 next-auth/react 提供的 useSession hook 来获取当前用户的登录状态。如果用户已登录，则显示其 Email，以及获取的 Token 信息；否则显示未登录，并提供登录按钮。图 4-11 展示未登录状态的页面，正是上面的代码运行的结果。

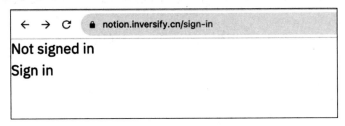

图 4-11　未登录状态

而当登录完成后，页面会显示登录用户的信息，如图 4-12 所示。

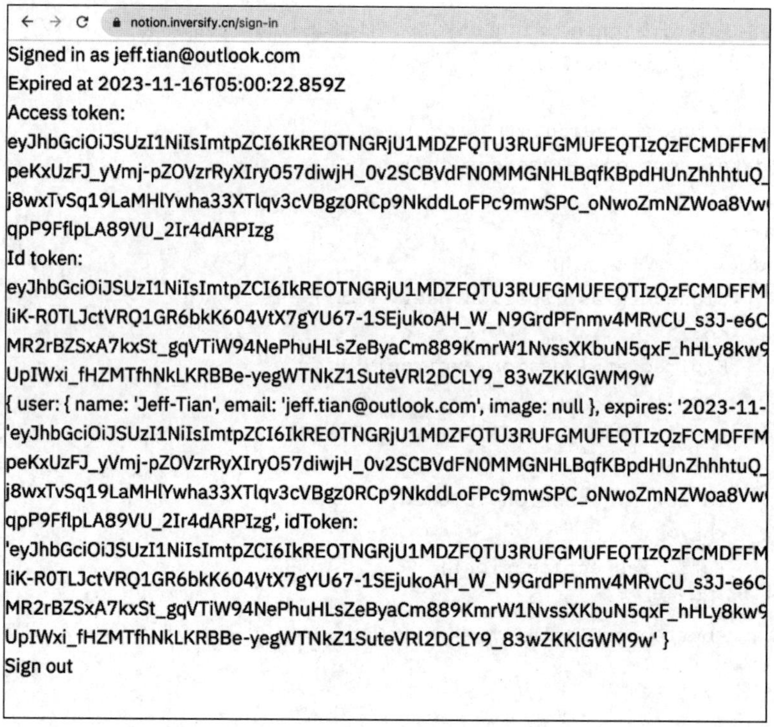

图 4-12　登录状态

4）总结

通过 next-auth，可以非常简单高效地接入多个身份认证平台。在前面的示例中，我们同时接入了 Duende IdentityServer 和 Keycloak，只需要在配置文件中添加对应的配置项即可。当然，我们也可以只接入其中一个，或者接入其他身份认证平台，比如 Auth0、Okta 等。总之，next-auth 提供了一套完整的身份认证和授权解决方案，可以帮助开发人员快速集成身份认证功能。

3. 在 CRA 中对接 authing.cn

CRA（Create React App）是一个优秀的脚手架构工具，让你可以在极短的时间里将 React 的开发环境搭建起来。接下来将介绍如何在基于 CRA 创建的 React 项目中接入 Authing，以实现身份认证和授权功能。

要使用 CRA 创建 React 项目，需要先安装 Node.js，然后使用命令行创建一个工作目录，最后执行 CRA 命令：

```
mkdir /Users/Jeff-Tian
cd /Users/Jeff-Tian
npx create-react-app brickverse
```

在命令行中看到如下反馈，说明项目创建成功：

```
npx: installed 67 in 7.669s


Creating a new React app in /Users/Jeff-Tian/brickverse.
```

```
Installing packages. This might take a couple of minutes.

...

Success! Created brickverse at /Users/Jeff-Tian/brickverse
Inside that directory, you can run several commands:

  npm start
    Starts the development server.

  npm run build
    Bundles the app into static files for production.

  npm test
    Starts the test runner.

  npm run eject
    Removes this tool and copies build dependencies, configuration files
    and scripts into the app directory. If you do this, you can't go back!

We suggest that you begin by typing:

  cd brickverse
  npm start

Happy hacking!
```

这时切换到 brickverse 目录，执行 npm start 命令，启动开发服务器，看到如下反馈，说明项目启动完成。

```
Compiled successfully!

You can now view brickverse in the browser.

  Local:            http://localhost:3000
  On Your Network:  http://192.168.0.3:3000

Note that the development build is not optimized.
To create a production build, use npm run build.

webpack compiled successfully
```

这时浏览器自动弹出 React 欢迎页面，如图 4-13 所示。

下面我们将在一个使用 CRA 创建的 React 项目中接入 Authing，实现身份认证和授权功能。最终效果可以通过访问 https://www.brickverse.net/ 在线进行体验。

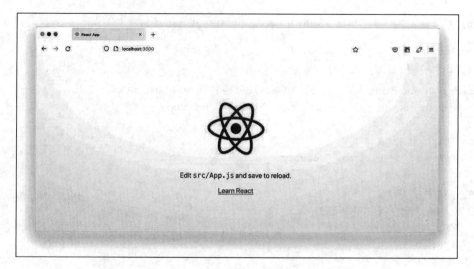

图 4-13　React 欢迎页面

1）准备工作

首先，需要在 authing.cn 的控制台中创建应用。在控制台的自建应用中，创建一个单页 Web 应用，如图 4-14 所示，记住其 App ID。

图 4-14　创建应用

2）在项目中添加 authing 相关的依赖

```
yarn add @authing/guard-react18
```

3）在项目中添加 authing 的配置文件

其实最重要的配置就是 App ID，为了在不同的组件和页面中引用起来方便，我们将其放在一个单独的文件中，如下所示：

```
// src/common/constants.ts

export const AUTHING_APP_ID = '6389cf494b2e2b25f818ab6d';
```

4）实现登录守卫

在 React 中，我们可以通过路由守卫的方式来实现登录守卫。在 src/components 目录下新建一个 login 目录，然后在该目录下新建一个 loginGuard.tsx 文件，用于实现登录守卫的逻辑，如下所示：

```tsx
// src/guards/LoginGuard.tsx
import {GuardProvider} from '@authing/guard-react18';
import '@authing/guard-react18/dist/esm/guard.min.css';

import React from 'react';
import {AUTHING_APP_ID} from '../../common/constants';

const LoginGuard = ({children}) => (
  <GuardProvider
      appId={AUTHING_APP_ID}
      mode="modal"

      // 如果你使用的是私有化部署的 Authing 服务，需要传入自定义 host，如
      // host="https://my-authing-app.example.com"

      // 默认情况下，会使用你在 Authing 控制台配置的第一个回调地址作为此次认证使用的回调地址
      // 如果你配置了多个回调地址，也可以手动指定（此地址也需要加入应用的登录回调 URL 中）
      // redirectUri="YOUR_REDIRECT_URI"
  >
      {children}
  </GuardProvider>
);

export default LoginGuard;
```

5）在项目中使用登录守卫

在 src/App.tsx 文件中，我们将 LoginGuard 组件包裹在 App 组件的外层，如下所示：

```tsx
// src/App.tsx
import {Outlet} from 'react-router-dom';
import LoginGuard from '@/components/login/loginGuard';
import {Layout, Menu} from 'antd';
import {
  MenuFoldOutlined,
  MenuUnfoldOutlined,
  HomeOutlined,
  ProfileOutlined,
  UsergroupAddOutlined,
  LoginOutlined,
} from '@ant-design/icons';
import React, {useState} from 'react';

export default function SiteLayout() {
    const [collapsed, setCollapsed] = useState(false);
```

```
    return (
        <LoginGuard>
            <Layout>
                <Layout.Sider trigger={null} collapsible collapsed={collapsed}>
                    <div className="logo"/>
                    <Menu
                        theme="dark"
                        mode="inline"
                        defaultSelectedKeys={[window.location.pathname]}
                        items={[
                            {
                                key: '/home',
                                label: <a href="/home">Home</a>,
                                icon: <HomeOutlined/>,
                            },
                            {
                                key: '/login',
                                label: <a href="/login">Login</a>,
                                icon: <LoginOutlined/>,
                            },
                        ]}
                    />
                </Layout.Sider>
                <Layout className="site-layout">
                    <Layout.Content
                        style={{
                            minHeight: 280,
                            background: '#fff',
                        }}
                    >
                        <Outlet/>
                        <div id="authing-guard-container"></div>
                    </Layout.Content>
                    <Layout.Footer style={{textAlign: 'center'}}>
                        Brickverse ©2023 Created by Brickverse Team
                    </Layout.Footer>
                </Layout>
            </Layout>
        </LoginGuard>
    );
}
```

6）实现登录页面

如上所示，我们定义了一个专门的登录页面，其路由是/login，我们在该页面放置了自定义的背景，而登录相关的弹窗则是由 Authing 的 SDK 自动弹出的，如图 4-15 所示。

图 4-15 登录页面

我们将 Authing 的弹窗逻辑放在一个组件中，并在登录页面中引用，该组件的代码如下：

```
import React from 'react';
import {useGuard} from '@authing/guard-react18';
import Embed from '@/components/login/embed';

const Login = () => {
    const guard = useGuard();

    // 跳转到 Authing 托管页面登录
    const startWithRedirect = () => guard.startWithRedirect();

    return (
        <div>
            <div>
                <button className="authing-button" onClick={startWithRedirect}>
                    Login
                </button>
            </div>
        </div>
    );
};

export default Embed;
```

Embed 组件的代码如下：

```
// React 18
// 代码示例 https://github.com/Authing/Guard/blob/master/examples/guard-react18/modal/src/pages/Embed.tsx
import {useGuard, User} from '@authing/guard-react18';
import {useEffect, useState} from 'react';
import {useNavigate} from 'react-router-dom';
import LoginButton from '../../assets/button.svg';
import styles from './index.module.css';
```

```
export default function Embed() {
    const guard = useGuard();
    const navigate = useNavigate();
    const [userInfo, setUserInfo] = useState<User | null>(null);

    const showGuard = () => guard.show();

    useEffect(() => {
        // 挂载模态框，当用户完成登录之后，你可以获取到用户信息
        guard.start('#authing-guard-container').then((userInfo: User) => {
            setUserInfo(userInfo);

            // 自动跳转到/home 页
            setTimeout(() => {
                guard.hide();
                navigate('/home');
            }, 1000);
        });
    }, [navigate]);

    useEffect(() => {
        if (userInfo?.username) {
            console.log(`Welcome,${userInfo?.username}!`);
        }
    }, [userInfo?.username]);

    return (
        <div>
            {
                <button className={`${styles.btn} authing-button`} onClick={showGuard}>
                    <img src={LoginButton} alt="LoginButton"/>
                </button>
            }
        </div>
    );
}
```

通过使用该组件，我们的登录页面会在用户没有登录时弹出登录弹窗。而如果用户已经是登录状态了，就自动跳转到/home 页，并展示一个欢迎信息，如图 4-16 所示。

7）用户资料页

使用 Authing.cn 来实现身份认证，有一个很大的优势，就是可以直接使用 Authing.cn 的用户资料页，而不需要自己实现。我们在 src/pages 目录下新建一个 Profile.tsx 文件，用

图 4-16　登录成功后的页面

于展示用户资料页，代码如下：

```
const Profile = () => {
    return (
        <div>
            <iframe
                title="profile"
                src="https://hardway.authing.cn/u?app_id=6389cf494b2e2b25f818ab6d&user_active_tab=basic"
                style={{width: '100%', height: '100vh', border: 'none', margin: 0}}
            ></iframe>
        </div>
    );
};

export default Profile;
```

虽然是通过 iframe 嵌入的，但是通过自定义的页面布局可以无缝接入自己的站点，如图 4-17 所示。

图 4-17　用户资料页

8）总结

可以看出，通过对接 authing.cn，仅需少量的对接代码，完全不用开发登录验证相关的代码，就可以直接享受到 authing.cn 提供的多种登录方式，以及用户资料页等功能，可以大大提升开发效率。

4. 在 Vue 项目中接入认证平台

Vue 是一种流行的 JavaScript 框架，用于构建用户界面。它有时也被称为 Vue.js，其读音是/vjuː/，类似于 view。不仅读音和 view 相似，其含义也是如此，因为 Vue.js 专注于提供数据和状态驱动的视图层的开发。

它是一套用于构建 UI 的框架，其核心库[1]只关注视图层，易于上手，且便于与第三方库或既有项目整合。另一方面，当与现代化的工具链以及各种支持类库结合使用时，Vue.js 完全能够为复杂的单页面应用提供驱动。

传统的 Web 前端开发主要采用以 jQuery 为核心的技术栈。jQuery 是一个优秀的 JavaScript 库，它简化了 JavaScript 与 HTML 文档、CSS 样式之间的操作，使得开发者可以更加方便地操作 DOM、处理事件、实现动画效果等。但是，jQuery 并不是一个完整的前端框架，它只是一个 JavaScript 库，主要用于操作 DOM，而不是用于构建整个应用程序。因此，jQuery 并不适合用于构建复杂的单页面应用。与之相比，Vue.js 有如下优势：

- Vue.js 是一个完整的前端框架，它不仅可以用于构建用户界面，还试图解决现代 Web 应用开发中的各种挑战。其诸多特性，如组件化、虚拟 DOM、响应式数据绑定、路由、状态管理等，都可以帮助开发者更加高效地构建复杂的单页面应用。
- Vue.js 构建 UI 的方式与 jQuery 完全不同，其以声明式方式指定视图模型驱动的变化。jQuery 则需要编写以 DOM 为中心的代码，随着项目复杂性的增长（无论是规模还是交互性），代码会越来越难以控制。

鉴于以上优势，Vue.js 在近几年的前端开发中越来越受欢迎，其生态系统也越来越完善。因此，Vue.js 更加适合现代的企业级应用开发。

接下来将介绍如何在 Vue 项目中接入认证平台，实现身份认证和授权功能。这次以 Duende IdentityServer 作为身份认证平台，并不使用专门的插件，而是直接在 Vue 项目中使用 oidc-client.js 来实现。

1）在身份认证平台中配置客户端

和 Keycloak 不同，Duende IdentityServer 并没有现成的客户端配置界面，所以这里使用代码添加一个客户端：

```
new Client {
    ClientId = "vue-client",
    ClientName = "vue client",
    AllowedGrantTypes = GrantTypes.Implicit,
    AllowAccessTokensViaBrowser = true,
    RequireClientSecret = false,
    RequirePkce = true,

    RedirectUris = {
        "http://localhost:8080/callback",
        "http://localhost:8080/static/silent-renew.html",
    },
    AllowedCorsOrigins = { "http://localhost:8080" },
    AllowedScopes = { "openid", "profile", "email" },

    AllowOfflineAccess = true,
    AccessTokenLifetime = 90,
```

---

[1] 笔者也曾为 Vue.js/Core 做过一些小贡献，比如修复了一个虽然小但是涉及范围很广且两年多没人解决的问题：https://github.com/vuejs/core/pull/8752。

```
    AbsoluteRefreshTokenLifetime = 0,
    RefreshTokenUsage = TokenUsage.OneTimeOnly,
    RefreshTokenExpiration = TokenExpiration.Sliding,
    UpdateAccessTokenClaimsOnRefresh = true,
    RequireConsent = false,
};
```

2）在 Vue 项目中安装 oidc-client

```
yarn add oidc-client
```

3）在 Vue 项目中配置 Duende IdentityServer 服务器信息

在项目中添加一个 src/security/security.js 文件：

```
import Oidc from 'oidc-client'

function getIdPUrl() {
    return "https://id6.azurewebsites.net";
}

Oidc.Log.logger = console;
Oidc.Log.level = Oidc.Log.DEBUG;

const mgr = new Oidc.UserManager({
    authority: getIdPUrl(),
    client_id: 'vue-client',
    redirect_uri: window.location.origin + '/callback',
    response_type: 'id_token token',
    scope: 'openid profile email',
    post_logout_redirect_uri: window.location.origin + '/logout',
    userStore: new Oidc.WebStorageStateStore({store: window.localStorage}),
    automaticSilentRenew: true,
    silent_redirect_uri: window.location.origin + '/silent-renew.html',
    accessTokenExpiringNotificationTime: 10,
})

export default mgr
```

4）在 main.js 文件中注入登录相关的数据和方法

Vue 的实例化代码一般都在 'src/main.js' 文件中，我们在这里添加一些全局的数据和方法，用于实现登录和注销功能。

全局的数据部分：

不借助任何状态管理包，直接将相关的数据添加到 Vue 的 app 对象上：

```
import mgr from "@/security/security";

const globalData = {
    isAuthenticated: false,
    user: '',
    mgr: mgr
```

}
```

全局的方法部分：

```
const globalMethods = {
    async authenticate(returnPath) {
        console.log('authenticate')
        const user = await this.$root.getUser();
        if (user) {
            this.isAuthenticated = true;
            this.user = user
        } else {
            await this.$root.signIn(returnPath)
        }
    },
    async getUser() {
        try {
            return await this.mgr.getUser();
        } catch (err) {
            console.error(err);
        }
    },
    signIn(returnPath) {
        returnPath ? this.mgr.signinRedirect({state: returnPath}) : this.mgr.signinRedirect();
    }
}
```

5）修改 Vue 的实例化代码

```
new Vue({
    router,
    data: globalData,
    methods: globalMethods,
    render: h => h(App),
}).$mount('#app')
```

6）修改路由

在 src/router/index.js 中，给需要受保护的路由添加 meta 字段：

```
Vue.use(VueRouter)

const router = new VueRouter({
    routes: {
        path: '/private',
        name: 'private page',
        component: resolve => require(['@/pages/private.vue'], resolve),
        meta: {
            requiresAuth: true
        }
    }
});
```
```

```
export default router
```

接着，正如在配置中所体现出来的，需要一个回调页面来接收登录之后的授权信息，这可以通过添加一个 src/views/CallbackPage.vue 文件来实现：

```
<template>
  <div>
    <p>Sign-in in progress... 正在登录中……</p>
  </div>
</template>

<script>
  export default {
    async created() {
      try {
        const result = await this.$root.mgr.signinRedirectCallback();
        const returnUrl = result.state ?? '/';
        await this.$router.push({path: returnUrl})
      } catch (e) {
        await this.$router.push({name: 'Unauthorized'})
      }
    }
  }
</script>
```

然后，需要在路由中配置这个回调页面：

```
import CallbackPage from "@/views/CallbackPage.vue";


Vue.use(VueRouter)

const router = new VueRouter({
  routes: [{
    path: '/private',
    name: 'private page',
    component: resolve => require(['@/pages/private.vue'], resolve),
    meta: {
        requiresAuth: true
    }
  }, {
    path: '/callback',
    name: 'callback',
    component: CallbackPage
  }]
});

export default router
```

同时，在这个路由中添加一个"全局前置守卫[1]"，注意，在需要调用前面定义的认证方法时，不能使用 router.app.authenticate，而要使用 router.apps[1].authenticate，通过 inspect router 可以发现该方法是存在的，而前者并不存在。

```
// ...
router.beforeEach(async function (to, from, next) {
    let app = router.app.$data || {isAuthenticated: false}
    if (app.isAuthenticated) {
        next()
    } else if (to.matched.some(record => record.meta.requiresAuth)) {
        router.apps[1].authenticate(to.path).then(() => {
            next()
        })
    } else {
        next()
    }
})

export default router
```

到了这一步，应用就可以运行起来了，在访问 /private 时，浏览器会跳转到 Duende IdentityServer 服务器的登录页面，在登录完成后再跳转回来。

7）添加 silent-renew.html

注意在 security.js 中启用了 automaticSilentRenew，并把 silent_redirect_uri 路径配置为 silent-renew.html。它是一个独立引用 oidc-client 的 HTML 文件，不依赖 Vue，这样方便移植到任何前端项目中。

首先，我们将安装好的 oidc-client 包下的 node_modules/oidc-client/dist/oidc-client.min.js 文件复制并粘贴到 public/static 目录下，如图 4-18 所示。

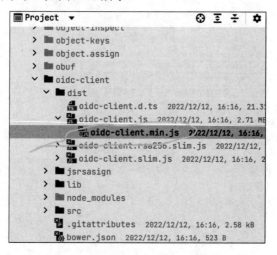

图 4-18　将 oidc-client.min.js 文件复制出来

---

[1] https://router.vuejs.org/zh/guide/advanced/navigation-guards.html#全局前置守卫

然后，在 public/static 目录下创建一个 silent-renew.html 文件，如图 4-19 所示。

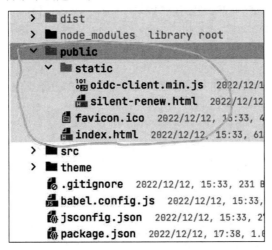

图 4-19　创建 silent-renew.html 文件

文件内容如下：

```html
<!DOCTYPE html>
<html>
<head>
    <title>Silent Renew Token</title>
</head>
<body>
<script src='oidc-client.min.js'></script>
<script>
    new Oidc.UserManager({userStore: new Oidc.WebStorageStateStore({store: window.localStorage})})
            .signinSilentCallback();
</script>
</body>
</html>
```

8）给 API 请求添加认证头

最后，如果要在 Vue 项目中使用 AJAX 来请求受保护的资源，并且该受保护的资源使用了同样的身份认证平台来进行保护的话，可以通过添加一个请求拦截器来实现自动在请求前添加认证头。对于使用 Axios 的 API 客户端，可以利用其 request interceptors 来统一添加这个认证头，比如：

```
import router from '../router'
import Vue from "vue";

const v = new Vue({router})

const service = axios.create({
    baseURL: process.env.BASE_API,
    // 超时时间，单位是ms，这里设置了20s 的超时时间
    timeout: 20 * 1000
});
```

```
service.interceptors.request.use(config => {
    const user = v.$root.user;
    if (user) {
        const authToken = user.access_token;
        if (authToken) {
            config.headers.Authorization = `Bearer ${authToken}`;
        }
    }

    return config;
}, Promise.reject)

export default service
```

以上是在 Vue 项目中不使用状态管理包，直接使用 oidc-client.js 来对接身份认证平台的示例。接下来我们再来看一看使用 vuex 状态管理包如何来做同样的事情。

采用 vuex 状态管理包，在对接身份认证平台时，有一个好处，那就是可以利用 vuex-oidc 来进一步简化我们要做的工作。

1）添加依赖

这一次，我们不直接使用 oidc-client.js，而是使用 oidc-client-ts 这个使用了 TypeScript 的包，并且引入 vuex 和 vuex-oidc，可以在 package.json 的 dependencies 中添加如下依赖：

```
{
  "oidc-client-ts": "^2.0.6",
  "vuex": "^3.0.1",
  "vuex-oidc": "^4.0.0"
}
```

2）为 Vue 项目添加多环境支持

如果有多个环境，可以再引入 dotenv，并且在项目中可以添加多个不同的 .env 文件。比如用 .env.local 和 .env.live 来分别存储本地和线上环境的配置，可以同步为这两个环境准备两套不同的启动命令，用来加载对应的配置，可以在 package.json 的 scripts 节下添加如下命令：

```
{
  "scripts": {
    "serve:local": "dotenv -e .env.local vue-cli-service serve",
    "serve:live": "dotenv -e .env.live vue-cli-service serve"
  }
}
```

3）配置 OIDC 信息

以 env.local 为例：

```
VUE_APP_BASE_API=http://localhost:3000
VUE_APP_OIDC_CONFIG={"accessTokenExpiringNotificationTime":30,"authority":"https://id6.azurewebsites.net/","clientId":"xxx","clientSecret": "yyy","redirectUri":"http://localhost:3000/oidc-callback","responseType":"code", "scope":"openid
```

```
email profile","automaticSilentRenew":true,"automaticSilentSignin":false,
"silentRedirectUri":"http://localhost:3000/silent-renew-oidc.html"}
```

为了从项目中读取配置好的 OIDC 信息，可以添加一个 src/oidc/oidc_config.js 文件：

```
export const oidcSettings = JSON.parse(process.env.VUE_APP_OIDC_CONFIG)
```

4）添加 silentrenew 页面

前面我们使用了复制 oidc-client.js 的方式，这次新加入了 vuex-oidc 依赖，可以更简单，不用复制 oidc-client.js，也不用创建 silent-renew.html 文件，只需要在 src/oidc 目录下创建一个 silent-renew-oidc.js 文件即可，内容如下：

```
import 'core-js/fn/promise'
import {vuexOidcProcessSilentSignInCallback} from 'vuex-oidc'

import {oidcSettings} from './oidc_config'

vuexOidcProcessSilentSignInCallback(oidcSettings)
```

5）main.js、App.vue 等文件的改造

前面没有使用状态管理工具，于是引入了一个 security.js，并且通过 globalMethods 的方式注入了 OIDC 相关的方法，这里不再需要 security.js，在实例化 Vue 时，也不再传递 data 和 methods，而是传递 store（因为用了 vuex 状态管理工具）：

```
import App from './App.vue'
import store from './oidc/store'
import router from "@/router";

new Vue({
    router,
    store,
    render: h => h(App)
}).$mount('#app');
```

其中引用的 src/oidc/store.js 文件如下：

```
import Vue from 'vue'
import Vuex from 'vuex'
import {vuexOidcCreateStoreModule} from 'vuex-oidc'
import {oidcSettings} from './oidc_config'

Vue.use(Vuex)

export default new Vuex.Store({
    modules: {
        oidcStore: vuexOidcCreateStoreModule(
            oidcSettings,
            {
                namespaced: true,
                dispatchEventsOnWindow: true
            },
```

```
                // 可选的 OIDC 事件监听器
                {
                    userLoaded: (user) => console.log('OIDC user is loaded:', user),
                    userUnloaded: () => console.log('OIDC user is unloaded'),
                    accessTokenExpiring: () => console.log('Access token will expire'),
                    accessTokenExpired: () => console.log('Access token did expire'),
                    silentRenewError: () => console.log('OIDC user is unloaded'),
                    userSignedOut: () => console.log('OIDC user is signed out'),
                    oidcError: (payload) => console.log('OIDC error', payload),
                    automaticSilentRenewError: (payload) => console.log('OIDC automaticSilentRenewError', payload)
                }
            )
        }
    })
```

这里使用 vuex 进行状态管理，在实例化 Vue 时，可以将 oidc 相关的方法直接映射过去（src/App.vue）：

```
import {mapGetters} from "vuex";

export default {
    name: 'App',
    computed: {
        ...mapGetters('oidcStore', [
            'oidcAccessToken',
            'oidcIsAuthenticated',
            'oidcAuthenticationIsChecked',
            'oidcUser',
            'oidcIdToken',
            'oidcIdTokenExp'
        ]),
        userDisplay: function () {
            return this.oidcUser?.email ?? 'User'
        }
    },
    components: {},
    data() {
        //...
    }
}
```

6）改造 router

前面我们给私有路由添加了 meta 属性，并用 requiresAuth 来标记需要登录。这里使用 vuex-oidc 提供的 vuexOidcCreateRouterMiddleware 来达到同样的效果。src/router/index.js 内容如下：

```
import Vue from 'vue'
import OidcCallback from "@/views/OidcCallback.vue";
import Router from "vue-router";
import {vuexOidcCreateRouterMiddleware} from "vuex-oidc";
import store from "@/oidc/store";
```

```
Vue.use(Router)
onst
router = new Router({
   mode: 'history',
   base: '/ars-notification-dashboard',
   routes: [
      {
         path: '/',
      },
      {
         path: '/private',
         name: 'private page',
         component: resolve => require(['@/pages/private.vue'], resolve)
      },
      {
         path: '/oidc-callback',
         name: 'oidcCallback',
         component: OidcCallback,
         meta: {
            isPublic: true
         }
      }
   ]
});

router.beforeEach(vuexOidcCreateRouterMiddleware(store, 'oidcStore'))
export default router;
```

注意，这里首先假定所有页面都需要登录，而对于登录回调页面，通过 meta 中的 isPublic 来标记允许匿名访问。对于登录回调页面，其代码如下（src/views/OidcCallback.vue）：

```
<template>
  <div>
  </div>
</template>

<script>
  import {mapActions} from 'vuex'

  export default {
    name: 'OidcCallback',
    methods: {
      ...mapActions('oidcStore', [
        'oidcSignInCallback'
      ])
    },
    created() {
      this.oidcSignInCallback()
        .then((redirectPath) => {
          this.$router.push(redirectPath)
```

```
            })
            .catch((err) => {
             console.error(err)
             this.$router.push('/signin-oidc-error') // Handle errors any way you want
            })
        }
    }
</script>
```

7）给 API 请求添加认证头

这里使用了 vuex-oidc，可以直接在 API 请求中使用 vuex-oidc 提供的 vuexOidcCreateInterceptor 方法来添加认证头。src/api/request.js 内容如下：

```
import store from '@/oidc/store'

service.interceptors.request.use(config => {
    const accessToken = store.state.oidcStore.access_token
    if (accessToken) {
        config.headers.Authorization = `Bearer ${accessToken}`;
    }
    return config
})
```

通过依赖 store，不再需要实例化一个 Vue，并读取其$root.user。

这样，就通过 vuex-oidc 实现了身份认证和授权的功能。

4.2　安全性分析及应对策略

前端应用直接接入身份认证平台完全可行，但是由于前端应用的特殊性，需要考虑以下两个问题：① 如何安全地保存密钥；② 隐式许可流程本身的问题。下面我们来看一下如何做出针对性的改进。

4.2.1　公开客户端

由于前端代码很容易被直接查看或者反编译，因此密钥不能直接存储在前端。在对接身份认证平台时，需要将前端应用标记为公开客户端，这样身份认证平台就不会为其生成密钥。因为前端应用无法保护密钥，所以生成密钥也没有意义。因此针对问题①，我们将密钥去除，为前端设置专用的公开客户端。

在 Keycloak 中，可以在创建客户端时，在 Capability config 中将 Client authentication 选项关闭，这样就可以创建一个公开的客户端，如图 4-20 所示。

如果开启 Client authentication，则该 Client 的配置项会多出一个 Credentials 标签页，用来配置密钥。

在 Duende IdentityServer 中，可以在创建客户端时将 RequireClientSecret 设置为 false，这样就可以创建一个公开客户端。

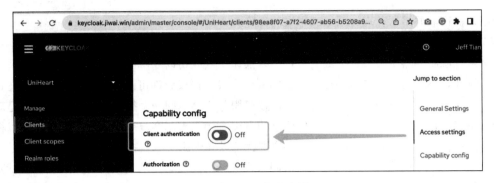

图 4-20 公开的客户端

在设置成公开的客户端之后,要确保对回调地址进行限制,只允许来自指定域名的请求。这样可以防止攻击者使用其他域名的前端应用来获取令牌。

4.2.2 关闭隐式许可流程

在基础概念中已经讨论过,隐式许可没有授权码许可的授权码环节,直接通过浏览器重定向,将令牌传递给前端应用。这样,令牌就会暴露在浏览器中,容易被窃取。所以,不推荐在前端应用中使用隐式许可。针对问题②,我们需要为前端关闭隐式许可流程。

在 Keycloak 的客户端设置中,可以在 Capability config 标签页的 Authentication flow 栏中将 Implicit flow 设置为 OFF,这样就可以关闭隐式许可流程,如图 4-21 所示。

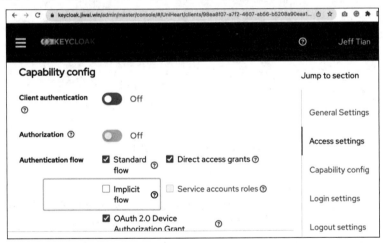

图 4-21 关闭隐式许可

4.2.3 开启 PKCE

这一步是在解决了问题①和问题②之后的一个额外增强选项,但是强烈建议为每个前端都开启 PKCE,以下是详细解释:

通过公开客户端和授权码许可模式可以确保令牌不会暴露在浏览器中。但是,如果攻击者能够截获授权码,然后使用该授权码来获取令牌,那么攻击者就可以获取到令牌,从而访问受保护的资源。为了防止这种攻击,OAuth 2.0 引入了 PKCE(Proof Key for Code Exchange)机制,从而减少了因为授权码被窃取并用于获取访问令牌带来的风险。

在第 1 部分中,我们讲过 OAuth 2.0 的范式就是客户端从授权服务器请求访问令牌,然后使用访问令牌从资源服务器中获取数据或者执行一些操作。获取访问令牌的方式有多种,即所谓的不同授权许可流程。不过基于当前的 OAuth 2.0 的最佳实践,授权码许可流程是用得最多的。在这种许可流程下,当用户在授权服务器完成验证时,授权服务器会返回一个授权码。这种授权码是对客户端完全透明的,它仅仅是一个不泄露任何信息的引用。接下来,客户端使用这个授权码向授权服务器请求访问令牌。一旦拿到了访问令牌,客户端就可以向资源服务器执行访问请求了。

但是这样有一个问题,授权码可能会被同一设备上的恶意客户端窃取。PKCE 流程尝试减少这样的窃取风险,它由被称作 RFC7636(https://tools.ietf.org/html/rfc7636)的 IETF 标准定义。在 PKCE 流程中,客户端应用在发送授权码请求时,还需要随同发送一个哈希后的秘密值。授权服务器在返回授权码时会将这个哈希值存储起来。当客户端应用拿着授权码过来换取访问令牌时,它需要同时将原始的秘密值一起发送给授权服务器,授权服务器会将它与第一次请求中存储的哈希值进行比对,如果匹配才会返回令牌。一般来说,推荐在使用公开客户端的手机应用中使用 PKCE。

综上所述,对于缺少服务器端支持的纯前端应用,要接入身份认证平台,需要将该客户端设置为公开客户端,然后使用授权码许可模式,并使用 PKCE 来让应用更安全。

以 Duende IdentityServer 为例,使用代码配置这样的客户端时,可以这样写:

```
var clientForFrontEnd = new Client
{
    ClientId = "the-id",
    ClientName = "the name",

    AllowedGrantTypes = GrantTypes.Code,
    RequireClientSecret = false,
    RequirePkce = true,
    //...
};
```

4.3 小　　结

本章专门探讨了在纯前端中如何接入身份认证方案,以及如何保证安全性。在实际开发中,如果前端应用是一个纯前端应用,并且没有服务端的支持,那么就需要将其设置为公开客户端,然后使用授权码许可模式,并开启 PKCE 机制。在 4.2 节中详细说明了如何开启 PKCE,以及开启 PKCE 的原因和不能使用隐式许可模式的原因。

在下一章中,我们将介绍如何在前端代理服务端(BFF)应用中接入身份认证系统,以及如何保证安全性。

第 5 章

前端代理服务器如何接入身份认证

在现代的前端架构中，使用前端代理服务器（Backend For Frontend，BFF）是一种常见的模式，它用于在前端和后端之间进行数据传输和业务逻辑处理。本章将讨论如何将身份认证集成到前端代理服务器中。

5.1 BFF 架构的演进回顾

在过去的几年中，前端代理服务器架构已经得到广泛应用并不断演进。本节将回顾 BFF 架构的演进历程及其带来的好处。

5.1.1 单体应用架构

在早期的 Web 应用中，通常采用单体应用架构。单体应用将前端界面、业务逻辑和数据访问层集中在一个应用程序中。MVC 架构曾经风靡一时，是一个非常成功的单体应用架构。

5.1.2 前后端分离架构

尽管 MVC 模式涉及分层架构，但在其盛行期，并未有明确区分的前端开发角色。随着前端交互功能的增加和工程化水平的提升，前端领域出现了更精细的职责划分，形成了专职的前端开发岗位。与此同时，前后端分离的设计理念也逐步成为 Web 开发的趋势。此外，客户端的种类也在增多，包括 Web、iOS、Android、电视等多种平台。Ajax 技术的应用虽然提升了用户体验，但不同前端在使用后端服务时有着各自的需求，这使得任何一端的需求变化都可能影响到其他平台，使得后端服务的更新变得谨慎。前后端分离曾提高了开发效率，但在多端环境下，这种架构反而可能降低了开发效率。

5.1.3 BFF 架构

前后端分离的架构存在一些问题，例如前端应用与后端耦合度高、前端性能受限、难以扩展等。为了解决这些问题，BFF 架构应运而生。BFF 即专为前端设置的后端，一个前端有一个专门的后端提供服务，从而当一个客户端的数据需求发生变化时，只需要修改对应的后端，并且不用担心影响其他的客户端。即在前后端分离的架构中再增加了一层，后端服务下沉为领域服务，由 BFF 来对其做聚合与裁剪后，提供给对应的前端。

> **提 示**
>
> 在计算机科学中，所有问题都可以通过引入另一层间接来解决，除非由于过多的间接层次而产生新的问题外。

BFF 架构的出现是为了解决前端应用在与后端通信时遇到的一些问题。BFF 充当前端应用与后端服务之间的中间层，处理与后端服务的通信和业务逻辑。

通过 BFF 架构，前端应用可以享受以下好处。

- 性能优化：BFF 可以聚合多个后端服务的请求，减少前端与后端的请求次数，提高性能。
- 灵活性增强：BFF 可以根据不同的前端应用需求提供定制化的 API 接口，减少前后端的耦合度。
- 安全性增强：BFF 作为一个安全层，可以处理认证和授权，防止恶意请求直接访问后端服务。
- 业务逻辑解耦：BFF 可以处理与后端服务相关的复杂业务逻辑，使前端应用更加简洁和易于维护。

5.1.4 BFF 架构的发展

如前所述，随着软件工程的复杂性越来越高，分工也就越来越细，前后端分离开发早已成熟，而随着前端的设备越来越多，导致演化出了 BFF 架构。

BFF 架构是专为特定的前端而做的后端服务，是一种将后端服务抽象为前端服务的架构模式。在 BFF 架构之前，所有的前端共享同样的后端服务，比如桌面端和手机端。但是实际上它们的页面展示和交互方式是不同的，甚至由不同的团队开发。这样导致一端对后端的需求变更，往往受制于或者对另一端造成影响。而 BFF 架构的出现就是为了解决这个问题。

随着 BFF 架构的大量使用，其本身也出现了一些变化。我们称之为 BFF 进化，图 5-1 示意了这种进化过程。

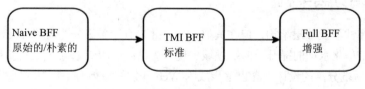

图 5-1 BFF 进化

1. Naive BFF

Naive BFF 即原始的 BFF，是最简单的 BFF 架构。它的特点如下：

- 一个 BFF 服务对应一个前端页面。

- BFF 服务只提供给对应的前端页面使用。
- BFF 服务只提供数据，不提供页面。

Naive BFF 最大的特点就是"薄"。它不做任何的业务逻辑，只做前端和众多后端服务之间的中间层，基本上没有特定的业务逻辑，只是后端服务的聚合和裁剪。或者说，就是一个接口转发层，比如接收到前端的一个请求后，调用一个或多个后端服务，取出需要的字段，再返回给前端。

随着时间的推移，BFF 架构在实践中不断演进和发展。以下是一些常见的 BFF 架构演进模式。

- API Gateway 模式：将 BFF 作为一个 API 网关，负责路由和聚合后端服务的请求。
- 微服务架构：将 BFF 拆分为多个微服务，每个微服务负责特定的业务功能。
- Serverless 架构：使用 Serverless 技术来构建 BFF，实现更高的弹性和可伸缩性。
- GraphQL 架构：采用 GraphQL 作为 BFF 与前端应用和后端服务之间的数据交互协议。

这些演进模式使得 BFF 架构更加灵活和可扩展，以适应不同规模和需求的应用场景。

2. TMI BFF

TMI BFF（Too Much Information BFF）是一种 BFF 架构的演进模式。BFF 是专门为前端做的后端，理论上前端要使用的所有能力都应该由 BFF 来转发，当然也包括用户认证与授权部分。然而，可能由于 OAuth 2.0 的流行，及其提供的隐式授权模型和对公开客户端的支持，特别方便前端直接和授权服务器交流，从而导致前端直接和授权服务器交互，而不是通过 BFF。我们在应用实战中也介绍了相应的示例，以 UmiJs 前端为例，详解了如何对接 Duende IdentityServer，从而保护需要用户信息的路由（页面）。在这个例子中，就是使用了纯前端的插件 umi-plugin-oauth2 来直接和 Duende IdentityServer 交流，以获取用户的 Token、身份信息等。

这样虽然可以工作，但毕竟不够安全，所以有一个 BFF 标准正在被提出，即 TMI BFF[17]。这个标准用 BFF 将前端和授权服务器分隔开，代为获取令牌，但是仍然要求前端自行保存令牌，并且后续直接和资源服务器直接交流，这一特点在图 5-2 中用框线特别标注出来了。

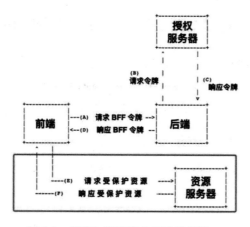

图 5-2 前端与资源服务器直接交流

3. Full BFF

Full BFF 即完全的 BFF，是一种 BFF 架构的演进模式。完全的 BFF 应该将对资源服务的请求也接管过来，前端接触不到令牌，也不会保存在客户端的任何地方。其实，这才回归了 BFF 架构的初心，即一个前端，一个后端。后面的服务对前端是透明的，由这个 BFF 后端统一承接。它由 TMI BFF 演化而来，在图 5-3 中用叉号特别标注出了在 Bull BFF 下，前端不再和资源服务器直接交流。

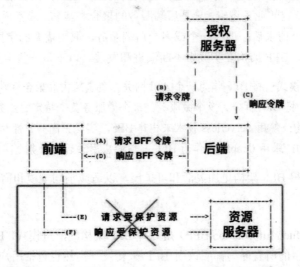

图 5-3　在 Full BFF 中，前端不再和资源服务器直接交流

那么，前端没有任何令牌信息的情况下，如何实现登录状态呢？其实仍然是 Cookie，即回归到了 Token+Session 的管理模式，而不再是单一 Token 模式。单一 Token 模式容易出现"覆水难收"的情况，比如 Keycloak 的单一退出接口，就没有很方便的办法让已颁发的 Token 失效。

不过，这个 Cookie 是 HttpOnly+Secure+SameSite Strict，从而规避了从客户端窃取登录信息的风险。

Full BFF 在 ASP.NET 中的应用架构示例如图 5-4 所示，当然它不限制开发语言，但图 5-4 带上了.NET Core，是因为主讲者是 Duende IdentityServer 的联合创始人，而 Duende IdentityServer 是一个基于.NET Core 的认证授权中间件。

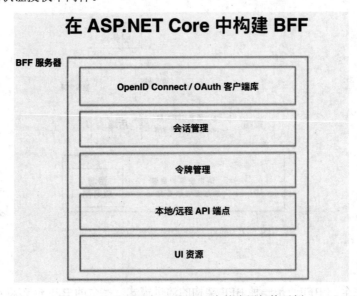

图 5-4　Full BFF 在 ASP.NET 中的应用架构示例

5.2 BFF 中的身份认证实现方式

在 BFF 中,可以使用多种方式实现身份认证,例如:

- 基于 Cookie:BFF 可以使用 Cookie 来存储和传递令牌信息。前端应用程序将令牌存储在 Cookie 中,并在每次请求中通过 Cookie 将令牌发送给 BFF。
- 基于请求头:BFF 可以通过请求头传递令牌信息。前端应用程序在每次请求中将令牌添加到请求头中,BFF 从请求头中提取令牌进行验证。
- 基于查询参数:BFF 可以将令牌作为查询参数传递。前端应用程序在每次请求中令牌添加到 URL 的查询参数中,BFF 从查询参数中提取令牌进行验证。

选择适合的身份认证实现方式取决于具体的业务需求和技术栈。不同的方式有不同的优缺点,需要根据实际情况进行选择。

5.3 BFF 中的身份认证流程

BFF 中的身份认证流程通常包括以下步骤:

步骤 01 用户登录。前端应用程序向身份提供者发送登录请求,用户输入凭据进行身份验证。

步骤 02 令牌获取。身份提供者验证用户凭据后,生成访问令牌和身份令牌,并将其返回给前端应用程序。

步骤 03 令牌传递。前端应用程序将访问令牌传递给 BFF,可以通过 Cookie、请求头或查询参数进行传递。

步骤 04 令牌验证。BFF 接收到访问令牌后,对其进行验证,包括验证令牌的有效性、签名和过期时间等。

步骤 05 权限控制。BFF 根据令牌中的用户信息和权限信息决定是否授权用户访问请求的资源。

步骤 06 业务处理。如果用户被授权访问资源,BFF 继续处理请求,执行相应的业务逻辑。

以上是 BFF 中的身份认证流程的一般步骤,具体实现方式可以根据需求进行调整和扩展。

5.4 示例代码

以下是一个简单的示例代码,演示了如何在 BFF 中接入身份认证:

```
// BFF 身份认证中间件
app.use((req, res, next) => {
  const token = req.headers.authorization;

  // 验证令牌的有效性
  if (verifyToken(token)) {
```

```
    // 用户已认证，继续处理请求
    next();
  } else {
    // 令牌无效，返回 401 Unauthorized
    res.status(401).json({ error: 'Invalid token' });
  }
});
```

5.5 实例讲解

本节将通过实例来详细讲解如何将前端代理服务器（BFF）接入身份认证。我们将使用一个示例应用来演示 BFF 与身份认证的集成过程。

通过这些实例讲解，你将掌握 BFF 与身份认证的集成技巧，为你的前端应用提供安全可靠的认证机制。

接下来，让我们开始具体讲解每个步骤的实现细节。

5.5.1 在 Naive BFF 中接入认证平台

本小节将介绍如何在 Naive BFF 中接入身份认证平台。Naive BFF 是一个简单的前端代理服务器，它负责处理前端应用和后端服务之间的通信，并且在其中实现身份认证和授权机制。

由于并没有标准，因此在 Naive BFF 中接入认证平台可能是非常随意的，即能工作即可。一切流程都是由前端主导的，后端只是转发而已。在这种模式下，仍然只能使用公开客户端模式，因为后端并没有参与到认证流程中。在这种架构下，BFF 只是起到了一个代理的作用，解决了前端调用认证平台接口的跨域问题。如果身份认证平台基于安全考虑，没有配置 CORS，那么前端就无法直接调用认证平台的接口，而是需要通过后端来转发。

5.5.2 在 TMI BFF 中接入认证平台

本小节将介绍如何在 TMI BFF 中接入身份认证平台。TMI BFF 是一个更高级的前端代理服务器，和 Naive BFF 相比，在和身份认证平台打交道的过程中，它可以提供更多的功能。比如，它可以将整个认证过程的复杂性隐藏起来，只暴露简单的接口给前端应用调用。在使用 TMI BFF 时，就完全可以使用机密客户端来和身份认证平台打交道，并且可以使用完整的授权码许可模式来完成认证。在前端详解授权码许可模式时展示了该流程涉及多个请求和跳转，然而在使用了 TMI BFF 的架构中，前端只需要向 BFF 发起一个令牌请求，就能获取到令牌响应。那些获取授权码、使用授权码再换取令牌的复杂请求响应都只发生在 BFF 和身份认证平台之间。下面举一个例子来说明：在 egg.js 中对接 Keycloak。

egg.js 是一个基于 Node.js 和 Koa 的企业级框架，它可以帮助我们快速搭建应用。接下来将使用 egg.js 实现一个 TMI BFF，它将对接 Keycloak，实现身份认证和授权的功能。完整的代码在 https://github.com/Jeff-Tian/alpha，通过借助 egg-keycloak 插件，只需要很少的代码量就可以集成 Keycloak。最终的效果可以在 https://uniheart.pa-ca.me/keycloak/login 体验。单击该链接后，会跳转至 Keycloak 的登录页面，如图 5-5 所示。

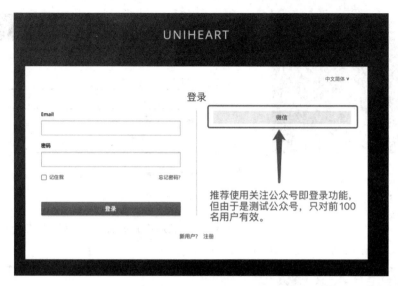

图 5-5　Keycloak 登录界面

无论是通过邮箱/密码的方式，还是通过关注公众号登录的方式，登录完成后，会跳转回 https://uniheart.pa-ca.me/keycloak/login 页面，并且以 JSON 格式展示获取的用户信息，如图 5-6 所示。

图 5-6　登录完成后展示的用户信息

1）在 Keycloak 中新建一个安全领域

在 Keycloak 中新建一个安全领域（Realm），只需要取一个名字就好，如图 5-7 所示。

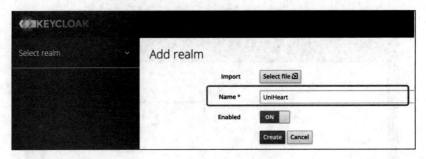

图 5-7　新建安全领域

2）在安全领域中新建一个客户端

配置你的 egg.js 服务所公开的终端节点（域名+路径），可以使用通配符，比如 https://uniheart.pa-ca.me/*，如图 5-8 所示。

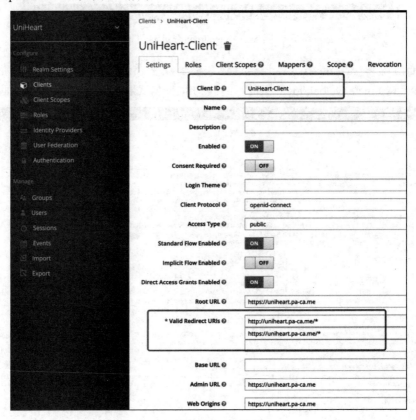

图 5-8　新建客户端

3）创建 keycloak.json 文件

在 egg.js 项目根目录下添加一个 keycloak.json 文件，内容如下，注意相关字段要和 Keycloak 对应。realm 对应刚刚创建的 Realm，resource 对应刚刚创建的客户端名称。

```
{
  "realm": "UniHeart",
  "auth-server-url": "https://keycloak.jiwai.win/auth",
```

```
  "ssl-required": "external",
  "resource": "UniHeart-Client"
}
```

4）引入 egg-keycloak 插件

随后，添加 @jeff-tian/egg-keycloak 插件：

```
npm install --save @jeff-tian/egg-keycloak
```

并且在 config/plugin.ts 文件中增加如下配置：

```
{
  //...
  keycloak: {
    enable: true,
    package: '@jeff-tian/egg-keycloak',
  },
  // ...
}
```

5）在路由中使用 Keycloak

可在想要保护的路由前，增加 Keycloak 中间件。比如，在 /app/router/keycloak/index.ts 文件中，可以使用这样的代码来保护 /keycloak/login 路由：

```
import { Application } from 'egg'

export default (app: Application) => {
  const { router } = app

  const subRouter = router.namespace('/keycloak')

  subRouter.get(
    'keycloak.login',
    '/login',
    app.keycloak.protect(),
    async ctx => {
      ctx.body = ctx.session['keycloak-token']
    },
  )
}
```

以上代码的最终效果和前面所说的示例相同，其关键在于添加 keycloak.protect() 中间件。

这样，就完成了基于 egg.js 的 BFF 与 Keycloak 的集成。在这个过程中，我们只需要配置好 keycloak.json 文件，然后在路由中使用 keycloak.protect() 中间件，就可以实现身份认证和授权的功能。在这个过程中，egg.js 会自动处理和 Keycloak 的交互，包括获取授权码、使用授权码换取令牌、使用令牌获取用户信息等步骤。这样，我们就可以在 BFF 中使用 Keycloak 来实现身份认证和授权的功能。

如果前端使用了该 egg.js BFF，那么它不需要关心身份认证和授权的细节，只需要调用 /keycloak/login 接口，就可以获取令牌响应。授权码许可模式中的多个来回请求都由 egg.js BFF 代劳，前端团队也不需要了解 Keycloak 中配置的客户端密码等信息了。

5.5.3 在 Full BFF 中接入认证平台

本小节将介绍如何在 Full BFF 中接入身份认证平台。Full BFF 不仅接管与身份认证平台的令牌获取过程，还接管了后续与资源服务器打交道的过程。通过使用 Full BFF，前端也不需要保存身份认证平台颁发的令牌了，在这种架构下，这将由 BFF 来保存。前端和 BFF 之间通过 Cookie 维持其单独的会话。

在数字化转型浪潮中，公司或者机构组织被迫在可维护性和安全性之间做出权衡，虽然在架构中采用原始的朴素 Naive BFF 层，在实现上最简单，维护起来也更省心，但这牺牲了安全性，在今天的自动化社会中，这种妥协是不可接受的。所以我们需要一个更安全的解决方案，这就是 Full BFF。许多拥有单页应用程序、在前端使用 access_tokens 并采用微服务架构的公司，现在正努力将身份验证转移到服务器端。这个服务器端本质上就是 Full BFF。

我们再来回顾一个目前可能会面临的问题，假设一家公司已经实现了一套如图 5-9 所示的无 BFF 应用架构。

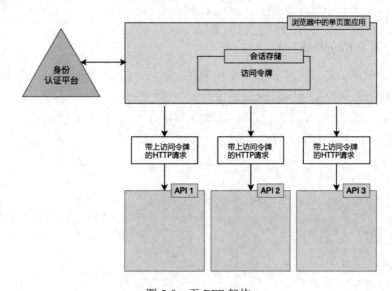

图 5-9 无 BFF 架构

在这种架构中，前端应用程序直接与身份认证平台打交道，获取令牌，然后将令牌发送到后端服务，后端服务再将令牌发送到资源服务器，获取资源。即：

- 前端应用程序：
  - 运行在浏览器中。
  - 通过将未经过身份验证的用户转到身份提供者来发起对用户的验证。
  - 当用户验证之后，前端单页面应用程序发起令牌请求。
  - 前端单页面应用将令牌随着 Authentication 头发送到后端服务进行 HTTP 调用。
- 身份提供者：
  - 是 OpenID Connect 服务器。
  - 颁发令牌。
  - 验证用户的凭据，即用户在此处登录。

- API/微服务：
  - 通过令牌保护。典型的是只有在令牌有效时才允许访问 API。
  - API 应用一个规则来决定一个用户是否已经被授权来访问/查看资源。换句话说，微服务会实施访问控制策略。

这种架构有什么问题呢？下面来看看。

1）在前端进行令牌交换暴露了不必要的攻击向量

在这样的架构下，当用户登录时，授权码会发送到前端。前端必须拿这个授权码来换取令牌。理论上没有办法分辨是谁在拿着授权码换取令牌。为了确保将令牌发送给想要发送的接收方，就需要使用客户端密钥。但是在这个架构下，没有使用客户端密钥。

2）令牌可以被盗用

由于令牌存储在前端，理论上很容易被盗用。

由于以上架构有着这样的问题，因此我们更推荐下面的方案。一般来说，要缓解上面提到的架构的安全风险，就需要将验证环节转移到服务器端。

这样的结果就是，解决方案架构会变得更加复杂（这也是在采纳该方案时需要仔细权衡的原因）。

为了能够在服务器端验证用户，就需要一个能够跟踪用户会话的组件，这个组件就是 Full BFF，如图 5-10 所示。

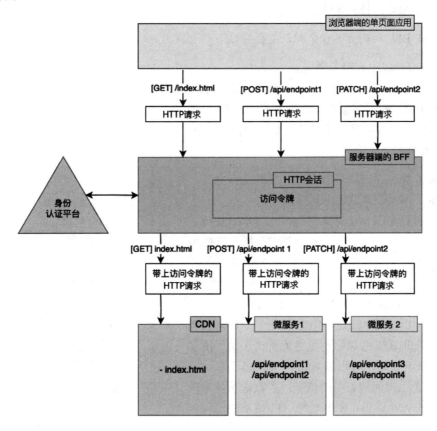

图 5-10　Full BFF 架构

图 5-10 的架构图包含：

- 浏览器端的单页面应用。
  - 运行在浏览器端。
  - 和 API 处于同一个域名下。
  - 并不是用户验证的发起方。
- BFF。
  - 负责托管单页面应用资源（index.html 和/dist 目录）。
  - 暴露 API。
  - 拥有 HTTP 会话状态。
  - 是验证用户的发起方（将用户重定向到身份提供者）。
- 身份提供者。
  - 是一个 OpenID Connect 服务器。
  - 颁发令牌。
  - 验证用户的凭据，即用户在此处登录。
- API/微服务。
  - 被令牌保护。一般来说，只有在令牌有效时才允许访问 API。
  - API 应用一个规则来决定一个用户是否已经被授权来访问/查看资源。换句话说，微服务会实施访问控制策略。

为什么 Full BFF 架构会更安全呢？主要有以下两个原因：

（1）令牌交换发生在服务器端。

对于攻击者来说，没有任何方式观察到 BFF 是怎么获取到令牌的，从而极难进行干预。

同时，由于验证过程也发生在服务器端，因此在交换令牌的过程中可以安全地包含客户端密钥。这就意味着身份提供者可以验证究竟是谁正在获取令牌。

（2）更安全的会话管理。

如果要将令牌保存在浏览器端，一般就是保存在一个安全 Cookie、本地存储或者会话存储中。

如果攻击者找到了办法复制它们，就基本上劫持了会话。要防止这样的情况，前端就需要实现所有这些机制：预防会话劫持、防止 CSRF 攻击、防止 XSS 攻击等。

实现会话管理最好的方式是不要自行实现。微软（或者其他大型公司）已经为我们完成了这项工作。

工作原理分析：简单来说，BFF 就是一个反向代理服务器。但是 Full BFF 强调它不仅将流量传递到下游领域服务，它还在转发请求时添加 Authentication 头部。

Full BFF 会处理两种类型的请求。多数请求是由单页面应用发起的 API 请求。BFF 处理 API 请求的流程如图 5-11 所示。

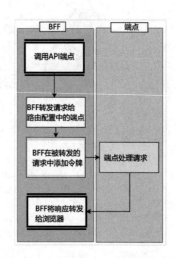

图 5-11　BFF 处理 API 请求的流程

Full BFF 会将请求转发到 API，同时将令牌添加到 Authentication 头部。API 会验证令牌，然后返回响应。

Full BFF 还有网站托管能力，这意味着用户可以通过浏览器访问该 BFF。当用户浏览至该 BFF 时，有一个特殊的端点：/login 端点。通过该端点，用户得以验证。

验证用户的处理流程可以使用图 5-12 来展示。

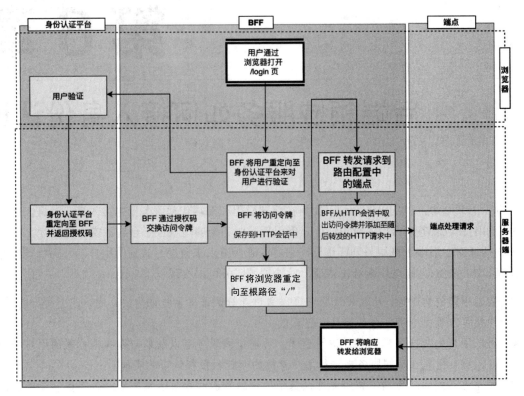

图 5-12　BFF 验证流程

5.6　小　　结

正如前一章所提到的，虽然纯前端接入身份认证平台是完全可行的，但如果有条件，仍然建议使用 BFF 来接入。本章回顾了 BFF 的发展历程，并通过实例讲解了每个阶段的 BFF 如何接入身份认证平台。下一章将进一步下沉，探讨后端领域服务如何接入身份认证。

第 6 章

后端领域服务如何接入身份认证

在前面的章节中，我们已经介绍了如何在前端应用和前端代理服务器中接入身份认证。本章将重点讨论后端领域服务如何接入身份认证，确保后端服务能够与认证平台进行安全的交互。

身份认证对于后端领域服务同样重要，它可以确保请求来自经过认证的用户，并提供访问令牌用于授权和访问控制。通过接入身份认证，后端领域服务可以实现以下功能。

- 验证令牌的有效性：后端领域服务可以通过身份认证平台验证接收到的访问令牌的有效性。这样可以确保令牌是合法的且未被篡改。
- 获取用户的身份信息：通过访问令牌，后端领域服务可以获取与令牌相关联的用户身份信息。这样可以在后端服务中进行用户身份的判断和授权策略的实施。
- 处理访问控制：后端领域服务可以基于用户的身份和权限信息来实施访问控制策略，保护受限资源的访问。

本章将介绍后端领域服务接入身份认证的方法和技术。具体而言，我们将讨论如何在不同的后端服务框架和编程语言中接入身份认证平台，包括基于 Spring Boot 的服务、基于 Node.js 的服务等。

通过学习本章的内容，你将了解如何将身份认证的功能扩展到后端领域服务中，以提供全面的安全保护和访问控制机制。

6.1 领域服务和 BFF 有什么区别

在前面的章节中，我们介绍了前端代理服务器（BFF）的概念和作用。它是一个位于前端应用与后端领域服务之间的中间层，负责聚合和转换数据，提供定制化的接口给前端应用使用。

而领域服务是运行在服务器上的后端服务，它负责处理特定领域的业务逻辑和数据持久化。领域服务通常被组织为一组微服务或模块，每个服务或模块负责处理特定的领域功能。

尽管领域服务和 BFF 都运行在服务器上，但它们在功能和定位上有一些区别。

- 领域服务的职责：领域服务是负责处理具体领域业务的服务，它关注业务逻辑、数据持久化和领域模型的实现。领域服务通常是面向内部系统和后端业务流程的。
- BFF 的职责：BFF 是前端应用与后端领域服务之间的中间层，它负责为前端应用提供定制化的接口和数据聚合。BFF 的目标是提供更好的用户体验和前端开发效率，它关注的是前端应用的需求和数据交互。
- 数据处理的角度：领域服务更关注业务逻辑和数据持久化，它会对数据进行处理、验证和持久化；BFF 则更关注数据的聚合和转换，将多个后端服务的数据整合成前端需要的形式。

总的来说，领域服务和 BFF 在职责和关注点上有所不同。领域服务负责处理具体的领域业务逻辑，而 BFF 则负责为前端应用提供定制化的接口和数据聚合，以满足前端的需求。

6.2 实例讲解

在前面的章节中，我们已经了解了前端代理服务器 BFF 的概念和用途，以及它如何与身份认证集成。本节将通过实例讲解来演示如何在后端领域服务中接入身份认证。

我们将选择后端技术栈，比如基于 Java 的 Spring Boot 来展示如何在这些领域服务中接入身份认证。

通过这些实例讲解，你将了解如何在不同的后端技术栈中接入身份认证，并学会处理常见认证和授权场景的方法。这将有助于你构建安全可靠的后端领域服务，为你的应用程序提供强大的身份认证功能。

6.2.1 在 Java Spring Boot 应用中接入认证

Java Spring Boot 是一个流行的后端开发框架，它提供了快速构建可靠的企业级应用程序的能力。本小节将介绍如何在 Java Spring Boot 应用中接入身份认证平台，分别以接入 Duende IdentityServer、Keycloak 和 authing.cn 等多个不同的身份认证平台来讲解。尽管总体步骤是类似的，但在细节上有一些注意点。下面是整体的步骤概述，之后我们会分别讲解实例。

1）集成认证框架

在 Java Spring Boot 应用中接入身份认证平台，首先需要选择一个适合的认证框架。

2）配置认证服务

接入认证平台需要进行相应的配置。你需要提供认证平台的访问配置信息，包括认证服务器的 URL、客户端 ID、客户端密钥等。这些信息将用于与认证服务器进行通信，并获取访问令牌和身份信息。

在 Java Spring Boot 应用中，可以使用相应的配置文件（如 application.properties 或 application.yml）来配置认证服务的相关信息。具体的配置方式取决于你选择的认证框架。

3）实现认证流程

一旦配置完成，就需要在 Java Spring Boot 应用中实现认证流程。这包括接收用户的登录请求、向认证服务器发送认证请求、验证用户的凭据、生成访问令牌等步骤。对于使用了 BFF 架构的应用来说，领域服务不会由前端直接调用，而是 BFF 代替用户来调用领域服务，在调用时会带上用户的令牌。因此，领域服务需要验证令牌的有效性，并获取用户的身份信息，即领域服务不需要接收用户的登录请求，而是接收 BFF 的请求，验证 BFF 请求中的令牌，并获取令牌所代表的身份信息。这是领域服务在对接身份认证平台时的重点。

4）保护 API

完成认证流程后，需要保护后端 API，以确保只有经过身份认证的用户才能访问。在 Java Spring Boot 应用中，可以使用认证框架提供的注解和配置来定义访问控制规则。

通过配置适当的角色和权限，可以限制特定用户或用户组对 API 的访问。这样，可以实现细粒度的权限管理，确保只有具备足够权限的用户才能执行敏感操作。

以上是在 Java Spring Boot 应用中接入认证平台的基本步骤和关键要点。接下来将进一步讨论具体的实现示例和注意事项。

1. 使用 Spring-Security-OAuth2 接入 Duende IdentityServer

Duende IdentityServer 是一个开源的身份认证平台，它提供了完整的身份认证和授权功能。接下来将介绍如何在 Java Spring Boot 应用中接入 Duende IdentityServer。

要实现的效果是，用户在前端应用中登录后，前端应用会将用户的令牌传递（或者通过 BFF 传递）给后端领域服务，后端领域服务会验证令牌的有效性，并获取令牌所代表的用户身份信息。这样，后端领域服务就可以根据用户的身份信息来实施访问控制策略，保护受限资源的访问。比如，有些 API 只能在登录之后被访问，未登录直接访问会报错。整体的架构如图 6-1 所示。

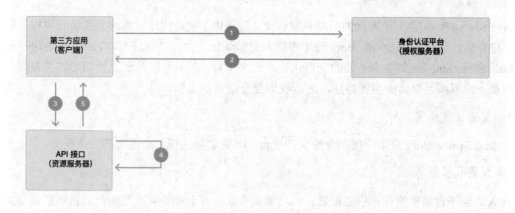

图 6-1　使用 Duende IdentityServer 保护后端领域服务

从图 6-1 可以看出，后端领域服务在 OIDC 流程中扮演了资源服务器的角色。

1）修改 JWT 类型

在前面的 JWT 案例分享中，我们提到了 Duende IdentityServer 默认颁发的 JWT 头部中的 typ 为

at+jwt，而 Spring Boot 默认不支持该类型。因此，我们需要修改 Duende IdentityServer 的行为，使其颁发的 JWT 头部中的 typ 为 jwt。

```
// src/IdentityServer/HostingExtensions.cs

internal static class HostingExtensions {
    public static WebApplication ConfigureServices(this WebApplicationBuilder builder) {
        builder.Services.AddRazorPages();

        builder.Services.AddIdentityServer(options =>
        {
            options.EmitStaticAudienceClaim = true;

            // 将默认的 at+jwt 修改为 jwt
            options.AccessTokenJwtType = "jwt";
        });
        // ...
    }
}
```

2）在 Spring Boot 项目中增加必要的依赖

在 Spring Boot 项目中需要增加以下依赖：

```xml
// pom.xml
    ...
<dependency>
    <groupId>org.springframework.security.oauth.boot</groupId>
    <artifactId>spring-security-oauth2-autoconfigure</artifactId>
    <version>2.1.4.RELEASE</version>
</dependency>
<dependency>
<groupId>org.springframework.security.oauth</groupId>
<artifactId>spring-security-oauth2</artifactId>
<version>2.3.5.RELEASE</version>
</dependency>
<dependency>
<groupId>com.sun.xml.bind</groupId>
<artifactId>jaxb-impl</artifactId>
<version>2.3.1</version>
</dependency>
<dependency>
<groupId>com.sun.xml.messaging.saaj</groupId>
<artifactId>saaj-impl</artifactId>
<version>1.5.1</version>
</dependency>
    ...
```

3）增加资源服务器配置

在 Spring Boot 项目中，我们需要增加资源服务器的配置，以便后端领域服务能够验证令牌的有效性，并获取令牌所代表的用户身份信息。增加一个资源服务器配置 ResourcesServerConfiguration

类，将前面的 JWT 令牌中的 aud 字段配置为该项目的 resourceId：

```java
// src/main/java/com/.../application/ResourcesServerConfiguration.java

@Configuration
@EnableResourceServer
public class ResourcesServerConfiguration extends ResourceServerConfigurerAdapter {
    @Override
    public void configure(ResourceServerSecurityConfigurer resources) throws Exception {
        resources.resourceId("配置为jwt令牌中的aud字段");
    }
}
```

4）对需要保护的接口增加访问控制

在 Spring Boot 项目中，我们可以使用@EnableWebSecurity 注解来对需要保护的接口增加访问控制：

```java
// xxxx controller

//...
@RestController
//...
@EnableWebSecurity
public class XxxController {
```

5）集成效果

如果不带 Token 直接访问 API，或者带上了错误的过期 Token，会得到没有权限的错误，如图 6-2 所示。

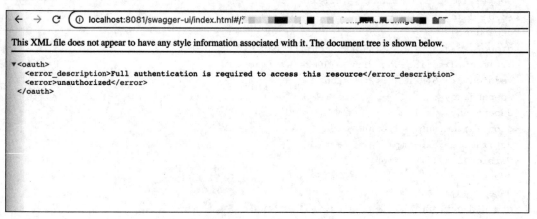

图 6-2　直接访问 API 的页面报错

如果不是 GET 请求，可以通过使用 Postman 来验证这一点，如图 6-3 所示。

当带上正确有效的 Token 时，就可以得到预期的结果。图 6-4 展示了在 Postman 中使用正确有效的 Token 来访问 API。

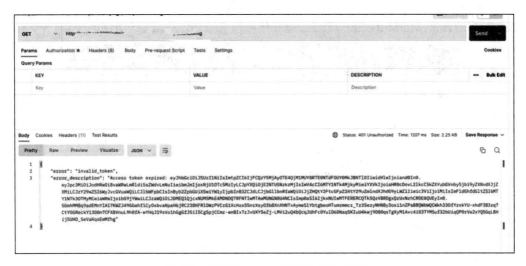

图 6-3　使用 Postman 构造非 GET 请求

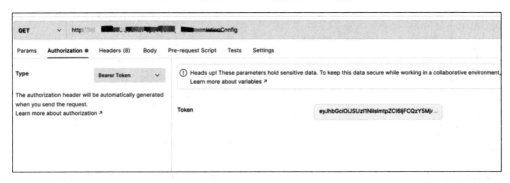

图 6-4　在 Postman 中可以通过 UI 注入令牌

2. 使用 Spring-Security-OAuth2 接入 authing.cn

在前一个实例中，我们使用 Spring-Security-OAuth2 对接了 Duende IdentityServer，接下来再次以 Spring-Security-OAuth2 为例来对接另一个身份认证平台：authing.cn。

authing.cn 是一个身份认证平台，它提供了完整的身份认证和授权功能。通过 authing.cn 可以快速实现用户注册、登录、密码找回、多因素认证、社会化登录、统一身份认证等功能。接下来将介绍如何在 Java Spring Boot 应用中接入 authing.cn。

在前面以 Duende IdentityServer 举例时讲到，为了适配 Spring 框架，需要将 Duende IdentityServer 默认的 JWT 类型从 at+jwt 改成 jwt。而 authing.cn 默认的 JWT 类型就是 jwt，因此，我们不需要修改 authing.cn 的这项默认配置。

但是参考前面的步骤，在对接了 authing.cn 之后，可能会碰到如下的错误：

```
{
  "error": "invalid_token",
  "error_description": "Invalid JWT/JWS: kid is a required JOSE Header"
}
```

这是因为 authing.cn 默认的 id-token JWT 颁发时采用了 HS256 签名算法。为了解决这个问题，我们可以修改 authing.cn 的 id-token JWT 颁发算法为 RS256。具体的做法是，登录 authing.cn 的控制台，找到应用的设置，将 id-token JWT 颁发算法修改为 RS256，如图 6-5 所示。

图 6-5　修改 id-token JWT 颁发算法

问题解决后，我们来分析一下这个问题。根据错误提示，可以了解到是使用 authing.cn 登录之后得到的 JWT 没有携带 Key Id 这个标头。JWT 是由三个部分组成的，使用点号分隔。可以使用 jwt.io 来查看解码后的内容。在 id_token 默认使用 HS256 签名算法时，可以看到其头部的确没有 kid 这个字段，如图 6-6 所示。

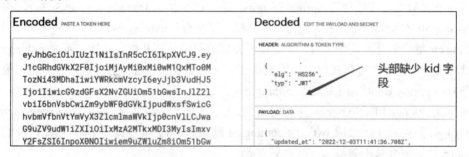

图 6-6　id_token 默认使用 HS256 签名算法时，其头部没有 kid 这个字段

在 Authing 控制面板中将签名算法改为 RS256 后，可以看到，已经有 kid 字段了，如图 6-7 所示。

整个对接 authing.cn 的过程和对接 Duende IdentityServer 的过程是类似的，因此这里只提及一些不同的地方，以及上述问题的解决方案。最后，我们看一下 application.yml 的配置示例，如下所示：

```
# application.yml

security:
```

```
oauth2:
  resource:
    url: 6389cf494b2e2b25f818ab6d
    jwk:
      key-set-uri: https://brickverse.authing.cn/oidc/.well-known/jwks.json
    token-type: Bearer
    token-info-uri: https://brickverse.authing.cn/oidc/token
```

图 6-7 在 Authing 控制面板中将签名算法改为 RS256 后，已经有 kid 字段了

3. 接入 Keycloak

Keycloak 是一个开源的身份认证平台，它提供了完整的身份认证和授权功能。接下来将介绍如何在 Java Spring Boot 应用中接入 Keycloak。最终效果可以通过一个超级简洁的示例应用：https://tranquil-plains-58233.herokuapp.com/ 在线体验，其根路由是公开的，而 https://tranquil-plains-58233.herokuapp.com/visitor 这个路由需要先通过 Keycloak 登录。源代码见 https://github.com/Jeff-Tian/keycloak-springboot。

1）安装 Spring 客户端

通过 Spring 客户端可以快速生成一个 Spring Boot 应用。

如果使用 Mac OS X 系统，建议使用 Homebrew 的命令行工具来安装：

```
brew tap spring-io/tap
brew install spring
```

如果使用 Windows 系统，建议通过 Scoop 安装：

```
scoop bucket add extras
scoop install springboot
```

2）初始化 Spring Boot 项目

比如，上面提到的示例应用叫 keycloak-springboot，它是这样初始化的：

```
spring init --dependencies=web keycloak-springboot
```

3）引入 Keycloak 相关的依赖

这可以参考 Keycloak 官网的文档，主要是关于 Spring Boot Adapter 的这一节。

要保护 Spring Boot 应用，可以将 Keycloak Spring Boot Adapter 的 JAR 包引入该应用，然后通过配置文件（application.properties）提供额外的信息。

4）引入适配器

官方的 Keycloak Spring Boot 适配器利用了 Spring Boot 的自动配置功能，于是仅需要将 Keycloak Spring Boot starter 添加到自己的项目中。看到这里，读者应该会发现，原来 Keycloak Spring Boot Starter 可以直接通过 Spring Starter Page 生成。不过，手动添加也很方便，以 Maven 项目为例，可以在 pom.xml 文件中添加如下依赖项：

```xml
<dependency>
    <groupId>org.keycloak</groupId>
    <artifactId>keycloak-spring-boot-starter</artifactId>
</dependency>
```

另外，还需要添加 Adapter BOM 依赖：

```xml
<dependencyManagement>
    <dependencies>
        <dependency>
            <groupId>org.keycloak.bom</groupId>
            <artifactId>keycloak-adapter-bom</artifactId>
            <version>SNAPSHOT</version>
            <type>pom</type>
            <scope>import</scope>
        </dependency>
    </dependencies>
</dependencyManagement>
```

5）必需的 Spring Boot Adapter 配置项

接下来描述如何配置 Spring Boot 应用来使用 Keycloak。

很多其他类型的应用使用 keycloak.json 文件来配置 Keycloak 相关的信息，但是 Spring Boot 应用却是使用通常的 Spring Boot 配置，而不是 JSON 文件。比如以上示例应用中的 src/main/resources/application.properties 配置如下：

```
keycloak.realm = UniHeart
keycloak.auth-server-url = https://keycloak.jiwai.win/auth
keycloak.ssl-required = external
keycloak.resource = demoapp
keycloak.use-resource-role-mappings = true
keycloak.public-client=true

keycloak.security-constraints[0].authRoles[0]=visitor
keycloak.security-constraints[0].securityCollections[0].patterns[0]=/visitor/*
```

上面的示例配置分为两部分，第一部分是要连接的 Keycloak 实例的信息，第二部分是 Java EE Security 配置项，本来一般保存在 web.xml 文件中。得益于 Spring Boot Adapter，它会在启动时将 login-method 设置为 KEYCLOAK，并且配置相应的 security-constraints。

6）配置 Keycloak

要在 Keycloak 中接入一个新应用，需要将该应用看成一个客户端。为了这个示例应用，可以使用如下步骤创建一个客户端。

步骤 01 给客户端起个名字。

不妨叫它 demoapp，单击"保存"按钮，如图 6-8 所示。

图 6-8　给客户端起个名字

步骤 02 设置重定向 URI。

即在 Keycloak 登录成功后，可以回调哪些域名。可以配置多个，也支持通配符。这里我们只配置了两个，即本地运行起来时的 localhost 地址和线上地址 https://tranquil-plains-58233.herokuapp.com/*，如图 6-9 所示，分别用于本地联调和线上运行。

图 6-9　设置重定向 URI

步骤 03 配置角色。

对于被保护的路由,可以允许哪些角色的用户来访问呢?这些都可以通过配置来完成。你可以在实际应用中对不同的路由授权不同的角色。目前本示例应用仅配置了一个 visitor 角色,允许该角色访问/visitor 路由,如图 6-10 所示。

图 6-10　配置角色

步骤 04 实现路由功能。

在 Spring Boot 中,路由功能一般是通过 Controller 来实现的。比如可以直接在 Spring 脚本自动生成的脚手架文件 src/main/java/com/example/keycloakspringboot/DemoApplication.java 中添加两个路由,并将其设置为@Controller。根路由公开访问,/visitor 路由受保护,仅允许拥有 visitor 角色的用户访问:

```
package com.example.keycloakspringboot;

import org.springframework.boot.SpringApplication;
import org.springframework.boot.autoconfigure.SpringBootApplication;
import org.springframework.http.MediaType;
import org.springframework.web.bind.annotation.*;
import org.springframework.stereotype.*;

import java.io.IOException;

@Controller
@SpringBootApplication
public class DemoApplication {

    @RequestMapping("/")
    @ResponseBody
    String home() {
        return "Hello Keycloak!";
    }

    @RequestMapping(value = "/visitor", method = RequestMethod.GET)
    @ResponseBody
```

```
public String getVisitorPath() {
    return "嗨，你好！当你看到这些文字，说明你成功登录了！";
}

public static void main(String[] args) {
    SpringApplication.run(DemoApplication.class, args);
}
```

> **提　示**
>
> 如果你也想将自己的应用发布到线上，可以通过 Heroku 来实现。Heroku 是一个支持多种语言的云平台，你可以通过 Heroku 的官方文档来了解如何在 Heroku 上部署 Spring Boot 应用。
>
> 推荐直接将代码推送到 GitHub，然后连接 GitHub 和 Heroku，一旦代码有更新，就可以自动发布。截至本书写作时，Heroku 默认的 JDK 是 1.8，如果你的应用要使用更新的 Java 特性，需要使用 system.properties 文件来指定更新的 Java 运行时版本，比如本示例应用在项目根目录下添加了一个 system.properties 文件，内容如下：
>
> `java.runtime.version=13`

6.2.2　通过 Bean 方式扩展 Spring 应用

前面的例子都是一个 Spring 应用接入一个授权服务，本小节展示一个示例，即通过 Bean 的方式扩展 Spring 应用并使其同时支持由多个授权服务颁发的令牌。这种方式虽然不太常用，但在构建可信任的合作伙伴生态系统时可能会用到。因为不同的合作伙伴可能使用不同的授权服务，其令牌的颁发者也不同，但我们希望在后端领域服务能够向这些受信任的合作伙伴提供服务。这时，我们在后端领域服务中校验令牌时，需要根据令牌的颁发者选择不同的校验方式。

为了演示这种做法，我们利用 Authing 创建一个名为 Brickverse 的用户池，如图 6-11 所示。

图 6-11　创建 Brickverse 用户池

在这个用户池下创建了两个应用，一个名为 brickverse，另一个名为 "哈德韦的个人小程序"，如图 6-12 所示。

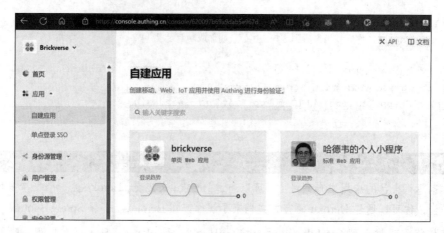

图 6-12　在 Brickverse 用户池下创建了两个应用

第一个应用的访问链接是 https://brickverse.net，第二个应用虽然是小程序，但也提供了网页访问方式（https://taro.jefftian.dev）。这两个前端应用在用户登录完成后，其令牌的 iss 字段是有区别的。其后端领域服务（比如叫 user-service）是一个受保护的资源，通过使用 spring-boot-starter-oauth2-resource-server 包可以很方便地接入认证服务，比如 Authing，其架构如图 6-13 所示。

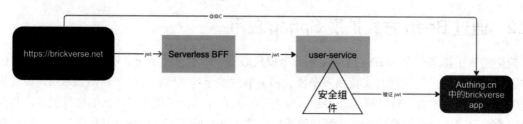

图 6-13　user-service 是一个受保护的资源

参考前面的内容，只需要进行如下配置，就可以接入 brickverse.authing.cn，如图 6-14 所示。

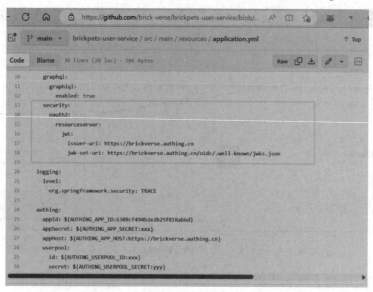

图 6-14　user-service 接入 brickverse.authing.cn 的配置

但是，要让个人小程序同样可以使用这个 user-service 服务，如果直接调用，哪怕是已经登录过了，接口也会回复 401。原因很简单，我的个人小程序在登录时，连接的是 Authing.cn 中的另一个 App，即"哈德韦的个人小程序"，域名以及颁发的令牌的 iss 字段是 uniheart.authing.cn，如图 6-15 所示。

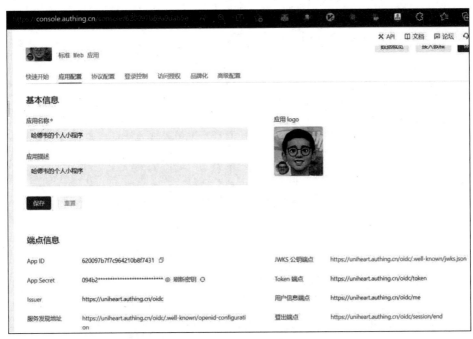

图 6-15　个人小程序的 iss 字段是 uniheart.authing.cn

因此，需要扩展 user-service 的安全组件能够支持 uniheart（笔者给"哈德韦的个人小程序" App 在 authing.cn 中起的名字）公钥端点的 JWT Token，即通过某个字段（比如 Issuer）来判断是否是受支持的，若是则尝试解开 Token，否则直接报错。架构变成图 6-16 这样。

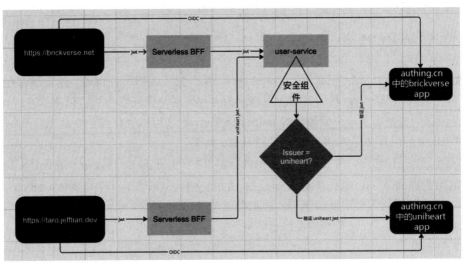

图 6-16　user-service 被两个受信任的合作伙伴网络同时使用

1. 测试先行

在实现之前，先加两个测试，第一个测试表明无效的令牌调用不了接口，第二个测试使用一个 uniheart token 调用接口，期待能够测试通过（现在这个用例会失败，因为还没有实现）。

```
@Test
public void testGraphQLEndpointsWorksWithWrongTokenForPublicAPIs() throws Exception {
    var exception = assertThrows(
        com.auth0.jwt.exceptions.JWTDecodeException.class,
        () -> mockMvc.perform(
            MockMvcRequestBuilders
                .post("/graphql")
                .content(friendListQuery)
                .header(HttpHeaders.CONTENT_TYPE, MediaType.APPLICATION_JSON_VALUE)
                .header(HttpHeaders.AUTHORIZATION, "Bearer 123")
        ).andExpect(MockMvcResultMatchers.status().isBadRequest()).andReturn());
        // 期待令牌包含 3 个组成部分，但实际上只得到 1 个部分
    assertEquals("The token was expected to have 3 parts, but got 1.",
exception.getMessage());
}

@Test
public void testGraphQLEndpointsWorksWithUniheartToken() throws Exception {
    var uniheartToken = "ey...";
    mockMvc.perform(
        MockMvcRequestBuilders.post("/graphql")
            .content(friendListQuery)
            .header(
                HttpHeaders.CONTENT_TYPE,
                MediaType.APPLICATION_JSON_VALUE
            ).header(
                HttpHeaders.AUTHORIZATION,
                "Bearer " + uniheartToken
            )
    ).andExpect(MockMvcResultMatchers.status().isOk());
}
```

你可能会问，还应有一个测试，传入 brickverse token 时，接口可以调通。这个测试在之前添加 brickverse 应用时就已经写了，我们只需要在稍后改完代码后，保证它仍然可以测试通过就行。

第二个测试中先使用了一个硬编码的 uniheart token，后续可以优化成一个动态获取的 token。这个 token 解析出来的内容如图 6-17 所示，注意其 iss 字段。

要让这两个测试都通过，需要使用安全组件能够根据 token 的 iss（issuer）进行分支判断，对不同的 iss 使用不同的逻辑。最简单的方法是给 spring-boot-starter-oauth2-resource-server 配置多个 jwk-set-uri，这样就无须编写额外的代码。但遗憾的是，spring-boot-starter-oauth2-resource-server 并不支持这样的配置方式，因此我们需要自己编写一些代码来实现这个功能。

图 6-17　uniheart token 解析出来的内容

2. 添加自定义的 JWT Decoder

首先添加一个新文件：src/main/java/com/brickpets/user/security/BrickverseUniHeartJwtDecoder.java：

```java
package com.brickpets.user.security;

import com.auth0.jwt.JWT;
import org.springframework.beans.factory.annotation.Value;
import org.springframework.security.oauth2.jwt.Jwt;
import org.springframework.security.oauth2.jwt.JwtDecoder;
import org.springframework.security.oauth2.jwt.JwtException;
import org.springframework.security.oauth2.jwt.NimbusJwtDecoderJwkSupport;

public class BrickverseUniHeartJwtDecoder implements JwtDecoder {
    @Value("${spring.security.oauth2.resourceserver.jwt.jwk-set-uri}")
    private String jwkSetUri;

    @Override
    public Jwt decode(String token) throws JwtException {
        var jwt = JWT.decode(token);
        String issuer = jwt.getIssuer();

        if ("https://brickverse.authing.cn/oidc".equals(issuer)) {
            return new NimbusJwtDecoderJwkSupport(jwkSetUri).decode(token);
        }

        return new NimbusJwtDecoderJwkSupport("https://uniheart.authing.cn/oidc/.well-known/jwks.json").decode(token);
    }
}
```

这里主要是从 token 中取出 Issuer，如果是来自 brickverse 来的 Issuer，则直接调用之前的配置。如果不是来自 brickverse，则将其视为 uniheart token，并尝试使用 uniheart 的 jwks url 进行验证（为了简化，暂时将 uniheart 的 jwks url 写死）。

3. 使用 Bean 将自定义 JWT Decoder 注入

接着改造一下之前的 src/main/java/com/brickpets/user/config/CustomWebSecurityConfigurerAdapter.java 文件，将新增的 JWT Decoder 放进去：

```
package com.brickpets.user.config;

import com.brickpets.user.filters.TokenRemover;
+ import com.brickpets.user.security.BrickverseUniHeartJwtDecoder;
import org.springframework.context.annotation.Bean;
import org.springframework.context.annotation.Configuration;
import org.springframework.security.config.annotation.web.builders.HttpSecurity;
- import org.springframework.security.config.annotation.web.configurers.oauth2.server.resource.OAuth2ResourceServerConfigurer;
+ import org.springframework.security.oauth2.jwt.JwtDecoder;
import org.springframework.security.web.SecurityFilterChain;
import org.springframework.security.web.authentication.preauth.AbstractPreAuthenticatedProcessingFilter;


@Configuration
public class CustomWebSecurityConfigurerAdapter {
+    @Bean
+    public JwtDecoder jwtDecoder() {
+        return new BrickverseUniHeartJwtDecoder();
+    }

    @Bean
    public SecurityFilterChain filterChain(HttpSecurity http) throws Exception {
        http.authorizeRequests()
                .antMatchers("/user/preference/**").authenticated()
                .anyRequest().permitAll()
                .and()
                .csrf().disable()
-                .oauth2ResourceServer(OAuth2ResourceServerConfigurer::jwt).addFilterBefore(new TokenRemover(), AbstractPreAuthenticatedProcessingFilter.class);
+                .addFilterBefore(new TokenRemover(), AbstractPreAuthenticatedProcessingFilter.class)
+                .oauth2ResourceServer().jwt().decoder(jwtDecoder())
        ;

        return http.build();
```

以上通过 Bean 的方式将我们新加的 JWT Decoder 注入应用中了。

有了以上改动，测试就全通过了。提交代码上线，现在 https://taro.jefftian.dev 也可以使用 user-service 了。

6.2.3 不使用 spring-boot-starter-oauth2-resource-server

以上几个例子都用到了 spring-boot-starter-oauth2-resource-server 包，如果不使用它，如何使用 OIDC Server 保护领域服务呢？我们再介绍一种方式，不依赖已有的包，而是自己写代码来完成同样的事情。

1. 示意图

重述问题，我们使用 OIDC Server 来保护 API。API 的调用者可以是人类用户，也可以是机器（另一个 API）。也就是说 OIDC Server 起到了一个认证中心的作用，API 消费方通过认证中心获取令牌，并在请求 API 提供方时携带令牌。API 提供方需要依赖认证中心来核实令牌的有效性。这个过程如图 6-18 所示。

令牌无效就拒绝服务，如图 6-19 所示。

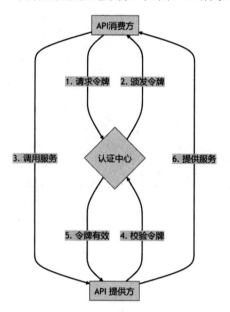

图 6-18　OIDC Server 保护 API

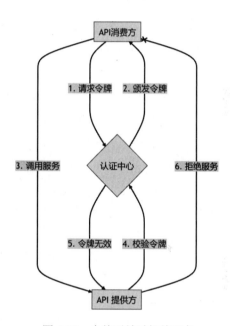

图 6-19　令牌无效时拒绝服务

2. 前提（准备工作）

我们接下来的实战案例将基于前面的案例，即我们已经有了一个 OIDC Server 认证中心，以及一个 API 提供方。并且 API 消费方在认证中心已经注册为一个有效的客户端。对于 API 消费方是机器的场景，这种客户端的许可类型是 client_credentials；如果 API 消费方是代替人类用户来请求 API 提供方，那么最终的客户端的许可类型很可能是 authorize_code。

假设现在的 API 提供方是使用 Spring Boot 开发的，只是去掉了对 spring-boot-starter-oauth2-resource-server 的引用。我们现在来对它进行一些改造，使其能够使用 OIDC Server 来保护 API。

3. 配置认证服务器

由于需要和认证中心做远程调用沟通，不妨这样配置：

```yaml
rpc:
  authServer:
    url: ${AUTH_SERVER_URL:https://id6.azurewebsites.net}
```

要进行远程调用,需要一个 HTTP 客户端,为了方便排查问题,我们增加一个客户端配置,用来将请求以 cURL 的形式打印到日志中。

```java
// AuthClientInterceptor.java
@Slf4j
@Configuration
@EnableFeignClients(basePackages = "com.hardway.infrastructure.rpc")
public class AuthClientInterceptor {

    public static final String CURL_PATTERN = "curl --location --request %s '%s' %s --data-raw '%s'";

    @Bean
    public RequestInterceptor requestInterceptor() {
        return template -> {
            template.header(TRACE_NO, MDC.get(TRACE_NO));
            log.info("cURL to replay " + toCurl(template));
        };
    }

    public String toCurl(feign.RequestTemplate template) {
        try {
            val headers = Arrays.stream(template.headers().entrySet().toArray())
                    .map(header -> header.toString()
                            .replace('=', ':')
                            .replace('[', ' ')
                            .replace(']', ' '))
                    .map(h -> String.format(" --header '%s' ", h))
                    .collect(Collectors.joining());
            val httpMethod = template.method().toUpperCase(Locale.ROOT);
            val url = template.feignTarget().url() + template.url();
            final byte[] bytes = template.body();
            val body = bytes == null ? "" : new String(bytes, StandardCharsets.UTF_8);

            return String.format(CURL_PATTERN, httpMethod, url, headers, body);
        } catch (Exception ex) {
            log.error(ex.getMessage(), ex);
            return ex.getMessage();
        }
    }

    @Bean
    Logger.Level feignLoggerLevel() {
        return Logger.Level.FULL;
    }
}
```

4. 定义 HTTP 客户端的接口

接下来定义 HTTP 客户端的接口。分析一下需求，在 API 提供方，依赖认证中心的部分有两点，第一是需要校验令牌，第二是在令牌有效的情况下，需要基于令牌识别调用者的身份。对于结构化令牌 JWT 来说，要校验令牌是否为认证中心颁发的，只需要验证该令牌的第三部分，即签名。认证中心会使用自己的私钥对令牌进行签名，而验证该签名需要其公钥信息。因此，我们需要调用认证中心的公钥信息获取接口，我们将这个方法命名为 getPublicKey。在签名验证通过后，我们从 JWT 的载荷中解析出过期时间，如果令牌未过期，就可以从中获取调用者的身份信息。如果出于各种原因（比如防止 PII 泄露），载荷中没有身份信息，或者不够，就需要再次调用认证中心以获取身份信息，我们将这个方法命名为 getPublicKey。

```java
// AuthClient.java

@FeignClient(name = "auth-client", url = "${rpc.authServer.url:}", configuration = AuthClientInterceptor.class)
public interface IAuthClient {

    @GetMapping(value = "/connect/userinfo")
    UserInfoResponse getUserInfo(@RequestHeader("authorization") String token);

    @GetMapping(value = "/.well-known/openid-configuration/jwks")
    PublicKeyResponse getPublicKey();
}
```

一个典型的 OIDC Server 认证中心，其公钥接口如图 6-20 所示。

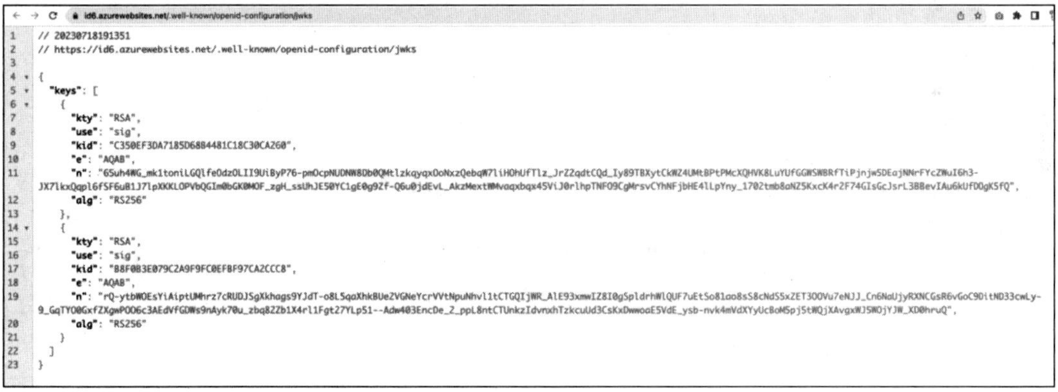

图 6-20 OIDC Server 认证中心的公钥接口

以上是 HTTP 客户端的 RPC 接口。这两个接口返回的信息在短时间内不会发生变化，因此我们可以将其缓存起来。为此，我们定义了另一个服务接口，用于为代码中的其他部分提供服务：

```java
// IAuthService.java

import org.springframework.cache.annotation.Cacheable;

public interface IAuthService {
```

```java
    @Cacheable(cacheNames = "user-info", key = "#userId", unless = "#result == null")
    String getAccount(String userId, String token);

    @Cacheable(cacheNames = "public-key", key = "#kid", unless = "#result == null")
    String getPublicKey(String kid);

}
```

5. 实现定义好的接口

实现服务接口以对外提供服务，在底层调用 HTTP 客户端。

```java
// AuthService.java

@Slf4j
@Service
@AllArgsConstructor
public class AuthService implements IAuthService {

    private final IAuthClient authClient;
    private final ObjectMapper objectMapper;

    @Override
    public String getAccount(String userId, String token) {
        UserInfoResponse response = authClient.getUserInfo(token);
        String email = Objects.isNull(response) ? null : response.getEmail();

        return email;
    }

    @SneakyThrows
    @Override
    public String getPublicKey(String kid) {
        PublicKeyResponse response = authClient.getPublicKey();
        return Objects.isNull(response) ? null :
objectMapper.writeValueAsString(response.getKey(kid));
    }
}
```

6. 对接口进行保护

我们希望以一种方便的途径来标记要保护的接口，比如这样：

```java
// ProtectedApiController.java

@Slf4j
@RequiredArgsConstructor
@RestController
@RequestMapping("/protected/api")
public class ProtectedApiController {
    @RequireAuth()
    @PostMapping("api1")
```

```
    public ApiResponse<?> doSomething() {
        ...
        return ApiResponse.success();
    }
}
```

为此，我们可以通过切面编程实现以上标记。首先实现一个接口：

```
// RequireAuth.java

@Target({ElementType.METHOD})
@Retention(RetentionPolicy.RUNTIME)
@Documented
public @interface RequireAuth {
    boolean moreFields() default true;
}
```

然后定义一个切面类。切面类和切入点用于在应用程序中定义横切关注点的行为。通过@Aspect 注解将类标记为切面类，然后使用@Pointcut 注解定义一个切入点。切入点指定了在何处应用切面的逻辑。

doAround()方法是一个环绕通知，在目标方法执行之前和之后执行额外的逻辑。它在 @RequireAuth 注解标记的方法执行之前验证和处理身份验证和授权逻辑，并在之后执行目标方法。

doAfterThrowing()方法是一个异常通知，在目标方法抛出异常时执行额外的逻辑。它用于记录和处理目标方法抛出的异常。

```
// AuthPointcut.java
@Aspect
@Component
@Slf4j
@AllArgsConstructor
public class AuthPointcut {
    private final IAuthService authService;

    @Pointcut("@annotation(RequireAuth)")
    public void authPointcut() {}

    @Around("authPointcut()")
    public Object doAround(ProceedingJoinPoint pjp) throws Throwable {
        ServletRequestAttributes attributes = (ServletRequestAttributes) RequestContextHolder.getRequestAttributes();

        if(attributes == null) {
            throw new RuntimeException("缺少 HTTP 必要元信息");
        }

        String token = attributes.getRequest().getHeader("authorization");

        if(StringUtils.isBlank(token)) {
            throw new RuntimeException("token 缺失");
        }
```

```java
            String finalToken = StringUtils.removeStart(token, "Bearer ");

            DecodedJWT decodedJWT = JWT.decode(finalToken);
            String kid = decodedJWT.getKeyId();
            String key = authService.getPublicKey(kid);

            Security.addProvider(new BouncyCastleProvider());

            JWK jwk = JWK.parse(key);
            RSAPublicKey rsaPublicKey = (RSAPublicKey) jwk.toRSAKey().toPublicKey();

            byte[] encoded = rsaPublicKey.getEncoded();
            X509EncodedKeySpec keySpec = new X509EncodedKeySpec(encoded);
            PublicKey publicKey = KeyFactory.getInstance("RSA").generatePublic(keySpec);

            Claims body = Jwts.parserBuilder()
                .setSigningKey(publicKey)
                .require("client_id", "前提中在认证中心提前注册好的 client_id")
                .build()
                .parseClaimsJws(token)
                .getBody();

            String userId = body.get("sub", String.class);
            String email = authService.getAccount(userId, token);

            if(StringUtils.isBlank(email)) {
                throw new RuntimeException("身份信息缺失");
            }

            Class<?> clazz = pjp.getTarget().getClass();
            MethodSignature signature = (MethodSignature) pjp.getSignature();
            Method targetMethod = clazz.getDeclaredMethod(signature.getName(), signature.getParameterTypes());
            RequireAuth requireAuth = targetMethod.getAnnotation(RequireAuth.class);

            if(!auth.moreFields()) {
                // 更多自定义逻辑
            }

            return pjp.proceed();
        }

        @AfterThrowing(value="authPointcut()", throwing = "throwable")
        public void doAfterThrowing(Throwable throwable) {
            log.error("异常: {}", throwable.getMessage());
        }
    }
```

Security.addProvider(new BouncyCastleProvider())这行代码的作用是向 Java 的安全提供者列表中

添加 Bouncy Castle 提供的安全提供者。

> **提 示**
>
> Java 的安全架构中使用了安全提供者（Security Provider）的概念，安全提供者是一个 Java Security API 的具体实现，它提供了一系列加密、解密、签名、验证等安全功能。不同的安全提供者可能支持不同的加密算法、密钥管理方式等。
>
> Bouncy Castle 是一个开源的密码学库，提供了丰富的密码学算法和安全服务，如加密、签名、密钥交换等。它不仅实现了标准的 Java Security API，还提供了一些额外的功能和算法。
>
> 通过调用 Security.addProvider(new BouncyCastleProvider())将 Bouncy Castle 提供的安全提供者添加到 Java 运行时的安全提供者列表中。这样，在后续的安全操作中，就可以使用 Bouncy Castle 提供的算法和功能。
>
> 在提供者列表中，提供者是按照其优先级顺序进行搜索和使用的。因此，通过添加 Bouncy Castle 提供者可以在使用安全功能时使用 Bouncy Castle 的实现。
>
> 需要注意的是，一般情况下，只有在需要使用 Bouncy Castle 特定的算法或功能时才需要将其添加为安全提供者。如果你的应用程序不需要使用 Bouncy Castle 提供的功能，那么添加它可能是不必要的。

以上代码从 HTTP 标头中提取出令牌，对其进行解析，验证签名，并确保是可信客户端。其期待的令牌解析后的格式如下：

```
{
    "iss": "https://id6.azurewebsites.net",
    "nbf": 1689651711,
    "iat": 1689651711,
    "exp": 1689653511,
    "aud": "abcdef",
    "amr": [
      "external"
    ],
    "at_hash": "roYexupGNPvXDeVliTAHTA",
    "sid": "C438CEAB57171B0BBD788008F767EBF9",
    "sub": "d9df1959-7a18-4753-8642-c0ec0d20ae67",
    "auth_time": 1689651693,
    "idp": "id6"
}
```

7. 总结

以上通过自己写代码实现了一个 OIDC Server 认证中心保护 API 的过程。这种方式的好处是，可以更加灵活地控制认证中心的调用，比如可以在认证中心不可用时使用本地缓存的公钥信息来校验令牌，缺点是需要自己编写代码，而且代码量不少。

6.3 小　　结

本章介绍了后端领域服务如何接入身份认证平台。我们首先讨论了后端领域服务和 BFF 之间的区别，然后通过实例讲解演示了如何在后端领域服务中接入身份认证。

前面两章和本章主要都在使用新创建的应用举例，下一章我们聚焦于成熟产品，看看如何通过使用身份认证来连接它们。

第 7 章

成熟的产品如何接入身份认证

7.1 在自托管 GitLab 实例中集成 Keycloak 登录

笔者之前曾经在一个自托管的 GitLab 实例中集成 Keycloak 登录。这个 GitLab 实例是一个私有的 Git 仓库，用于存放公司的代码。而公司早已使用了 Keycloak 作为统一的身份认证平台。现在需要将这两个系统集成起来，使得用户可以通过 Keycloak 登录 GitLab，从而实现单一身份登录。

出于演示的目的，笔者使用了一些公开的 PaaS 平台来部署必要的服务和组件。还录制了一个视频[1]，展示了如何通过 GitHub CodeSpace 的方式启动一个 GitLab 企业版实例，然后单击 Keycloak 登录，重用自己开发的关注微信公众号即登录的方式成功登录 GitLab。

7.1.1 步骤详解

1. 部署 Keycloak

Keycloak 是一个开源的认证授权系统，基于 Java 开发。其部署方式有多种，比如可以部署到 Okteto 或者其他的 Kubernetes 平台。本次案例采用了相对简单一点的方式，使用了一个公开的 PaaS 平台 Heroku 来部署 Keycloak。Heroku 是一个支持多种编程语言的云平台即服务（PaaS）提供商，支持 Java、Node.js、Scala、Clojure、Python、PHP、Go 和 Ruby 等多种编程语言。Heroku 提供了一个简单的命令行工具，可以帮助我们快速地部署应用。部署后的 Keycloak 可以通过 https://keycloak.jiwai.win 访问，具体部署方法可以参考该 GitHub 仓库[2]中的ReadMe。

2. 部署 GitLab

GitLab 官网介绍了多种部署方式，但是对于我们的演示目的，各有优劣，如表 7-1 所示。

---

[1] 可以在知乎上搜索 "在 GitLab 自托管实例中集成 Keycloak 登录效果演示" 查看该视频。
[2] 可以在代码托管平台上查找 Jeff-Tian/keycloak-heroku 以查看代码。

表 7-1　GitLab 部署方式的优劣

	SaaS	部署到云（Google、AWS、Azure）上的虚拟服务器	部署到云提供的 Kubernetes 集群	本地部署
好处	最简单，能外网访问	能外网访问	能外网访问	部署简单 免费
坏处	会产生费用 没有超级管理员权限	会产生费用 配置工作量大	会产生费用 配置工作量大	配置外网访问复杂 消耗本地机器资源

本地部署最简单的方式就是使用 Docker Compose 启动，但是这样有一个问题，就是现在的浏览器（Chrome、Safari 等）都打不开页面，原因是 GitLab 实例的自签发证书不被信任。要设置信任特别复杂，再加上 Keycloak 回调 GitLab 实例，在本地也会碰到一些设置上的麻烦。

有没有办法既能像在本地启动一样使用 Docker Compose 方式，同时又不用设置证书呢？有一个办法，就是利用 GitHub 的 CodeSpace。

首先，创建 docker-compose.yml 文件如下，并提交到 GitHub 仓库[1]。

```yaml
version: "3"

services:
  web:
    image: 'gitlab/gitlab-ee:latest'
    restart: always
    hostname: 'jeff-tian-gitlab-wq766wrh9r57-8929.githubpreview.dev'
    environment:
      GITLAB_OMNIBUS_CONFIG: |
        external_url 'https://jeff-tian-gitlab-wq766wrh9r57-8929.githubpreview.dev'
        gitlab_rails['gitlab_shell_ssh_port'] = 2224
    ports:
      - '8929:8929'
      - '2224:22'
    volumes:
      - '$GITLAB_HOME/config:/etc/gitlab'
      - '$GITLAB_HOME/logs:/var/log/gitlab'
      - '$GITLAB_HOME/data:/var/opt/gitlab'
```

然后，打开 GitHub 仓库主页，按下句点键，GitHub 切换进入网页编辑器界面：https://github.dev/Jeff-Tian/gitlab。熟悉的 VS Code 编辑器出现了。

接着，需要在 VS Code 网页编辑器的 Terminal 中运行 docker-compose up –d，以像在本地启动 GitLab 实例一样在网页编辑器中启动 GitLab。不过，目前的 VS Code 网页编辑器中显示不支持 Terminal，如图 7-1 所示。

---

[1] 笔者已经创建了一个，读者可以直接 fork 这个仓库：https://github.com/Jeff-Tian/gitlab。

第 7 章 成熟的产品如何接入身份认证

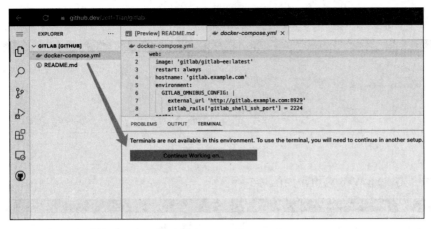

图 7-1　目前的 VS Code 网页编辑器中显示不支持 Terminal

单击"继续"按钮就可以打开 CodeSpace（当然，也可以直接输入 https://github.com/codespaces 打开已经新建过的项目，而不用每次重新创建）。仍然是熟悉的 VS Code 编辑器，但这里的 Terminal 可以使用。运行 docker-compose up -d，就可以启动 GitLab，如图 7-2 所示。

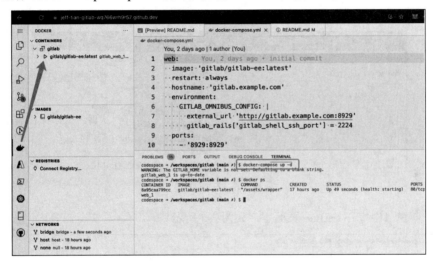

图 7-2　运行 docker compose up -d

实例启动后，就可以在网页端打开了，记住 docker-compose.yml 中配置了 8929 这个端口。按 Cmd+Shift+P 键，选择 Manage Trusted Domains，如图 7-3 所示。

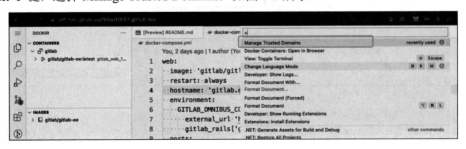

图 7-3　选择 Manage Trusted Domains

然后，选择 Docker 启动的 GitLab 服务，如图 7-4 所示。

图 7-4　选择 GitLab

接着，选择 GitLab Web 应用，如图 7-5 所示。

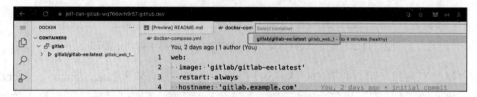

图 7-5　选择 GitLab Web 应用

最后，选择端口 8929，如图 7-6 所示。

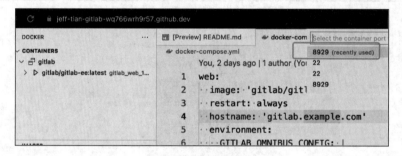

图 7-6　选择端口

这样就在新窗口中打开 GitLab 页面了，如图 7-7 所示。

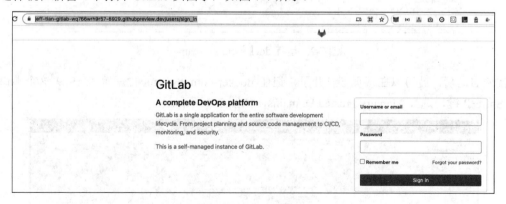

图 7-7　打开 GitLab 页面

通过这种方式，GitLab 演示实例就部署好了，而且连 HTTPS 以及证书都被 CodeSpace 自动处理好了，外网也能访问，如图 7-8 所示。

第 7 章 成熟的产品如何接入身份认证

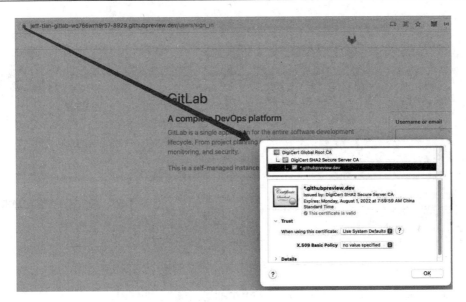

图 7-8 CodeSpace 上的 GitLab 实例自带 HTTPS 证书

3. 配置 Keycloak

接下来，需要在 Keycloak 中配置 GitLab 客户端，因为我们的目的是在 GitLab 中启用 Keycloak 登录，Keycloak 就是一个 IDP，而 GitLab 是其一个 OAuth 2 客户端应用。要将 Keycloak 当作 IDP，一般有两种形式，分别是 OIDC 形式和 SAML 形式。

前面已经给过一个使用 OIDC 集成 Keycloak 的案例，如果对这种集成方式感兴趣，可以详细参考。这里准备采用 SAML 方式集成，以便补充这种集成方式的实战。实际上，网上已经有一些 GitLab 和 Keycloak 采用 SAML 集成的文章了，但是采用了非常复杂的方法，整篇文章都在讲集成细节。这里采用了一种相对更简单的方式，即通过相互导出配置文件再相互导入，从而可以不必一项一项地去设置。

4. 导出 GitLab 的 SAML 元数据 XML 定义

对于支持 SAML 集成的应用，可以访问其/users/auth/saml/metadata 获得其 SAML 源数据信息。将其保存到本地，如图 7-9 所示。

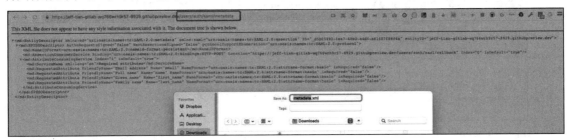

图 7-9 导出 GitLab 的 SAML 元数据

5. 在 Keycloak 中导入 GitLab 的 SAML 元信息

在 Clients 的 Add Client 页面中，将上述保存的 XML 文件选中，导入 Keycloak 中，如图 7-10

所示。

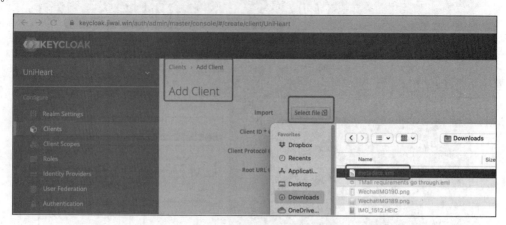

图 7-10 在 Keycloak 中导入 GitLab 的 SAML 元数据

6. 在 Keycloak 中添加 GitLab 客户端的 Email 映射

我们可以添加更多映射，以便把 Keycloak 中的用户信息映射到 GitLab 系统。但只有 Email 是必需的。添加 Email 映射后保存，如图 7-11 所示。

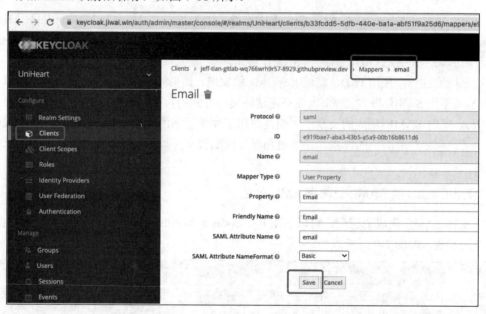

图 7-11 在 Keycloak 中添加 GitLab 客户端的 Email 映射

7. 配置 GitLab

现在，Keycloak 中已经有了我们新部署的 GitLab 实例信息，现在需要配置 GitLab，让它知道我们部署好的 Keycloak 实例信息。

首先，需要记下 Keycloak 应用对应的 Realm 的 URL，以及复制一下它的证书信息。图 7-12 展示了通过单击 Certificate 按钮，弹出的证书信息窗口。

图 7-12　复制 Keycloak Realm 的证书信息

然后，回到 CodeSpaces，进入 GitLab Docker 容器，可以通过右击，在弹出的菜单中选择 Attach Shell 按钮来实现，如图 7-13 所示。

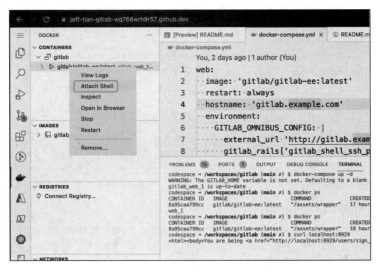

图 7-13　通过 Attach Shell 进入 GitLab Docker 容器

在 Shell 中，进入/etc/gitlab 目录，输入 vi gitlab.rb 命令，贴入一段 Keycloak 相关的配置信息，如图 7-14 所示。

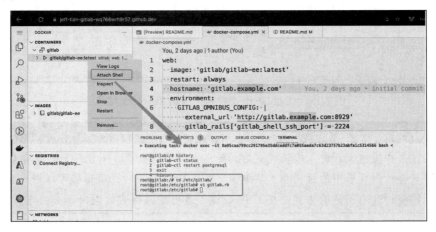

图 7-14　在命令行中使用 vi 命令编辑 gitlab.rb 文件

配置的文本内容如下，注意替换相关 URL 和具体证书内容。

```
gitlab_rails['omniauth_enabled'] = true
gitlab_rails['omniauth_allow_single_sign_on'] = ['saml']
# gitlab_rails['omniauth_auto_sign_in_with_provider'] = 'saml'
gitlab_rails['omniauth_block_auto_created_users'] = false
# gitlab_rails['omniauth_auto_link_ldap_user'] = false
gitlab_rails['omniauth_auto_link_saml_user'] = true
gitlab_rails['omniauth_providers'] = [
  {
    name: 'saml',
    args: {
      assertion_consumer_service_url: 'https://jeff-tian-gitlab-wq766wrh9r57-8929.githubpreview.dev/users/auth/saml/callback',
      idp_cert: " -----BEGIN CERTIFICATE-----
\n MIIC...WWDcIuuyzU\n -----END CERTIFICATE----- \n",
      idp_sso_target_url: 'https://keycloak.jiwai.win/auth/realms/UniHeart/protocol/saml/clients/jeff-tian-gitlab-wq766wrh9r57-8929.githubpreview.dev',
      issuer: 'jeff-tian-gitlab-wq766wrh9r57-8929.githubpreview.dev',
      name_identifier_format: 'urn:oasis:names:tc:SAML:2.0:nameid-format:persistent'
    },
    label: 'KEYCLOAK 登录'
  }
]
```

粘贴后的效果如图 7-15 所示。

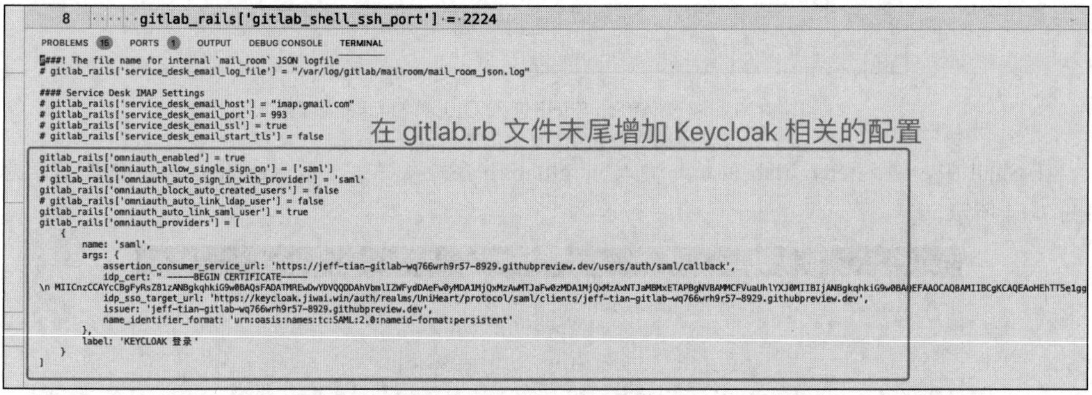

图 7-15　在 gitlab.rb 文件末尾添加 Keycloak 信息

提　　示
这里是在网页中操作 vi。进入编辑模式后，要退出到普通模式，不能按 Esc 或者 Ctrl+[键，因为这样只会让浏览器中的编辑器失去焦点。这是 VS Code 网页编辑器可以进一步优化的地方。目前绕过这个问题的方式是按 Ctrl+C 键，退出插入模式的同时不失去焦点。

输入:wq 保存并退出配置文件，然后重启 GitLab：gitlab-ctl reconfigure。

重新打开 GitLab，就会看到登录框下多了一个"KEYCLOAK 登录"按钮，如图 7-16 所示。

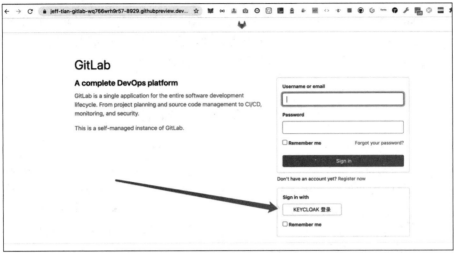

图 7-16　成功地添加了"KEYCLOAK 登录"按钮

7.1.2　测试登录

登录成功后可以对比一下用户资料，匹配！GitLab 中的用户信息显示如图 7-17 所示。

图 7-17　Gitlab 中用户的 Email

Keycloak 的用户详情如图 7-18 所示。

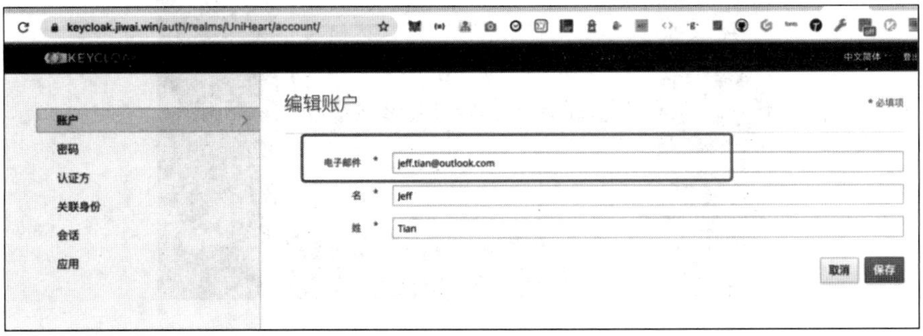

图 7-18　Keycloak 中用户的 Email

7.1.3 总结

通过 CodeSpace 部署了 GitLab 企业版实例，并通过配置的方式对接了 Keycloak 登录。

目前通过 Docker-compose 使用了 GitLab 官方镜像，在对接 Keycloak 时还有些手动步骤。后面可以把配置好的 GitLab 打包成自定义镜像，以实现零配置对接。

7.2 Keycloak 互相集成

尽管 Keycloak 本身是一个身份认证管理系统，一般是为别的系统提供身份认证服务，但是它也可以作为一个 IdP 集成到另一个 Keycloak 中，为其提供身份认证服务。这看起来有点奇怪，但是在很多企业中，这种集成需求却很常见。部分原因可以参考我们前面介绍的认证场景，一个企业中可能有多个不同的用户群体，因此采用了不同的身份认证管理服务的实例（尽管都使用了 Keycloak 方案，但却为不同的用户群体部署了不同的 Keycloak 实例）。比如，一个企业有多个子公司，每个子公司都有自己的 Keycloak，但是又希望有一个统一的 Keycloak，可以集成所有子公司的 Keycloak，以便实现统一的认证管理。

我们把问题简化成两个 Keycloak 系统之间进行集成：有两个系统 a 和 b，它们都接入了 Keycloak，是两个 realm，数据库也是隔离的。现在想要实现 a 系统，需要通过 b 系统的账号登录。

7.2.1 在线演示

首先搭建一个 Keycloak 站点：https://keycloak.jiwai.win。在这个问题里，就是系统 b。

然后搭建了另一个 Keycloak 站点：https://lemur-2.cloud-iam.com/，作为系统 a。单击该链接，然后选择使用系统 b 登录，就可以看到效果，如图 7-19 所示。

图 7-19 使用 Keycloak b 来登录 Keycloak a

显然，Keycloak a 是一个刚部署好的 Keycloak，默认只支持用户名密码登录。但是为了使用 Keycloak b 登录，又增加了一个登录方式：UniHeart At Jiwai Win，这就是 https://keycloak.jiwai.win。选择这个登录方式，页面跳转到了 Keycloak a 的登录界面，如图 7-20 所示。

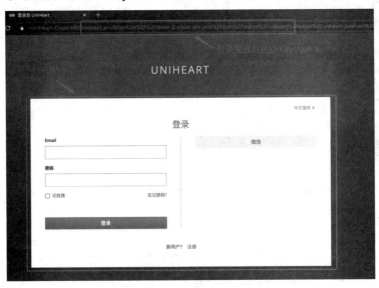

图 7-20　Keycloak a 的登录界面

使用 Keycloak b 的任何登录方式（正好这个 Keycloak b 支持关注微信公众号即登录功能，但这个不是必需的）成功登录后，都会回到 Keycloak a，并且是已经登录状态，如图 7-21 所示。

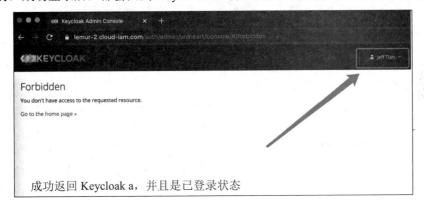

图 7-21　成功返回 Keycloak a，并且是已登录状态

虽然 Keycloak a 的页面显示用户没有权限查看该页面，但是说明登录已经成功。关于如何给该用户配置相关权限，可以去 Keycloak a 的用户管理页面进行操作。

如果以管理员账号登录 Keycloak a，在用户管理界面可以看到多了一个 Keycloak b 中的账号，如图 7-22 所示。

整个实现过程不需要一行代码，而且配置步骤也非常简单。7.2.2 节在详细列出实现步骤前，对相关知识做一个简单回顾，从而在阅读详细步骤时，不仅知其然，还能知其所以然。

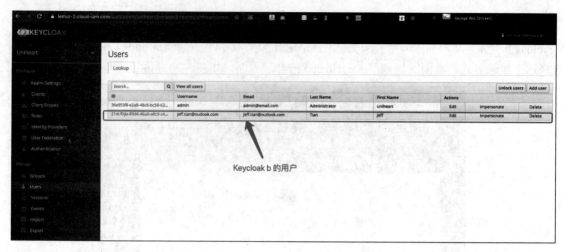

图 7-22　多了一个 Keycloak b 中的账号

7.2.2　单点登录

Keycloak 是一个优秀的开源的单点登录工具。想使用系统 B 的用户直接登录系统 A，而不用再次去系统 A 中注册，这也是典型的单点登录场景。

单点登录有多种协议，最知名的单点登录认证协议主要是 OpenID Connect 和 SAML。下面就来看看认证服务器和被保护的应用是怎么和这些协议打交道的。

1. OpenID Connect

OpenID Connect 通常简称为 OIDC，它是在 OAuth 2.0 的基础上扩展而成的认证协议。OAuth 2.0 只是一个构建认证协议的框架，并且很不完整，但 OIDC 却是一个功能丰富的认证与授权协议。OIDC 严格遵循 JWT 标准。这些标准以紧凑且网络友好的方式定义了 JSON 格式的唯一标识，并提供了数字化签名和加密数据的方法。

OIDC 在 Keycloak 中的使用场景分为两种类型。第一种是应用请求 Keycloak 服务器来认证用户。当成功登录后，应用会收到一个名称为 access_token 的唯一身份标志符。这个唯一身份标志符包含诸如用户名、电子邮箱以及其他个人资料等信息。access_token 会被 realm 进行数字签名，并且包含用户的可访问信息（比如用户-角色映射），从而可以使用它来决定该用户被允许访问应用中的哪些资源（前面在线演示中显示的已登录用户没有权限页面，就是因为拿到的 access_token 中没有相关的可访问信息）。

第二种是客户端想获取远端服务的访问权限。在这个场景下，客户端请求 Keycloak 来获取一个访问令牌来代表用户调用远端服务。Keycloak 认证该用户后询问用户是否同意为该客户端授予访问权限。一旦用户同意授权，客户端就会收到访问令牌。这个访问令牌是由 realm 数字化签名过的。该客户端随后就可以使用这个访问令牌向远端服务发起 REST 调用了。这个 REST 服务抽取出访问令牌，验证令牌的签名，然后基于令牌中的可访问信息决定是否保护这个调用请求。

1）OIDC 认证流程

OIDC 有多种不同的方式为客户端或者应用提供用户认证并接收身份标识和访问令牌。要使用哪种方式很大程度上取决于应用或者客户端请求访问权限的类型。所有这些认证流程都在 OIDC 和

OAuth 2.0 的规格文档中详细描述了，这里只是稍微提及一些必要内容。

2）授权码流程

这是一个基于浏览器的协议，推荐用于验证和授权基于浏览器的应用。它主要依赖浏览器重定向来获取身份标识与访问令牌。总结如下：

（1）使用浏览器访问应用。这个应用会提醒用户当前还未登录，所以它指示浏览器重定向到 Keycloak 来认证。该应用会以查询参数的形式在浏览器重定向时向 Keycloak 传递一个回调 URL（即演示截图中的 redirect_uri），Keycloak 在完成认证后会使用它。

（2）Keycloak 认证用户，并创建一次性、短时间内有效的临时码。Keycloak 通过前面提供的回调 URL 重定向回到应用，同时将临时码作为查询参数附加到回调 URL 上。

（3）应用抽取临时码，并且在后端通过不同于前端的网络渠道向 Keycloak 发起 REST 调用，使用临时码交换身份标识、访问令牌以及刷新令牌。一旦这个临时码在获取令牌时被使用过了，它就不能再次被使用了。这防止了潜在的重放攻击。

非常重要的一点是访问令牌通常有效期很短，一般在分钟级别过期。而刷新令牌由登录协议传送，允许应用在访问令牌过期后获取一个新的访问令牌。这样一个刷新协议在受损系统中非常重要。如果访问令牌有效期很短，那么整个系统仅仅在被盗用的令牌剩余的有效期内处于被攻击状态。如果管理员吊销了访问权限，那么接下来的令牌刷新请求会失败。这样更加安全并且可伸缩性更好。

该流程另一个重要的方面是使用开放客户端还是保密客户端。保密客户端在使用临时码交换令牌时需要提供客户端密钥，而开放客户端则不需要。只要严格使用 HTTPS 并且客户端的重定向 URI 被严格注册，那么采用开放客户端完全没有问题。由于无法使用安全的方式传输客户端密钥，因此 HTML5/JavaScript 客户端天然属于开放客户端。再次强调，这仅在严格使用 HTTPS 并严格注册重定向 URI 时才是可行的。

3）隐式流程

这也是一个基于浏览器的协议，类似于授权码流程，只是请求量更少，也不需要刷新令牌。该流程不被推荐，因为存在访问令牌泄露的可能性。例如，由于令牌通过重定向 URI 传输，因此可能会通过浏览器历史记录泄露。此外，由于该流程没有为客户端提供刷新令牌的服务，因此访问令牌必须设置更长的有效期，否则在令牌失效后用户将需要重新认证。尽管 Keycloak 不推荐这种流程，但仍然支持它，因为该流程包含在 OIDC 和 OAuth 2.0 的规格文档中。总结如下：

（1）使用浏览器访问应用。应用提示用户当前尚未登录，因为它指示浏览器重定向到 Keycloak 进行认证。应用将回调 URL（即一个重定向 URI）作为查询参数传递给 Keycloak，在认证完成后，Keycloak 会使用该回调 URL。

（2）Keycloak 认证用户并且创建身份标识和访问令牌。Keycloak 使用之前提供的回调 URL 重定向回到应用，同时使用查询参数的方式，将身份标识和访问令牌添加在回调 URL 中。

（3）应用从回调 URL 中抽取身份标识和访问令牌。

4）资源拥有者密码凭据授权（直接访问授权）

这在 Keycloak 管理员控制台中是指直接访问授权。当 REST 客户端希望代表用户获取令牌时使用该流程。这是一个 HTTP POST 请求，该请求中包含用户的安全凭据和客户端 ID，以及客户端的密钥（如果是保密客户端的话）。该用户的安全凭据随请求中的表单参数发送。这个 HTTP 响应中包含身份标识、访问权限以及刷新令牌。

5）客户端凭据授权

这也是由 REST 客户端使用的，但不是代表一个外部用户来获取令牌，而是基于和客户端相关的元数据与服务账号的权限来创建一个令牌。

6）Keycloak 服务器的 OIDC URI 端点

> **提 示**
>
> 这里的内容非常简单，但是对本文来说，却非常重要。因为在配置时，直接要用到相关的端点。

Keycloak 会公布一系列的 OIDC 端点。当使用客户端适配器与认证服务器进行 OIDC 沟通时，这些 URL 非常有用。这些全部都是相对 URL，且其根 URL 是使用 HTTP(S)协议的，并且会在其 hostname 的基础上添加/auth 路径。比如，典型的根 URL 是 https://keycloak.jiwai.win/auth，或者 http://localhost:8080/auth。

- /realms/{realm-name}/protocol/openid-connect/auth：在授权码流程中，这个 URL 端点用来获取临时码，在隐式流程、直接授权或者客户端授权中，这个 URL 端点用来获取令牌。
- /realms/{realm-name}/protocol/openid-connect/token：这个 URL 端点用来在授权码流程中将临时码转换成令牌。
- /realms/{realm-name}/protocol/openid-connect/logout：这是用来执行退出登录操作的 URL 端点。
- /realms/{realm-name}/protocol/openid-connect/userinfo：这个 URL 端点用来提供用户信息服务，其详细描述参见 OIDC 规格说明。
- /realms/{realm-name}/protocol/openid-connect/revoke：这个 URL 端点用来做 OAuth 2.0 中的令牌吊销，其详细描述见 RFC7009。

2. SAML

SAML 2.0 类似于 OIDC，但是产生得更早并且更加成熟。由于这里使用 OIDC 解决问题，因此不对 SAML 做详细介绍。

3. OpenID Connect 和 SAML 的对比

选择使用 OpenID Connect（简称为 OIDC）还是 SAML？并不推荐简单地使用新的协议（OIDC）而不考虑使用旧的但更成熟的协议（SAML）这种一刀切的决策思路。

然而，Keycloak 在大多数情况下都推荐使用 OIDC，SAML 要比 OIDC 更加啰唆一些。

除交换数据更加啰唆外，如果你仔细对比规格说明文档，会发现 OIDC 是围绕 Web 相关的工作而设计的，但是 SAML 却在 Web 的基础上增加了新的设施。比如，相对 SAML 来说，OIDC 在客户端的实现更加容易，因此 OIDC 更加适合 HTML5/JavaScript 应用。由于令牌是 JSON 格式的，因此更容易被 JavaScript 消费。当然，OIDC 还有其他好特性，使得在 Web 应用中实现安全更加容易。比如规格文档中提到的，使用 iframe 技巧很容易探测用户是否还处于登录状态。

当然，SAML 还是有其用武之地的。随着 OIDC 的规格文档的演进，你会发现它实现了越来越多的特性。人们一般使用 SAML 的原因是有的系统已经使用了 SAML 加固，以及 SAML 更加成熟。

7.2.3 集成步骤

前面讲了这么多，是为了在后续实现步骤中不迷失方向。实现步骤本身特别简单，关键是需要了解这些基础知识，否则会觉得莫名其妙。

1. 准备工作：搭建两个 Keycloak 系统

- Keycloak b，我们将用它来登录其他系统，包括 Keycloak a。通过 https://github.com/Jeff-Tian/keycloak-heroku，可以单击 ReadMe 中的按钮一键部署到 Heroku 上。比如笔者部署的 Keycloak b 是 https://keycloak.jiwai.win。
- Keycloak a，可以使用 Heroku 再部署一个实例。也可以利用 https://www.cloud-iam.com/提供的免费托管 Keycloak，它的限制是只能有 100 个用户。比如笔者部署的 Keycloak a 是 https://lemur-2.cloud-iam.com/。

2. 在 Keycloak b 中注册一个客户端 Keycloak a

这很简单，如图 7-23 所示。关键配置已经框起来了。

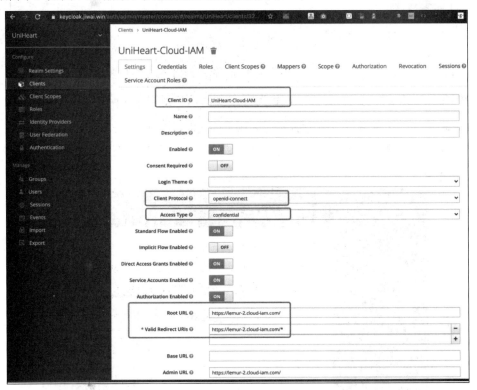

图 7-23　在 Keycloak b 中注册一个客户端 Keycloak a

用 Keycloak b 的管理员账号密码登录 Keycloak b，在相应的 Realm 中单击新建一个客户端，首先需要起个名字，比如命名为 UniHeart-Cloud-IAM。

然后在客户端协议中选择 openid-connect。所以说基础知识很重要，不然会在众多选项中迷失方向。

随后在访问类型中选择保密（如前面的基础知识中讲的，如果能够保证严格的 HTTPS 实施以及重定向 URI 的严格匹配，那么选择开放也是可以的）。

最后，在重定向 URI 中配置好 Keycloak a 的重定向 URI（笔者填的是在 Cloud IAM 中新部署的实例：https://lemur-2.cloud-iam.com/*），如果是选择开发的访问类型，那么这里的重定向 URI 必须一字不差。笔者这里选择了保密的访问类型，所以这里使用了通配符，以保持灵活性。

保存之后，切换到安全凭据面板，复制客户端密钥，后续步骤需要用到，如图 7-24 所示。

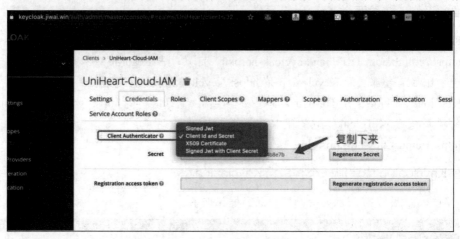

图 7-24　复制客户端密钥

注意在客户端认证中选择第二项：客户端 Id 和密钥的方式，然后复制密钥。

3. 在 Keycloak a 中添加 Keycloak b 为一个身份认证服务（idp）

完成 Keycloak b 中的配置工作后，现在回到 Keycloak a，即新部署的 Cloud IAM 实例，使用 Keycloak a 的管理员账号和密码登录，然后单击添加一个身份认证服务，选择 Keycloak OpenID Connect 方式，如图 7-25 所示。

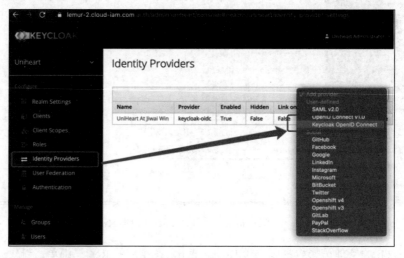

图 7-25　选择 Keycloak OpenID Connect 方式

首先为这个身份认证服务起个名字，比如 UniHeart At Jiwai Win，如图 7-26 所示。

图 7-26　为这个身份认证服务起个名字

然后的重点就是配置 OpenID Connect 了，基础知识又派上用场了。这里最重要的是把 Keycloak 服务器的 OIDC URI 端点中的 /realms/{realm-name}/protocol/openid-connect/auth、/realms/{realm-name}/protocol/openid-connect/token 以及 /realms/{realm-name}/protocol/openid-connect/userinfo 三个端点配置进去，如图 7-27 所示。

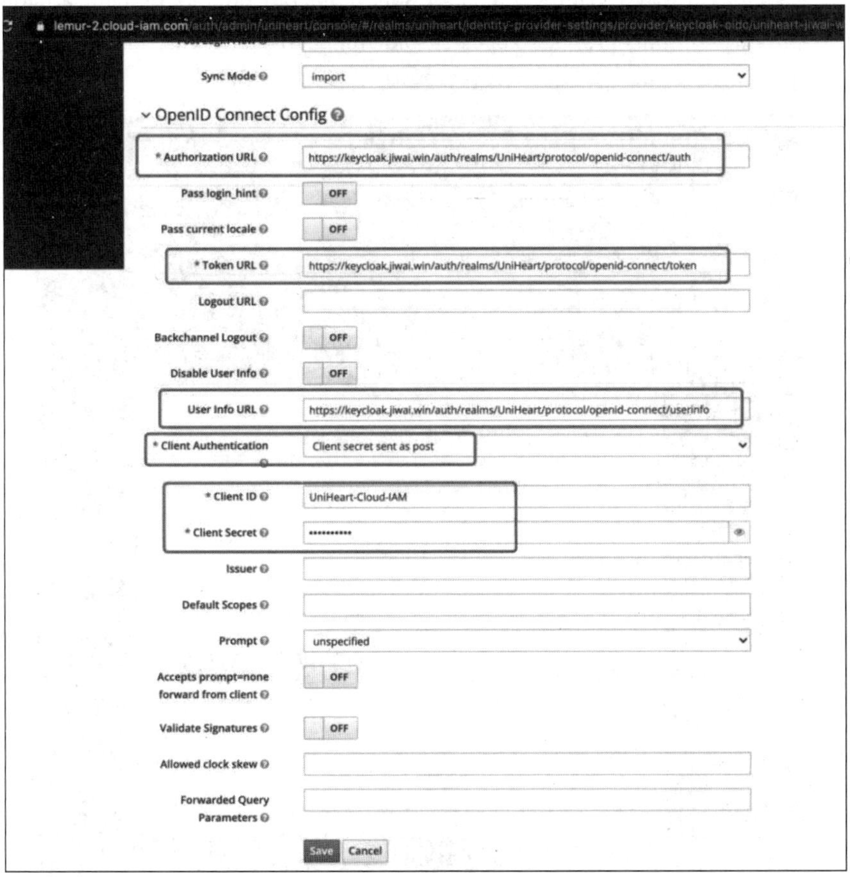

图 7-27　配置关键的三个端点

注意在客户端认证项中选择以 POST 方式发送客户端密钥,并将 UniHeart-Cloud-IAM 填写在客户端 ID 中,同时将上一步复制好的密钥粘贴到客户端密钥一栏。

4. 完成

保存好就完成了。这时单击右上角的 Uniheart Administrator 下拉按钮,选择 Sign Out 即可,退出当前管理员用户,如图 7-28 所示。

图 7-28　退出当前管理员用户

退出登录后,就会进入登录页面。可以看到除使用用户名和密码登录方式外,还多了一个登录选项,即使用 Keycloak b 登录。https://lemur-2.cloud-iam.com/auth/admin/uniheart/console/#/realms/uniheart/identity-provider-settings/provider/keycloak-oidc/uniheart-jiwai-win 这个链接就是使用 Keycloak b 登录 Keycloak a 的完整链接,如图 7-29 所示。

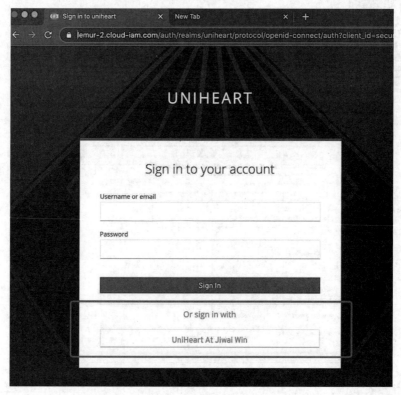

图 7-29　使用 Keycloak b 登录 Keycloak a

7.3 用 OIDC 方式在 Keycloak 中集成阿里云登录方式

从前面两个例子可以看出，成熟的产品之间可以通过标准协议（SAML 或者 OIDC）进行配置来实现集成。这里再举一个例子，用 OIDC 方式在 Keycloak 中集成阿里云登录方式，这样不仅可以将 Keycloak 作为 IDP，也可以将其作为 SP。

7.3.1 最终效果体验

单击链接：https://uniheart.pa-ca.me/keycloak/login，选择"阿里云"登录，如图 7-30 所示。

图 7-30 "阿里云"登录

使用提前创建好的 RAM 用户登录后，可以在 Keycloak 控制台看到该用户的 aliuid 已经被同步过来了。同时，该界面显示的用户 id_token 中也有 aliuid 属性，如图 7-31 所示。

图 7-31 阿里云用户的 UID

其在 Keycloak 的用户详情如图 7-32 所示。

还可以在 jwt.io 网站上解析 id_token，如图 7-33 所示。

图 7-32　阿里云用户的详情

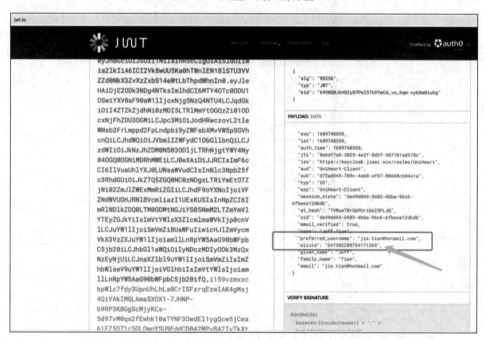

图 7-33　阿里云用户的 JWT

7.3.2 节详解集成阿里云登录的实现步骤。

7.3.2　在阿里云 RAM 访问控制台的 OAuth 应用中创建应用

在 https://ram.console.aliyun.com/applications 工作台的集成管理中，可以看到 OAuth 应用进入公测阶段。我们创建一个企业应用，如图 7-34 所示。

第 7 章 成熟的产品如何接入身份认证 | 165

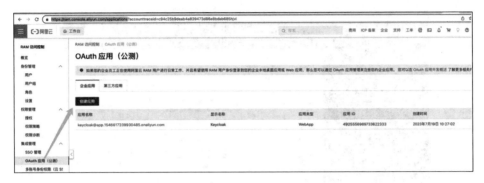

图 7-34 创建企业应用

在创建时，选择 Web App 类型，并将回调地址留空，给应用起个名字（笔者叫它 Keycloak），然后保存，如图 7-35 所示。

图 7-35 创建企业应用的详细信息

然后，创建密钥并复制，如图 7-36 所示。

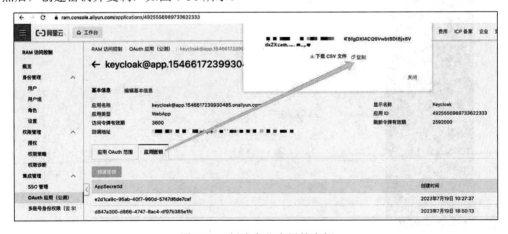

图 7-36 创建企业应用的密钥

7.3.3 在 Keycloak 中添加 Identity Provider

在 Keycloak 中添加一个 Identity Provider，选择 OpenID Connect v1.0，如图 7-37 所示。

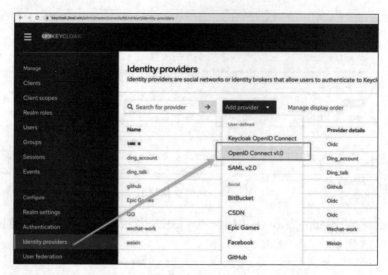

图 7-37　添加一个 Identity Provider

我们给它取一个名字，比如叫作阿里云，然后在 Discovery endpoint 中填入 https://oauth.aliyun.com/.well-known/openid-configuration，如图 7-38 所示。

图 7-38　添加一个 Identity Provider 的详细信息

其中，Discovery endpoint 可以从阿里云官方文档[1]处获得，如图 7-39 所示。

---

[1] https://help.aliyun.com/document_detail/93698.html?spm=a2c4g.118590.0.0.3f87352cIIrdG7

第 7 章　成熟的产品如何接入身份认证　｜　167

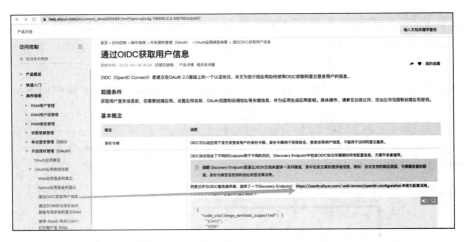

图 7-39　阿里云的 Discovery endpoint

Client ID 是在上一步中生成的一串数字，而 Client Secret 是在上一步复制下来的。保存应用，可以看到 Redirect URI 中的 broker 后面的路径变成了我们指定的 Alias，如图 7-40 所示。

图 7-40　添加一个 Identity Provider 的详细信息的 Redirect URI

记下这个地址，并且注意到它自动从 Discovery Endpoint 解析出了 Authorization URL、Token URL 以及 User Info URL。我们删除 Issuer，并且关闭/取消勾选 Validate Signatures，以避免 Keycloak 在用户登录交互中对阿里云颁发的令牌进行校验。

如果不这样做，在用户登录过程中会碰到 token signature validation failed 这样的错误：

```
2023-07-19T02:43:28.955269+00:00 app[web.1]: 2023-07-19 02:43:28,954 ERROR [org.keycloak.broker.oidc.AbstractOAuth2IdentityProvider] (executor-thread-39) Failed to make identity provider oauth callback: org.keycloak.broker.provider.IdentityBrokerException: token signature validation failed
```

接着，展开 Advanced 选项，在 Scopes 中输入 openid aliuid profile，如图 7-41 所示。

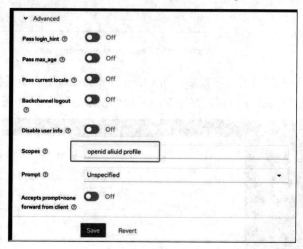

图 7-41　添加一个 Identity Provider 的详细信息的 Scopes

7.3.4　在阿里云控制台回填回调地址

前面我们得到的新的 Identity Provider 的回调地址是 https://keycloak.jiwai.win/realms/UniHeart/broker/aliyun/endpoint，将其填入前面留空的应用基本信息中，如图 7-42 所示。

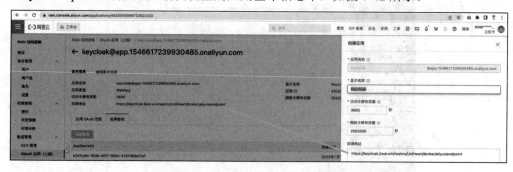

图 7-42　在阿里云控制台回填回调地址

7.3.5　在阿里云身份管理工作台创建用户

在 https://ram.console.aliyun.com/users 页面创建一个用户，比如叫作 tianjie，如图 7-43 所示。

第 7 章 成熟的产品如何接入身份认证 | 169

图 7-43 在阿里云身份管理工作台创建用户

注意为该用户开启控制台访问权限，如图 7-44 所示。

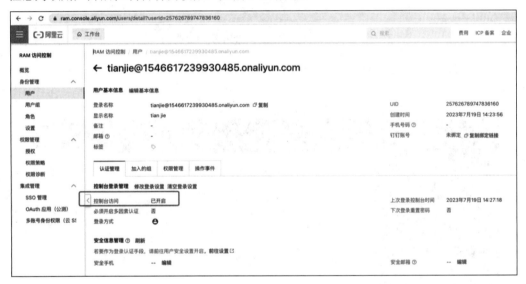

图 7-44 在阿里云身份管理工作台创建用户的详细信息

7.3.6 在 Keycloak 中给 Identity Provider 增加 Mappers

此时已经可以在 Keycloak 中体验阿里云登录了，但是登录成功后，用户的 aliuid 没有同步过来。要同步这样信息，需要增加 Identity Provider Mappers，如图 7-45 所示。

图 7-45 在 Keycloak 中给 Identity Provider 增加 Mappers

从阿里云官网文档得知，aliuid 在令牌中以 uid 字段出现，所以我们增加一个 User Attribute Mapper，如图 7-46 所示。

图 7-46　阿里云官网对 aliuid 的说明

于是，在 Mappers 中选择 Attribute Importer 类型，并将 Claim 和 User Attribute Name 填上 uid，如图 7-47 所示。

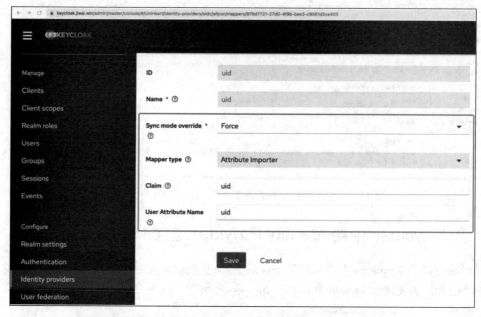

图 7-47　在 Keycloak 中给 Identity Provider 增加 Mappers 的详细信息

7.3.7　在 Keycloak 中给 Client scopes 增加 Mappers

此时，用户登录成功后，已经可以拿到 aliuid。但是，最终 Keycloak 颁发的身份令牌以及用户信息接口中不会包含该字段。于是我们要给 Client scope 增加 Mappers，如图 7-48 所示。

选择 By configuration，并再次选中 User Attribute，如图 7-49 所示。

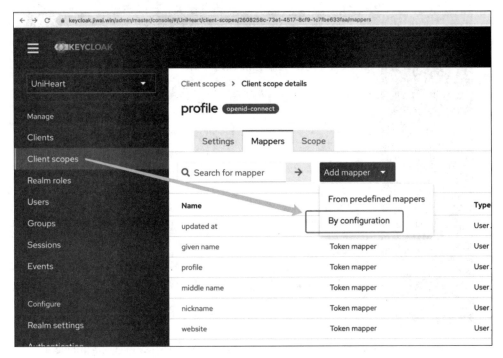

图 7-48 在 Keycloak 中给 Client scopes 增加 Mappers

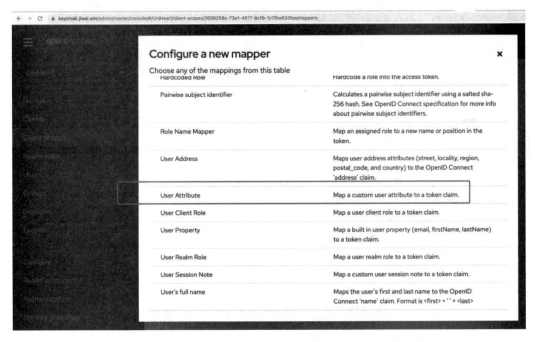

图 7-49 在 Keycloak 中给 Client scopes 增加 Mappers 的详细信息

接着启用 Add to ID token 和 Add to userinfo，如图 7-50 所示。

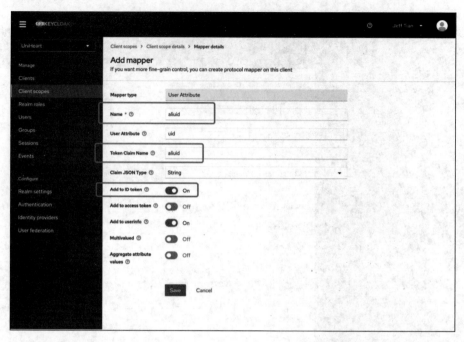

图 7-50　在 Keycloak 中给 Client scopes 增加 Mappers 的详细信息的 Attribute

7.3.8　定制用户完善资料页面

如果阿里云的用户是第一次登录 Keycloak，那么 Keycloak 会要求该用户完善资料，如图 7-51 所示。

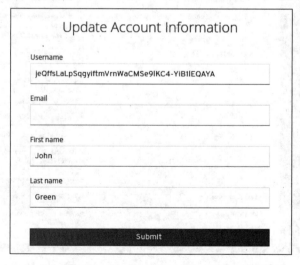

图 7-51　定制用户完善资料页面

以上 Username 是 Keycloak 自动生成的，可以修改。如果不想让用户修改，并且不展示在用户资料确认页，那么可以设置默认邮箱就是用户名，并且不允许用户修改用户名。可以在 Realm 设置中做一些调整，如图 7-52 所示。

图 7-52　定制用户完善资料页面的详细信息

这样，用户第一次登录 Keycloak，只需要补充一下 Email 地址即可。用户登录时先输入阿里云用户名，如图 7-53 所示。

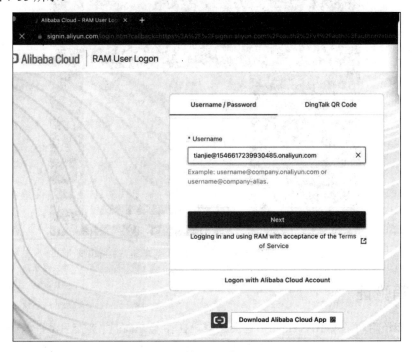

图 7-53　用户输入阿里云用户名

再输入阿里云密码，成功登录的界面如图 7-54 所示。

图 7-54　用户成功登录阿里云，跳转至 Keycloak

用户跳转到 Keycloak 后，需要补充 Email 地址，如图 7-55 所示。

图 7-55　用户跳转到 Keycloak 后，需要补充 Email 地址

7.3.9　邮箱验证

注意上一步还启用了 Verify email，这会让用户在输入 Email 并提交后，进入一个验证邮箱页，不验证就不能进入最终用户登录状态，如图 7-56 所示。

Keycloak 内置的邮箱验证功能可以在 Keycloak 的 Realm 设置中启用并配置它。启用邮箱验证后，当用户注册或更新邮箱地址时，Keycloak 将发送一封验证邮件给用户，要求用户验证其邮箱地址。在 Keycloak 的邮箱验证功能中，我们可以配置验证邮件的内容、验证链接的有效期等。Keycloak 会生成一个唯一的验证令牌，并将该令牌包含在验证链接中。当用户单击验证链接时，Keycloak 会验证令牌的有效性，并将用户的邮箱地址标记为已验证。当然，前提是在 Keycloak 的安全领域设置页面配置好邮件服务器，如图 7-57 所示。

图 7-56　用户补充 Email 地址后，还需要验证邮箱

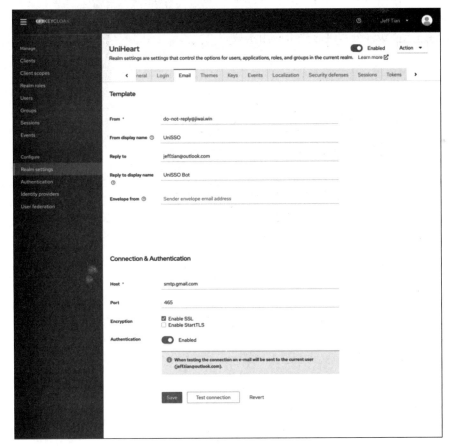

图 7-57　在安全领域设置页面配置邮件服务器

最终，用户收到的验证邮件如图 7-58 所示。

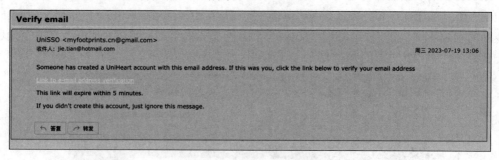

图 7-58　用户收到的验证邮件

7.4　小　　结

本章列举了一个在成熟产品——GitLab 中对接 Keycloak 的实例，然后将两个不同的 Keycloak 实例互相连接，最后以非常详细的步骤展示了将 Keycloak 反过来作为 SP，对接阿里云 IDP 的步骤。总的来说，不需要太多编码，只需要一些基本的配置，即可完成多个成熟产品的对接，这就是标准协议带来的好处。

下一章将进入高级部分，进行进阶应用实战。

第 8 章

社交登录实战

前面几章讲解了如何在第三方应用中对接身份认证平台,本章将集中介绍如何在常见的身份认证平台中对接社交账号登录。通过在身份认证平台中集成社交账号,可以最大限度地减少用户入驻的摩擦。

尽管第三方应用也可以直接对接社交登录,但是这样做的弊端是显而易见的,比如针对每一个社交平台,都需要在每个应用中接入一次,重复开发量大。而且,每次需要在自己的应用生态中新增加一个社交平台时,都需要修改所有的应用,这样维护成本非常高。

通过在身份认证平台中集成社交账号,可以将这个功能集中到一个地方,而且身份认证平台一般都会提供一个配置化的界面,可以通过配置的方式,而不是代码的方式来完成对接。这样,当你需要新增加一个社交平台时,只需要在身份认证平台中新增加一个配置即可,而不需要修改任何应用。

也就是将所有的应用都接入一个集中化身份认证平台,然后在身份认证平台中对接不同的外部身份源,这样做可以大大减少开发量,也可以大大减少维护成本。这时的集中身份认证平台对应用来说就起到了身份代理的作用。

本章将进行社交登录实战,并在最后给出一些通用步骤。

8.1 在 Keycloak 中集成 GitHub 登录

Keycloak 是一个开源的身份认证系统,可以对接各种第三方的身份认证提供者,在前面介绍开源身份认证解决方案时,提到过笔者开发的适合中国社交网络生态的对接微信登录、企业微信登录等 Keycloak 的社交登录插件。本节再展示一下如何对接 GitHub 登录,并将通过 GitHub 登录的用户链接到 Keycloak 已有用户。由于使用 GitHub 登录是 Keycloak 内置的功能,因此我们会看到相比微信登录等,在 Keycloak 中对接 GitHub 是基本不需要开发的。

8.1.1 注册应用

首先，在 GitHub 申请一个应用。其实就是在 GitHub 中备案，获取到 appId 和 appsecret，以便后续填写在 Keycloak 的 GitHub 身份提供者配置中。

打开浏览器，进入 https://github.com/settings/developers 开发者设置页面，新建一个 OAuth 应用，如图 8-1 所示。

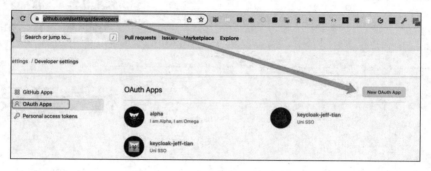

图 8-1　GitHub 新建 OAuth 应用

复制 Client ID 和 Client secrets，如图 8-2 所示。

图 8-2　复制 Client ID 和 Client secrets

8.1.2 添加 GitHub 提供者

通过单击添加提供程序，再选择 GitHub，就可以在 Keycloak 控制面板里成功添加一个新的 GitHub 身份提供者，如图 8-3 所示。

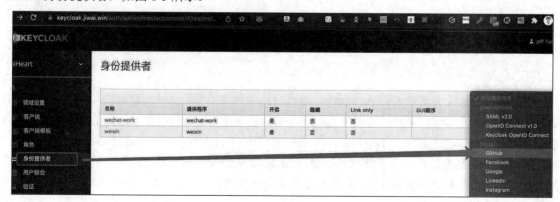

图 8-3　添加提供程序

随后，填入上一步申请好的 Client ID 和 Client secrets。Account Linking Only 可以根据需求选择是否启用，如图 8-4 所示。

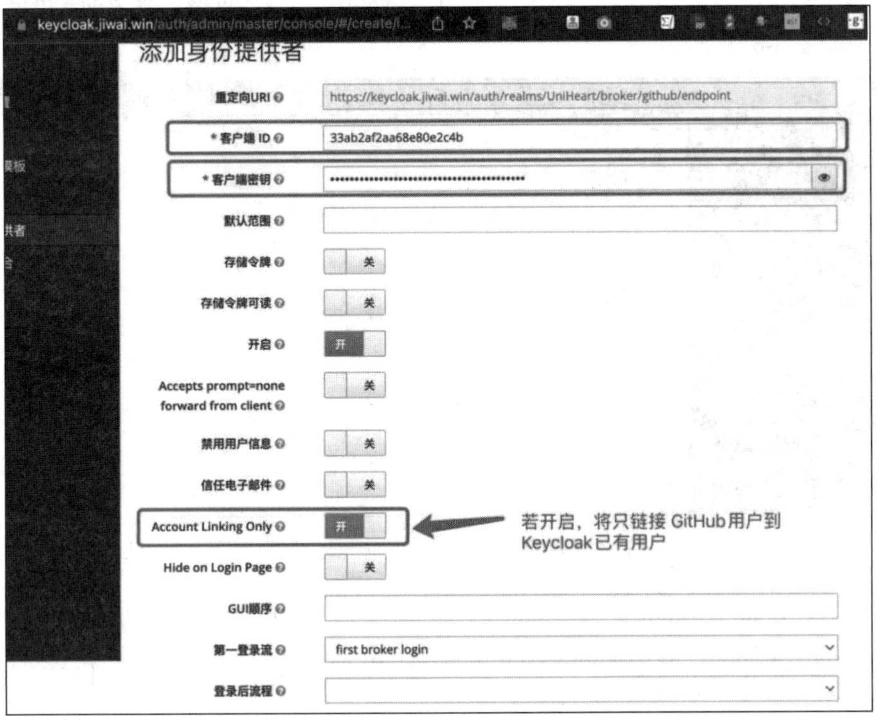

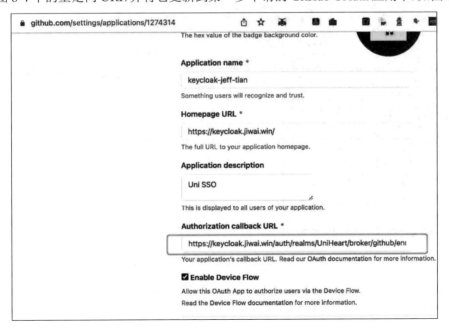

图 8-4　添加提供程序配置

复制图 8-4 中的重定向 URI，并将它更新到第一步申请的 GitHub OAuth 应用中，如图 8-5 所示。

图 8-5　更新重定向 URI

8.1.3 验证

找一个用户验证链接是否有效。比如，笔者在 Keycloak 中是通过微信登录的，可以看到身份提供者是微信，如图 8-6 所示。

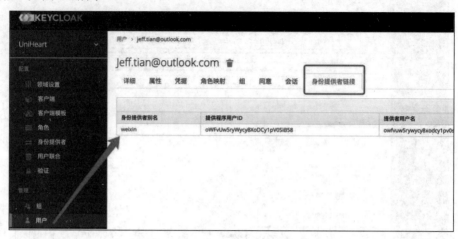

图 8-6　原来的身份提供者是微信

打开浏览器进入 https://uniheart.pa-ca.me/keycloak/login，选择通过 GitHub 登录，注意登录过程中会提醒已经有邮箱为 jeff.tian@outlook.com 的用户了，如果要链接到该用户，需要通过邮箱验证，如图 8-7 所示。

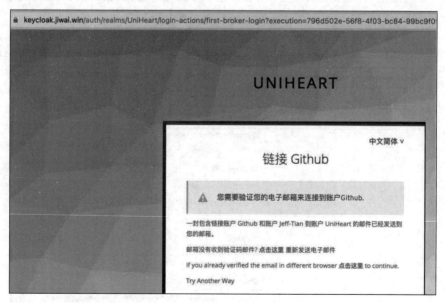

图 8-7　账号链接确认

验证完后，就会登录成功，跳回登录前的应用 https://uniheart.pa-ca.me/keycloak/login，并进入登录状态，即获取到 access token，如图 8-8 所示。

图 8-8　登录成功，获取到令牌

这时，到 Keycloak 控制面板找到该用户，即可看到该用户的身份提供者除 weixin 外，还多了一个 github，如图 8-9 所示。

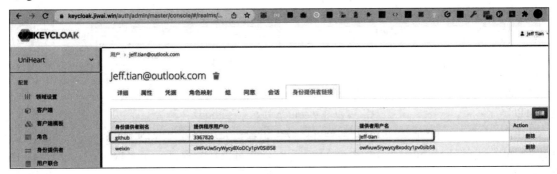

图 8-9　身份提供者列表中多了一个 github 项

这说明 GitHub 登录集成成功了。

8.2　在 IdentityServer 中添加 GitHub 登录

笔者踩过的坑都记录下来了，希望读者不用再踩。

在 8.1 节分享过在 Keycloak 中集成 GitHub 登录的详细步骤，可以说是一帆风顺，且基本上进行一些配置即可，不需要编写一行代码。所以可以说，Keycloak 是身份认证领域的低代码甚至无代码平台。而反过来看 Duende IdentityServer，可以将它看成一个无头的 Keycloak，可以高度定制，但却没有一个免费权威且现成的管理界面（有专业的 AdminUI，但是需要付费购买），所以需要自己开发界面。那么如果在 Duende IdentityServer 中集成 GitHub 登录，会有怎样的体验呢？

8.2.1　线上体验

部署到了两个环境，分别是 Okteto 和 Azure Web 应用。Okteto 环境对应的地址是 https://id6-jeff-tian.cloud.okteto.net/diagnostics，选择 GitHub 登录后的效果如图 8-10 所示。

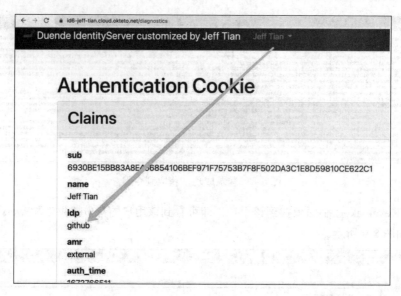

图 8-10　Okteto 环境中的 GitHub 登录

Azure Web 应用对应的地址是 https://id6.azurewebsites.net/Account/Login?ReturnUrl=%2Fdiagnostics，读者可以自行体验，与图 8-10 类似，可以注意到 idp 字段是 github。

我们也可以从 GitHub 上下载代码：https://github.com/Jeff-Tian/IdentityServer，并在**本地运行**，默认本地运行的地址是 https://localhost:5001。详细步骤可以参考项目的 ReadMe.md，通过 GitHub 登录成功后的界面如图 8-11 所示。

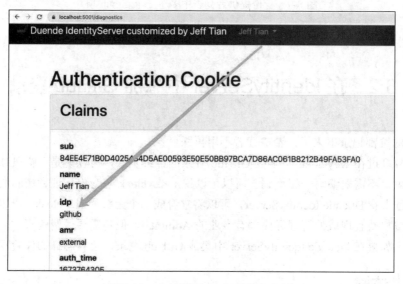

图 8-11　本地运行 GitHub 登录实例

8.2.2　准备工作

和在 Keycloak 中集成 GitHub 登录一样，需要先在 GitHub 注册应用：https://github.com/settings/applications/new，如图 8-12 所示。

第 8 章 社交登录实战 | 183

图 8-12　在 GitHub 中注册应用

需要的主要信息是授权回调地址。另外，要记下 ClientID，并生成一个 Client secret。

8.2.3　核心代码

完整代码提交见 https://github.com/Jeff-Tian/IdentityServer/commit/7962453675c967e6a22a5545dc7c53d39c055120。核心代码如下：

```
auth.AddOAuth("github", "GitHub", options =>
{
    options.SignInScheme = IdentityServerConstants.ExternalCookieAuthenticationScheme;
    options.ClientId = builder.Configuration["IdpGitHubClientId"];
    options.ClientSecret = builder.Configuration["IdpGitHubClientSecret"];
```

```
            options.CallbackPath = "/signin-github";
            options.AuthorizationEndpoint = "https://github.com/login/oauth/authorize";
            options.TokenEndpoint = "https://github.com/login/oauth/access_token";
            options.UserInformationEndpoint = "https://api.github.com/user";
            options.Scope.Add("user:email");
            options.ClaimActions.MapJsonKey(ClaimTypes.NameIdentifier, "id");
            options.ClaimActions.MapJsonKey("sub", "id");
            options.ClaimActions.MapJsonKey(ClaimTypes.Name, "name");
            options.ClaimActions.MapJsonKey("urn:github:login", "login");
            options.ClaimActions.MapJsonKey("urn:github:url", "html_url");
            options.ClaimActions.MapJsonKey("urn:github:avatar", "avatar_url");
            options.Events = new OAuthEvents
            {
                OnCreatingTicket = async context =>
                {
                    var request = new HttpRequestMessage(HttpMethod.Get, context.Options.UserInformationEndpoint);
                    request.Headers.Authorization = new AuthenticationHeaderValue("Bearer", context.AccessToken);
                    request.Headers.Accept.Add(new MediaTypeWithQualityHeaderValue("application/json"));

                    var response = await context.Backchannel.SendAsync(request, HttpCompletionOption.ResponseHeadersRead, context.HttpContext.RequestAborted);
                    response.EnsureSuccessStatusCode();

                    var user = JsonDocument.Parse(await response.Content.ReadAsStringAsync());

                    context.RunClaimActions(user.RootElement);
                }
            }
```

注意一个细节：

```
            options.ClaimActions.MapJsonKey("sub", "id");
```

若缺少该行，基于 Duende IdentityServer 的应用将在 GitHub 登录完成跳转回来后报错：

```
InvalidOperationException: sub claim is missing
```

8.3 在 Duende IdentityServer 中集成 Epic Games 登录

之所以特别介绍集成 Epic Games 登录，是因为它是一个游戏平台，尽管其集成部署和一般的 OIDC 提供者没有本质不同，然而其开发者控制台却非常复杂，并且和一些游戏产品概念混杂在一起，容易让不接触游戏的开发者迷失。因此，特别用一节来介绍，并且大量篇幅会花在配置指引上。

8.3.1 效果演示

在本书的介绍中曾提到，本书不仅有代码实例，而且还将实验做了线上部署，以方便读者进行实际体验。本节的实验部署在了 Azure Web 应用上，该演示实例对应的 URL 地址是：https://id6.azurewebsites.net/Account/Login。

登录页面如图 8-13 所示，这里将 Duende IdentityServer 同时部署到了 Azure Web 服务和 Okteto 的 k8s 平台，关于如何部署 Duende IdentityServer，这里不再赘述，可以参考笔者的博客文章[1]。

图 8-13　通过 Epic Games 登录 Duende IdentityServer

登录成功的界面如图 8-14 所示。

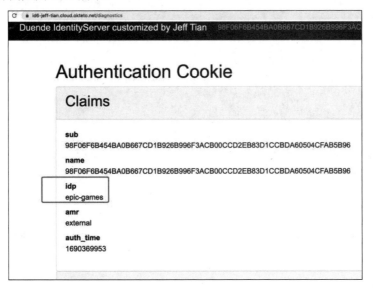

图 8-14　使用 Epic Games 成功登录 Duende IdentityServer

---

[1] 可以在知乎上搜索："身份验证哪家强？IdentityServer 初体验"以及"将 IdentityServer 部署到 Okteto"查看相关文章。

可以通过后台查看相关的日志，如图 8-15 所示。

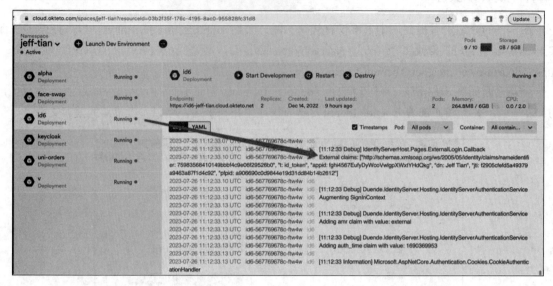

图 8-15　通过 Okteto 查看后台日志

8.3.2　配置

要集成 Epic Games 登录，首先需要在 Epic Games Dev Portal 创建一个 Client。

同意 Epic Games 账号服务协议，如果你不是组织的拥有者，可以去组织成员中找到拥有者，并让拥有者同意相关的协议，如图 8-16 所示。

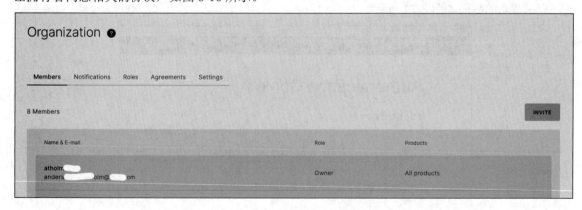

图 8-16　查看组织的拥有者

同意协议的链接是 https://dev.epicgames.com/portal/en-US/你的组织 ID/organization/licenses，如图 8-17 所示。

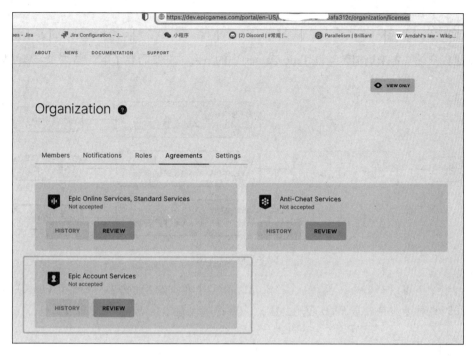

图 8-17　Epic Games 开发控制台的协议许可页面

8.3.3　将域名添加到组织中

打开页面 https://dev.epicgames.com/portal/en-US/你的组织 ID/organization/settings，添加域名，并且认证，如图 8-18 和图 8-19 所示。

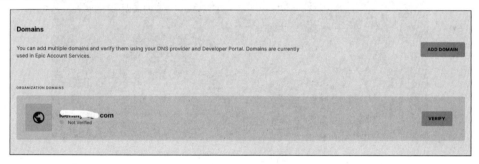

图 8-18　添加域名

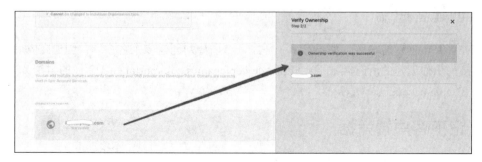

图 8-19　验证域名

8.3.4 概念

要创建客户端，先来搞清楚一些 Epic Games 中的概念，主要需要了解一些关系，总结如图 8-20 所示。

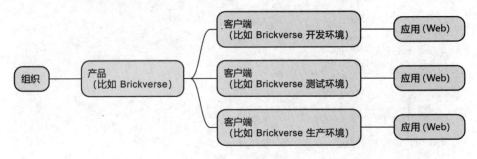

图 8-20　概念图

即每个组织下可以有多个产品，每个产品可以有多个客户端，而每个客户端可以关联多个应用，由于现在我们要对接的是一个 Web 应用，因此为客户端设置一个 Web 应用即可。

8.3.5 创建产品

比如我们要创建一个名为 Brickverse 的产品，Epic Games 会给我们创建沙盒，查看沙盒详情，如图 8-21 所示。

图 8-21　创建产品

8.3.6 创建客户端

我们在产品下创建客户端。如果有多个环境，可以分别创建多个客户端，创建完成后，可以通过这个链接列出你创建的所有客户端：https://dev.epicgames.com/portal/en-US/你的组织 ID/products/你的产品 ID/epic-account-services。

8.3.7 记下客户端凭据

一旦客户端创建完成，就会得到一组凭据，将其记下来，如图 8-22 所示。

图 8-22 记下客户端凭据

8.3.8 添加回调地址

没有回调地址，在授权完成后，就接收不到 code，配置如图 8-23 所示。

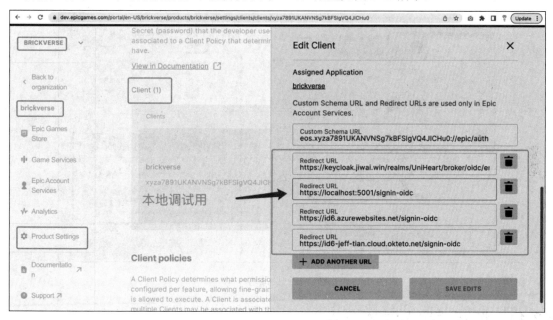

图 8-23 添加回调地址

8.3.9 创建应用

我们在前面创建了客户端，它是用于后台通道调用（使用客户端凭据获取令牌）的。现在我们需要为用户授权界面创建前端通道。在 Epic Games 中，这个前端通道被称为应用。我们可以在 Epic Account Services 下创建应用，并在其中关联客户端，如图 8-24 所示。

图 8-24　创建应用

8.3.10　关联客户端

将创建好的客户端和应用关联起来,如图 8-25 所示。

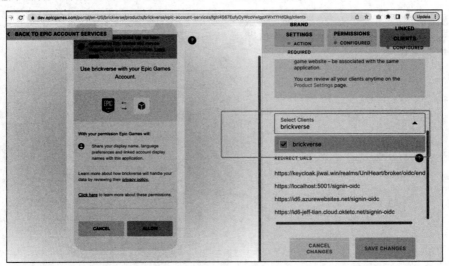

图 8-25　关联客户端

8.3.11　填写法律必需的 URL

这依赖之前的域名验证步骤,只能基于验证通过后的域名在后面添加路径。这里的示例 URL 如下。

- 应用站点：https://brickverse.net/。
- 隐私协议页面：https://brickverse.net/。

配置如图 8-26 所示。

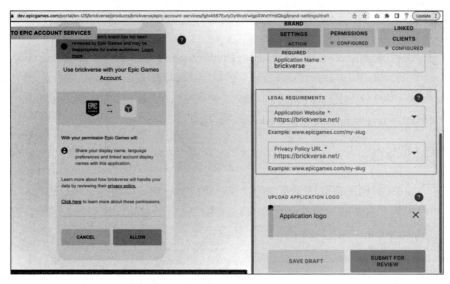

图 8-26　添加法律要求的 URL

这里没有填写真正的隐私协议页面,导致该应用不能通过 Epic Games 的审核,如图 8-27 所示。

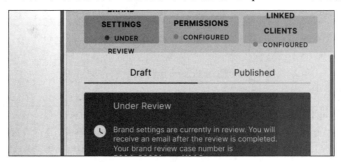

图 8-27　审核中的警告

不过出于演示的目的,不需要通过 Epic Games 的审核,已经可以使用了。

8.3.12　Epic Games 的 OIDC 端点

即使应用没有通过 Epic Games 的审核,已经可以调用它的 OIDC 接口了(只是用户授权时会看到一个警告)。Epic Games 的 OIDC 相关链接如表 8-1 所示。

表 8-1　Epic Games 的 OIDC 端点信息

名　　称	URL
OpenID 自发现配置信息端点	https://api.epicgames.dev/epic/oauth/v1/.well-known/openid-configuration
授权接口	https://www.epicgames.com/id/authorize
令牌接口	https://api.epicgames.dev/epic/oauth/v1/token
用户信息接口	https://api.epicgames.dev/epic/oauth/v1/userInfo
令牌内省接口	https://api.epicgames.dev/epic/oauth/v1/tokenInfo
JWKS	https://api.epicgames.dev/epic/oauth/v1/.well-known/jwks.json

8.3.13 授权

参考 https://dev.epicgames.com/docs/web-api-ref/authentication?sessionInvalidated=true#web-applications，这里会打开一个页面，询问用户是否同意授权我们的应用获取其在 Epic Games 服务器上的信息。如果用户同意了，就会得到一个用户授权码：https://www.epicgames.com/id/authorize?client_id={client_id}&redirect_uri={redirect_uri}&response_type=code&scope=basic_profile。

8.3.14 获取令牌

参考 Epic Games 官网的获取访问令牌的文档，我们了解到可以通过这个令牌接口，结合上一步中获取的用户授权码和客户端凭据，就可以获取到用户的访问令牌。需要注意的是，在这一步中，该接口使用了 Basic Auth，如图 8-28 所示。

图 8-28　使用 Postman 测试获取令牌请求

8.3.15 典型的响应

使用 Postman 检视正常的响应，如图 8-29 所示。

图 8-29　使用 Postman 检视正常的响应

当然，也可以构造这个 cURL 请求在命令行快速验证：

```
curl --location 'https://api.epicgames.dev/epic/oauth/v1/token' \
--header 'Content-Type: application/x-www-form-urlencoded' \
--header 'Authorization: Basic [base64(appId+appSecret)]' \
--data-urlencode 'grant_type=authorization_code' \
--data-urlencode 'deployment_id=[deployment_id]' \
--data-urlencode 'scope=basic_profile' \
--data-urlencode 'code=95fe72821ac94e5f9c48d5dda9b42e5c'
```

响应的 JSON 结构如下：

```
{
  "scope": "basic_profile openid",
  "token_type": "bearer",
  "access_token": "ey...",
  "refresh_token": "ey...",
  "id_token": "ey...",
  "expires_in": 7200,
  "expires_at": "2023-05-25T14:44:48.000Z",
  "refresh_expires_in": 28800,
  "refresh_expires_at": "2023-05-25T20:44:48.005Z",
  "account_id": "75983568410149bbbf4c9e06f29526b0",
  "client_id": "xyza7891UKANVNSg7kBFSIgVQ4JICHu0",
  "application_id": "fghi4567EufyDyWcoVwlgpXWxtYHdQkg",
  "selected_account_id": "75983568410149bbbf4c9e06f29526b0",
  "merged_accounts": []
}
```

8.3.16 代码实现

主要代码见 https://github.com/Jeff-Tian/IdentityServer/commit/ 41233386812e598c0a9050ad2b187c51fb6cf9e4。

1. 增加 Epic Games 配置

我们的客户端凭据信息等可以通过环境变量注入。为了结构化地读取这些外部身份提供者的配置，我们定义一个配置类：

```
namespace IdentityServerHost.Configuration;

public class ExternalIdPsConfiguration
{
    public const string SectionName = "ExternalIdPs";

    public EpicGamesConfiguration EpicGames { get; set; } = new();
}

public class ExternalIdPConfiguration
{
```

```csharp
    public string ClientId { get; set; } = string.Empty;
    public string ClientSecret { get; set; } = string.Empty;
}

public class EpicGamesConfiguration : ExternalIdPConfiguration
{
    public const string SectionName = "EpicGames";
}
```

然后，定义一个配置扩展类，以封装读取配置的逻辑：

```csharp
using IdentityServerHost.Configuration;
using Microsoft.Extensions.Configuration;

namespace IdentityServerHost.Extensions;

public static class ConfigurationExtensions
{
    public static ExternalIdPsConfiguration GetExternalIdPsConfiguration(this IConfiguration configuration)
    {
        return configuration.Get<ExternalIdPsConfiguration>(ExternalIdPsConfiguration.SectionName);
    }

    public static CookieConfiguration GetCookieConfiguration(this IConfiguration configuration)
    {
        return configuration.Get<CookieConfiguration>(CookieConfiguration.SectionName);
    }
    private static T Get<T>(this IConfiguration configuration, string section)
    {
        return configuration.GetSection(section).Get<T>();
    }
}
```

环境变量和 appsettings.json 结构有一种对应关系。我们定义的类在 appsettings.json 文件中是这样的：

```json
{
  "ExternalIdPs": {
    "EpicGames": {
      "ClientId": "xyza7891UKANVNSg7kBFSIgVQ4JICHu0",
      "ClientSecret": "xxx"
    }
  }
}
```

通过 k8s secret 的环境变量注入的方式如下：

```
apiVersion: v1
kind: Secret
metadata:
  name: id6
  labels:
    branch: main
type: Opaque
stringData:
  ExternalIdPs__EpicGames__ClientId: xyza7891UKANVNSg7kBFSIgVQ4JICHu0
  ExternalIdPs__EpicGames__ClientSecret: xxx
```

正如本节开头所讲的，我们还部署到了 Azure Web 应用中。对于这个实例，我们通过 Azure Portal 配置，如图 8-30 所示。

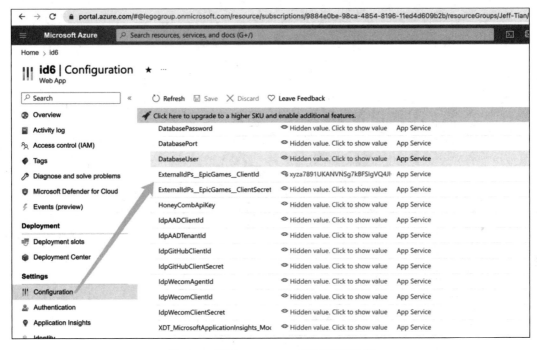

图 8-30　通过 Azure Portal 配置环境变量

2. 增加 Epic Games 登录

在 hosts/main/Extensions/ExternalIdentityProviders.cs 中添加一个新方法：

```
using System.Threading.Tasks;
using Duende.IdentityServer;
using IdentityModel.Client;
using Microsoft.AspNetCore.Builder;
using Microsoft.Extensions.DependencyInjection;

namespace IdentityServerHost.Extensions;
```

```csharp
public static class ExternalIdentityProviders
{
    public static void AddGitHubProvider(this WebApplicationBuilder builder)
    {
        // ...
    }

    public static void AddEpicGamesProvider(this WebApplicationBuilder builder)
    {
        var externalIdPsConfiguration = builder.Configuration.GetExternalIdPsConfiguration();
        var epicGamesProviderConfig = externalIdPsConfiguration?.EpicGames;

        if (epicGamesProviderConfig != null && epicGamesProviderConfig.ClientSecret != string.Empty)
        {
            builder.Services.AddAuthentication().AddOpenIdConnect("epic-games", "Epic Games", options =>
            {
                options.Scope.Add("basic_profile");
                options.SignInScheme = IdentityServerConstants.ExternalCookieAuthenticationScheme;
                options.Events.OnRemoteFailure = context =>
                {
                    context.HandleResponse();
                    return Task.CompletedTask;
                };
                options.Events.OnAccessDenied = context =>
                {
                    context.HandleResponse();
                    return Task.CompletedTask;
                };
                options.ClientId = epicGamesProviderConfig.ClientId;
                options.ClientSecret = epicGamesProviderConfig.ClientSecret;
                options.ResponseType = "code";
                options.Authority = "https://api.epicgames.dev/epic/oauth/v1";
                options.Events.OnAuthorizationCodeReceived = context =>
                {
                    context.Backchannel.SetBasicAuthentication(context.TokenEndpointRequest!.ClientId,
                        context.TokenEndpointRequest.ClientSecret);

                    context.TokenEndpointRequest.ClientId = null;
                    context.TokenEndpointRequest.ClientSecret = null;
                    return Task.CompletedTask;
```

```
                };
                options.CorrelationCookie.Path = "/";
            });
        }
    }
}
```

8.3.17 完成

提交代码,上线测试,效果如图 8-13 所示。

8.4 三步开发社交账号登录

通过在不同的系统中对接不同的社交身份源,我们会发现有一些通用的步骤。无论这些社交身份源是完全遵循 OIDC 标准,还是不太遵循 OIDC 标准,都只需三步,即① 构建授权链接;② 使用授权码换取令牌;③ 使用令牌换取个人资料。

心法:开放一个社交账号登录功能,只需要三步。

8.4.1 不要自行实现

三步虽好,0 步最佳!

三思而后行,千万不要一上来就自己写代码来实现,或者引入一个额外的第三方库。如果是一个 OIDC 标准的产品,很可能不用写一行代码,就能像拼搭积木一样集成完毕。比如 Keycloak 就提供了一个配置化方式接入 OIDC 身份源的面板,首选通过配置的方式,看能否集成成功。

举一个例子,笔者曾经接到咨询,希望在 Keycloak 中集成 Twitch 登录,于是找到了一个 GitHub 上的 Keycloak-Twitch 插件,但是碰到了问题,按照说明将相关 JAR 包放入指定的目录,然而运行起来最终没有效果。

笔者去看了一下这个开源库,发现是针对一个很旧的 Keycloak 版本,如果要升级它以适配新的 Keycloak,代价蛮大的。于是笔者去看了一下 Twitch,发现它是一个标准的 OIDC,通过 https://id.twitch.tv/oauth2/.well-known/openid-configuration 可以查看它的 OpenID 配置信息。于是建议咨询者扔掉那个开源库,直接通过 OIDC 的方式来完成,如图 8-31 所示。

有一些产品尽管看上去不是一个标准的 OIDC,但也可能通过配置完成,只是没有 OIDC 服务器中的发现端点,从而需要单独配置一些接口,分别说明如下:

- 授权接口地址,通过它可以得到一个授权码。
- 换取令牌接口地址,通过它可以通过授权码换取到令牌。
- 用户信息接口地址,通过它可以使用令牌获取到用户个人资料。

如果换取令牌时,在身份令牌中包含用户的唯一身份标识,甚至 Email 等信息,那么以上三个接口中的第三个是可以省略的。

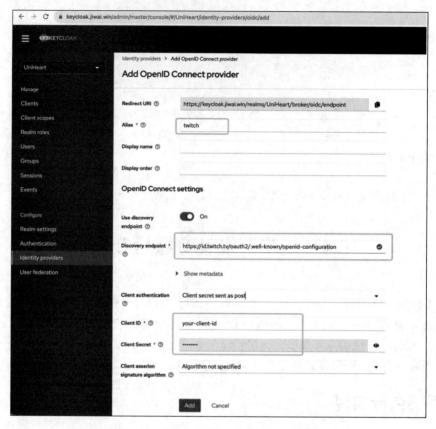

图 8-31　在 Keycloak 中集成 Twitch 登录

8.4.2　自行实现的一般套路

尽管建议不要自行实现，但总有需要自行实现的时候，比如对接一些非 OIDC 标准的产品时。这时不要慌，只要有套路，实现起来非常简单。这个套路就是在配置 OIDC 提供者时需要填写一些关键信息，其实也是自行实现社交登录插件时的关键步骤，分别说明如下：

- 构建授权链接，将用户重定向至身份源的授权页面，只要用户授权，你的应用就会得到一个授权码。
- 使用授权码换取令牌，做得好一点可以为其实现一个缓存，以在一定时间窗口内减少用户授权的麻烦。
- 使用令牌换取用户个人资料，以用户的身份信息，为其在你的应用中创建持久化的会话。

下面将以在 Keycloak 中开发钉钉登录插件为例说明以上过程。

8.4.3　在 Keycloak 中开发钉钉登录插件

钉钉登录似乎有一些特别，一是笔者没有从官方文档中找到其 OIDC 发现端点，很可能是没有。另外，它有前面讲的三个关键接口，但返回的字段名称却和标准有差异，比如命令风格不是 snake_case，而是 camelCase。总之，笔者没能成功地在 Keycloak 中通过配置的方式实现钉钉登录，不得不写了一个自定义插件。这里就以它为例来说明一下在 Keycloak 中实现自定义社交登录插件的方法。源代码见 https://github.com/Jeff-Tian/keycloak-services-social-dingding。

在介绍开发套路前，先看一下最终如何在 Keycloak 中引入开发完成的插件。

在 Keycloak 中引入的两种方式：

（1）通过手动复制到/providers 目录。

这需要我们在源码所在的目录下执行 mvn clean install，然后在 target 目录找到相应的 JAR 包，并将其复制到 Keycloak 的 providers 目录下。当然，也可以直接下载编译好的 JAR 包，无须自行编译。下载地址是 https://github.com/Jeff-Tian/keycloak-services-social-dingding/packages/1982789。

（2）通过 pom 方式引入。

在 Keycloak 项目的 pom 中引入，然后在 Dockerfile 中编译整个项目，顺带会将该插件编译出来，并统一备份，可以参考 https://github.com/Jeff-Tian/keycloak-heroku/blob/master/pom.xml 和 https://github.com/Jeff-Tian/keycloak-heroku/blob/master/Dockerfile。然而，以上 package 发布到了 GitHub 的仓库，尽管可以手动下载，但是通过 pom 方式引入时却需要一个 token。不过，如果将它发布到 Maven 中央仓库，就不需要 token 了。

通过 pom 方式引入后，还需要在 META-INF/services 中列出对它的引用，参考 https://github.com/Jeff-Tian/keycloak-heroku/blob/master/src/main/resources/META-INF/services/org.keycloak.broker.social.SocialIdentityProviderFactory：

```
org.keycloak.social.dingding.DingDingIdentityProviderFactory
```

接下来介绍开发步骤。

先创建仓库，并建立 pom 文件，见 https://github.com/Jeff-Tian/keycloak-services-social-dingding/blob/main/pom.xml。

（1）构建授权链接。

将用户从你的应用重定向到钉钉的授权页面，即 https://login.dingtalk.com/oauth2/auth。这种方法要做的不多，就是拼接一些参数：

```
@Override
protected UriBuilder createAuthorizationUrl(AuthenticationRequest request) {
    final UriBuilder uriBuilder;

    String ua = request.getSession().getContext().getRequestHeaders().getHeaderString("user-agent");

    uriBuilder = UriBuilder.fromUri(getConfig().getAuthorizationUrl());

    uriBuilder
        .queryParam(OAUTH2_PARAMETER_CLIENT_ID, getConfig().getClientId())
        .queryParam(OAUTH2_PARAMETER_REDIRECT_URI, request.getRedirectUri())
        .queryParam(OAUTH2_PARAMETER_RESPONSE_TYPE, DEFAULT_RESPONSE_TYPE)
        .queryParam(OAUTH2_PARAMETER_SCOPE, getConfig().getDefaultScope())
        .queryParam(OAUTH2_PARAMETER_STATE, request.getState().getEncoded());

    return uriBuilder;
```

```
}
```

详见 https://github.com/Jeff-Tian/keycloak-services-social-dingding/blob/main/src/main/java/org/keycloak/social/dingding/DingDingIdentityProvider.java#L224。

（2）使用授权码换取令牌。

其实就是对钉钉的令牌接口进行一个调用，该接口的地址是 https://api.dingtalk.com/v1.0/oauth2/userAccessToken。之所以不能通过配置方式进行对接，原因之一是这个接口返回的字段名称相比 OIDC 标准来说有些奇怪，所以通过自行写代码就能解决。由于令牌返回后可以在 2 小时内重复使用，因此可以实现一个缓存机制，于是代码看上去有些多，但本质上就是一个 HTTP call，如图 8-32 所示。

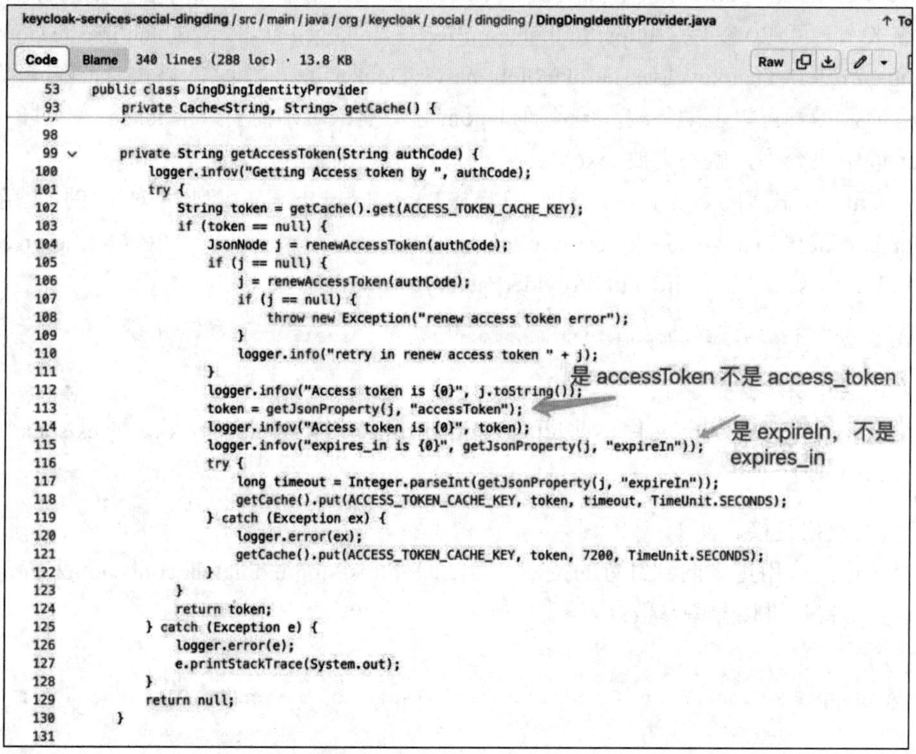
keycloak-services-social-dingding / src / main / java / org / keycloak / social / dingding / DingDingIdentityProvider.java

Code Blame 340 lines (288 loc) · 13.8 KB Raw

```
public class DingDingIdentityProvider
    private Cache<String, String> getCache() {

    private String getAccessToken(String authCode) {
        logger.infov("Getting Access token by ", authCode);
        try {
            String token = getCache().get(ACCESS_TOKEN_CACHE_KEY);
            if (token == null) {
                JsonNode j = renewAccessToken(authCode);
                if (j == null) {
                    j = renewAccessToken(authCode);
                    if (j == null) {
                        throw new Exception("renew access token error");
                    }
                    logger.info("retry in renew access token " + j);
                }
                logger.infov("Access token is {0}", j.toString());
                token = getJsonProperty(j, "accessToken");
                logger.infov("Access token is {0}", token);
                logger.infov("expires_in is {0}", getJsonProperty(j, "expireIn"));
                try {
                    long timeout = Integer.parseInt(getJsonProperty(j, "expireIn"));
                    getCache().put(ACCESS_TOKEN_CACHE_KEY, token, timeout, TimeUnit.SECONDS);
                } catch (Exception ex) {
                    logger.error(ex);
                    getCache().put(ACCESS_TOKEN_CACHE_KEY, token, 7200, TimeUnit.SECONDS);
                }
            }
            return token;
        } catch (Exception e) {
            logger.error(e);
            e.printStackTrace(System.out);
        }
        return null;
    }
```


图 8-32　对接钉钉登录在获取令牌时的注意事项

（3）获取用户资料。

由于钉钉在令牌阶段没有给出用户的识别信息，只能再次调用 https://api.dingtalk.com/v1.0/contact/users/me 接口拿到用户的 OpenID、UnionID 以及手机号、邮箱等信息。这本质上也是一个 HTTP call，但是令牌需要通过 x-acs-dingtalk-access-token 头部携带，非常特别，这也是不能通过配置来实现对接的原因之一。

```
@Override
protected BrokeredIdentityContext extractIdentityFromProfile(
        EventBuilder event, JsonNode profile) {
    logger.info(profile.toString());
```

```java
    BrokeredIdentityContext identity =
            new BrokeredIdentityContext((getJsonProperty(profile, "unionId")));

    identity.setUsername(getJsonProperty(profile, "nick").toLowerCase());
    identity.setBrokerUserId(getJsonProperty(profile, "unionId").toLowerCase());
    identity.setModelUsername(getJsonProperty(profile, "nick").toLowerCase());
    String email = getJsonProperty(profile, "email");
    if (email != null) {
        identity.setFirstName(email.split("@")[0].toLowerCase());
        identity.setEmail(email);
    }
    identity.setLastName(getJsonProperty(profile, "nick"));
    // 手机号码，第三方仅通讯录应用可获取
    identity.setUserAttribute(PROFILE_MOBILE, getJsonProperty(profile, "mobile"));

    identity.setIdpConfig(getConfig());
    identity.setIdp(this);
    AbstractJsonUserAttributeMapper.storeUserProfileForMapper(
            identity, profile, getConfig().getAlias());
    return identity;
}

public BrokeredIdentityContext getFederatedIdentity(String authorizationCode) {
    logger.info("getting federated identity");

    String accessToken = getAccessToken(authorizationCode);
    if (accessToken == null) {
        throw new IdentityBrokerException("No access token available");
    }
    BrokeredIdentityContext context = null;
    try {
        JsonNode profile;
        profile =
                SimpleHttp.doGet(PROFILE_URL, session)
                        .header("x-acs-dingtalk-access-token", accessToken)
                        .asJson();
        logger.info("profile in federation " + profile.toString());

        context = extractIdentityFromProfile(null, profile);
        context.getContextData().put(FEDERATED_ACCESS_TOKEN, accessToken);
    } catch (Exception e) {
        logger.error(e);
        e.printStackTrace(System.out);
    }
    return context;
}
```

完成这三步，一个社交账号登录功能就开发成功了。虽然是以在 Keycloak 中开发钉钉登录举例

的，但其实所有系统中的社交账号登录功能都是这样的套路。

8.5 小　　结

本章介绍了如何在 Duende IdentityServer 中集成 GitHub 和 Epic Games 登录，以及在 Keycloak 中开发钉钉登录插件，并提出和总结了开发社交登录的三步心法。在下一章将给出一个基于 Keycloak 的多因素登录的实现方案。

第 9 章

本部分的总结回顾

本部分主要介绍了身份认证的实战应用,这在工作中可能会非常频繁地使用,因为身份认证是一个非常基础的功能,几乎所有的应用都需要。前面几章分情况介绍了不同的应用场景下如何接入身份认证,本章来做个回顾总结,对它们的一般步骤进行统一梳理。由于在前面提到过,OIDC 协议是首选的,因此接下来的内容都是基于 OIDC 协议的。另外,由于微信登录是非常常见的需求,因此这里将回顾梳理一下对接微信登录的三种方式。

9.1 对接身份认证的一般套路

9.1.1 在身份认证平台注册应用

首先,我们需要在身份认证平台注册应用,这是接入身份认证的第一步。在注册应用时,我们需要提供应用的基本信息,例如应用名称、应用图标、应用描述等。但是,最重要的是需要提供应用的回调地址,这是身份认证平台用来将用户重定向回应用的地址。当然,还需要给应用起个名字,这个名字在身份认证平台中被称为客户端 ID。

表 9-1 注册应用时需要提供的信息

信　　息	描　　述
应用名称	应用的名称,用来标识一个客户端
重定向地址	一个应用端点,用来在用户被授权后从身份认证平台接收一些安全信息

9.1.2 在应用中配置身份认证平台的信息

一般的 OIDC 客户端都会默认从 OIDC 服务器的/.well-known/openid-configuration 端点获取 OIDC 服务器的配置信息,这个端点是 OIDC 协议规定的,所有的 OIDC 服务器都必须实现。在这个端点中,OIDC 服务器会返回一些重要的信息,例如 OIDC 服务器的地址、支持的 OIDC 协议版本、支持的 OIDC 授权类型、支持的 OIDC Response Type、支持的 OIDC Scope、支持的 OIDC 签名算法、支持的 OIDC JWK 签名密钥等。OIDC 客户端会根据这些信息来配置自己的 OIDC 客户端，以便与 OIDC 服务器进行交互。

如果你的 OIDC 客户端不支持从/.well-known/openid-configuration 端点获取 OIDC 服务器的配置信息，那么可以手动配置 OIDC 客户端，将 OIDC 服务器的地址、支持的 OIDC 协议版本、支持的 OIDC 授权类型、支持的 OIDC Response Type、支持的 OIDC Scope、支持的 OIDC 签名算法、支持的 OIDC JWK 签名密钥等信息填写到 OIDC 客户端中。

9.1.3 构造 OIDC 授权请求

在 OIDC 协议中，OIDC 授权请求是 OIDC 客户端向 OIDC 服务器发起的第一个请求，用于请求 OIDC 服务器对用户进行身份认证和授权。OIDC 授权请求中包含 OIDC 客户端的身份信息，以及 OIDC 客户端请求的 OIDC 授权类型、OIDC Response Type、OIDC Scope、OIDC 随机数、OIDC 重定向地址等信息。

这个请求地址可以从 OIDC 服务器的/.well-known/openid-configuration 端点中获取，一般是 https://oidc-server.com/connect/authorize，如图 9-1 所示。

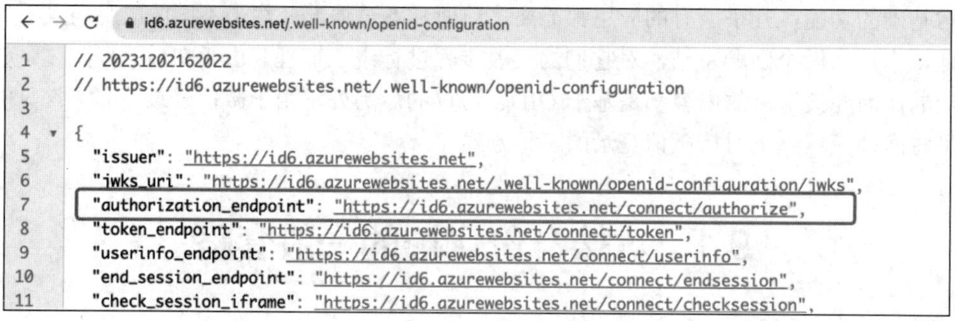

图 9-1　OIDC 授权请求

一个授权请求的 URL 示例如下：

```
https://oidc-server.com/connect/authorize?
    client_id=client_id&
    response_type=code&
    scope=openid%20profile&
    redirect_uri=https%3A%2F%2Fclient.com%2Fcallback&
    state=state&
    nonce=nonce
```

这时浏览器就会被重定向到身份认证平台的域，而身份认证平台最终会展示一个登录页面，让用户输入用户名和密码（或者其他凭据）进行登录。登录成功后，身份认证平台会将用户重定向回应用的回调地址，并在 URL 中带上授权码和状态码，例如：

```
https://client.com/callback?
    code=code&
    state=state
```

9.1.4 构造 OIDC Token 请求

前面应用已经接收到了来自 OIDC 服务器的授权码，接下来需要使用这个授权码来向 OIDC 服务器请求 OIDC Token。OIDC Token 请求是 OIDC 客户端向 OIDC 服务器发起的第二个请求，用于请求 OIDC 服务器颁发 OIDC Token。OIDC Token 请求中包含 OIDC 客户端的身份信息，以及 OIDC 客户端请求的 OIDC Token 类型、OIDC 授权码、OIDC 重定向地址等信息。

这个请求地址可以从 OIDC 服务器的/.well-known/openid-configuration 端点中获取，一般是 https://oidc-server.com/connect/token，如图 9-2 所示。

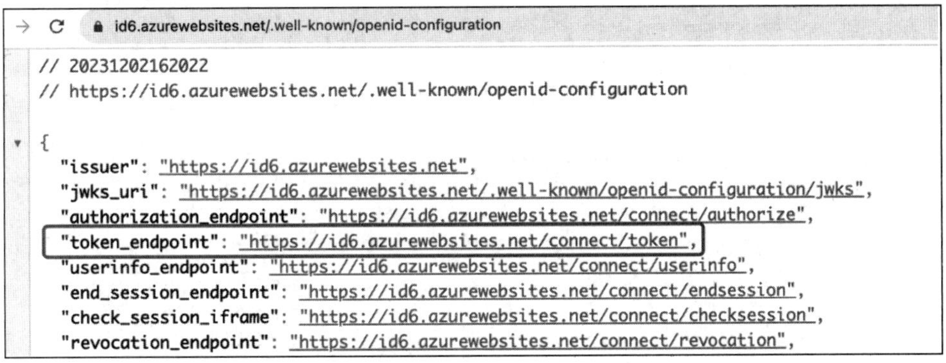

```
→ C    🔒 id6.azurewebsites.net/.well-known/openid-configuration
// 20231202162022
// https://id6.azurewebsites.net/.well-known/openid-configuration
{
    "issuer": "https://id6.azurewebsites.net",
    "jwks_uri": "https://id6.azurewebsites.net/.well-known/openid-configuration/jwks",
    "authorization_endpoint": "https://id6.azurewebsites.net/connect/authorize",
    "token_endpoint": "https://id6.azurewebsites.net/connect/token",
    "userinfo_endpoint": "https://id6.azurewebsites.net/connect/userinfo",
    "end_session_endpoint": "https://id6.azurewebsites.net/connect/endsession",
    "check_session_iframe": "https://id6.azurewebsites.net/connect/checksession",
    "revocation_endpoint": "https://id6.azurewebsites.net/connect/revocation",
```

图 9-2　OIDC Token 请求

一个 OIDC Token 请求的 URL 示例如下：

```
https://oidc-server.com/connect/token?
    client_id=client_id&
    client_secret=client_secret&
    grant_type=authorization_code&
    code=code&
    redirect_uri=https%3A%2F%2Fclient.com%2Fcallback
```

这个请求可以使用 HTTP GET 或者 HTTP POST 方法发送，但是一般情况下，我们会使用 HTTP POST 方法发送这个请求，因为这个请求中包含客户端的机密信息，例如客户端的密钥，如果使用 HTTP GET 方法发送这个请求，那么这些机密信息会暴露在 URL 中，这是非常危险的。

以上请求得到的成功响应往往类似下面的格式：

```
{
  "id_token": "eyJhbGciOi...",
  "access_token": "eyJhbGciOi...",
  "expires_in": 1800,
  "token_type": "Bearer",
  "refresh_token": "D8C63836215563320F809E29EB57D1B23DD3792722C6DFE07B99199E154B4412-1",
  "scope": "openid email profile offline_access"
}
```

9.1.5 使用 OIDC Token 请求 OIDC 用户信息

前面已经成功从 OIDC 服务器获取到了 OIDC Token，接下来使用这个 OIDC Token 来请求 OIDC 用户信息。OIDC 用户信息请求是 OIDC 客户端向 OIDC 服务器发起的第三个请求，用于请求 OIDC 服务器返回 OIDC 用户信息。OIDC 用户信息请求中包含 OIDC 客户端的身份信息，以及 OIDC 客户端请求的 OIDC Token、OIDC 用户信息等信息。

这个请求地址可以从 OIDC 服务器的 /.well-known/openid-configuration 端点中获取，一般是 https://oidc-server.com/connect/userinfo，如图 9-3 所示。

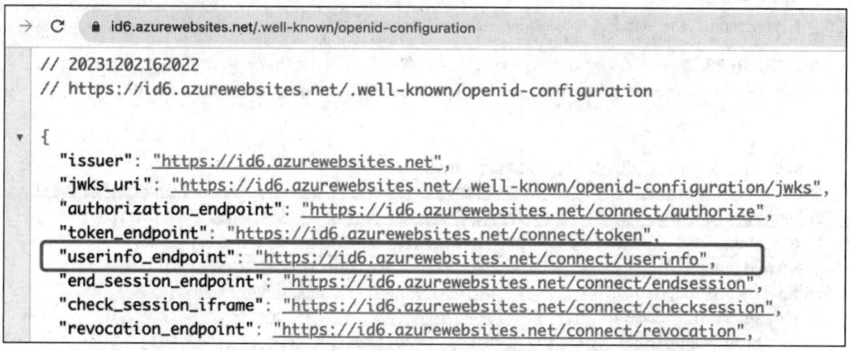

图 9-3 OIDC 用户信息请求

一个 OIDC 用户信息请求的 URL 示例如下：

```
https://oidc-server.com/connect/userinfo?
    access_token=access_token
```

这个请求可以使用 HTTP GET 或者 HTTP POST 方法发送，但是一般情况下，我们会使用 HTTP GET 方法发送这个请求，因为这个请求中不包含任何机密信息。

以上请求得到的成功响应往往类似下面的格式：

```
{
  "sub": "d9df1959-7a18-4753-8642-c0ec0d20ae67",
  "email": "jeff.tian@outlook.com",
  "preferred_username": "jeff-tian",
  "name": "jeff",
  "email_verified": true
}
```

9.1.6 调用退出端点

当想要登出用户时，需要将用户重定向到身份认证平台的结束会话端点，同时带有从令牌端点获取的 id_token 以及应用程序的 URL。例如：

```
https://oidc-server.com/connect/endsession?id_token_hint=${id_token}&post_logout_redirect_uri=${encodeURIComponent(`应用地址`)}
```

具体的退出登录端点地址可以从 OIDC 服务器的 /.well-known/openid-configuration 端点中获取，一般是 https://oidc-server.com/connect/endsession，如图 9-4 所示。

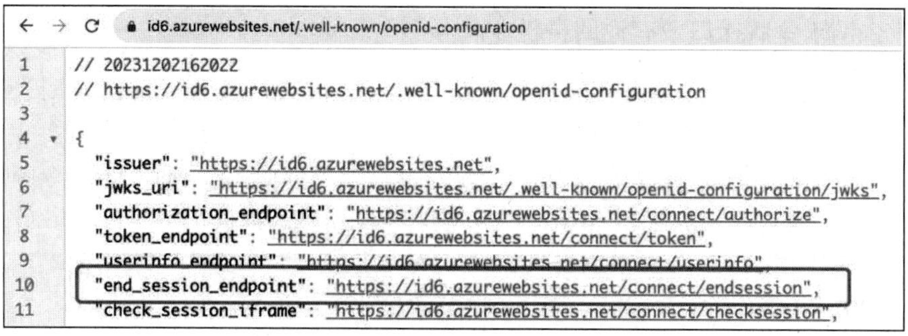

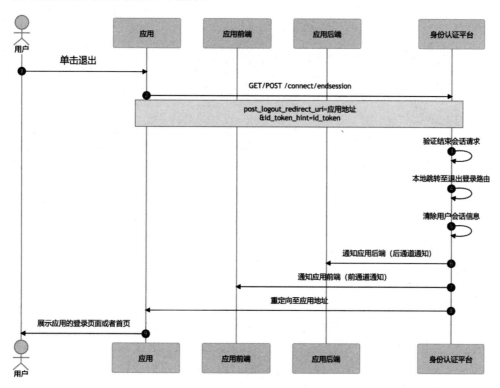

图 9-4　OIDC 退出端点

一个典型的退出时序图如图 9-5 所示。

图 9-5　OIDC 退出时序图

9.1.7　相关故障排除指引

本小节列出一些常遇到的问题以及解决方案。

1. 为什么获取到的用户信息中没有邮箱

检查一下在调用授权端点时，有没有传入 email 这个 scope？如果这一步没有传 email，而仅在之后获取用户令牌以及获取用户信息时传入 email scope 的话，是拿不到用户的 email 的。因为在之前的授权步骤，用户没有机会授权 email。如果没有请求 email，那么它就不会返回。典型的范围是 OpenID profile email。

2. 为什么请求令牌接口没有返回身份令牌

原因同上。检查一下在调用授权端点时有没有传入 OpenID 这个 scope？如果这一步没有传 OpenID，而仅在之后获取用户令牌时传入 OpenID scope 的话，是拿不到身份令牌的。因为在之前的授权步骤，用户没有机会授权 OpenID。如果在授权时没有请求 OpenID，即使在请求令牌时有 OpenID 这个 scope，那么它仍然不会返回 id_token，因为没有得到用户的授权，如图 9-6 所示。

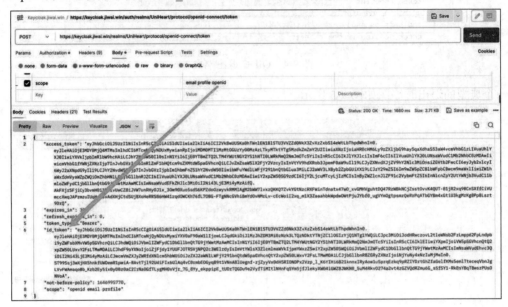

图 9-6   OIDC 授权请求中的 id_token

总之，要获取用户的哪部分信息，就得让用户授权相应的 scope。一般常用的 scope 是"OpenID profile email"。

3. 为什么请求令牌接口没有返回刷新令牌

和上面的问题一样，这也是由于 scope 的原因。检查一下在调用授权端点时有没有传入 offline_access 这个 scope？如果这一步没有传 offline_access，而仅在之后获取用户令牌时传入 offline_access scope 的话，是拿不到刷新令牌的。因为在之前的授权步骤，用户没有机会授权 offline_access。如果在授权时没有请求 offline_access，即使在请求令牌时有 offline_access 这个 scope，那么它仍然不会返回 refresh_token，因为没有得到用户的授权。如果需要获取刷新令牌，以及上面提到的身份令牌，那么 scope 应该是"OpenID profile email offline_access"。

4. 为什么无法退出

检查你的应用程序是否正确配置，特别是关于结束会话端点的部分，否则很可能会发生虚假地重定向到一个退出登录的页面，用户一旦单击重新登录，则无须输入用户凭据即可直接登录。

当应用退出登录时，需要将用户重定向至结束会话端点，并传入用户的身份令牌以及登录完成后的跳转链接。比如：

```
https://authorization.server/connect/endsession?id_token_hint=${id_token}&post_logout
_redirect_uri=${encodeURIComponent(`application url`)}
```

这样，用户在退出登录时会看到类似如图 9-7 所示的页面。

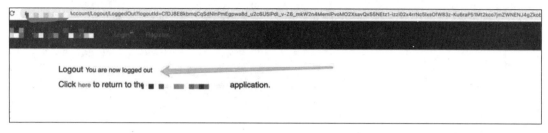

图 9-7　OIDC 退出登录页面

更多详细讨论可以参考第 13 章。

9.2　以 Keycloak 为例做个梳理

本节以 Keycloak 为例详解一下常见的"授权码许可"。"授权码许可"是通过授权码 code 来获取用户级别的访问令牌的，Keycloak 是 OAuth 2.0 协议的一个具体实现，本节以 Keycloak 为例详解其中的步骤。再次使用笔者部署在 Heroku 上的 Keycloak 实例：https://keycloak.jiwai.win。

9.2.1　涉及的请求端点

本实例要讨论的是"授权码许可"，本质上是通过一个临时 code 来换取 token 信息，其中涉及两个请求端点：

- auth，用来获取 code。要换取 code 就需要登录 Keycloak。可以通过多种凭证登录，具体看该 Keycloak 的设置。笔者的 Heroku 实例目前设置了用户名和密码，以及一些第三方登录方式。
- token，用来获取 token 信息，需要带上所获取到的 code 这两个端点的具体地址，可以通过打开 Keycloak 的 OIDC 发现接口来获取，如图 9-8 所示。

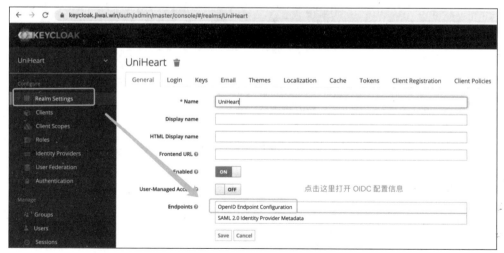

图 9-8　OIDC 端点信息

单击打开后可以看到如图 9-9 所示的 URL 列表。

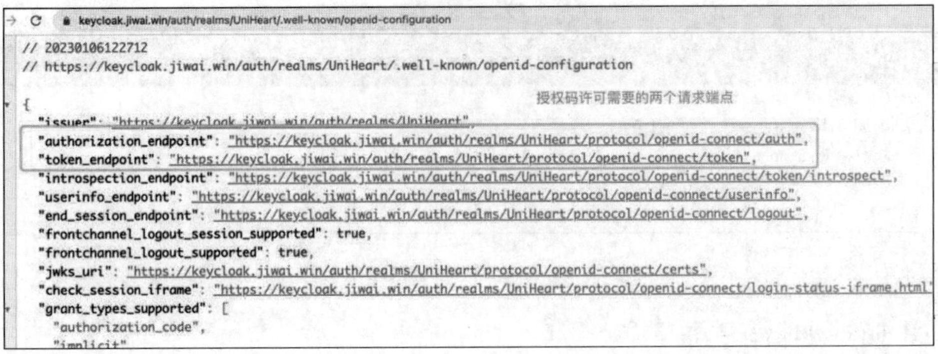

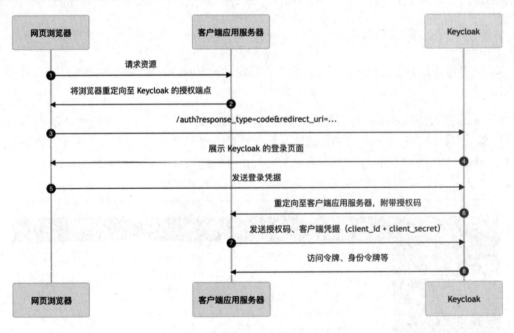

图 9-9　OIDC 发现端点

9.2.2　流程图概览

整体流程如图 9-10 所示，基本上是先通过 auth 请求端点，打开 Keycloak 登录页面。在登录完成后，Keycloak 回调指定的 redirect_uri，并在 URL 上通过请求参数带上 code。接着，通过 token 请求端点，带上获取的 code 换取 token 信息。

图 9-10　Keycloak 的授权码许可流程图

9.2.3　步骤详解

1. 客户端配置

要使用该许可流程，需要先有一个客户端，并且开启标准流程，如图 9-11 所示。

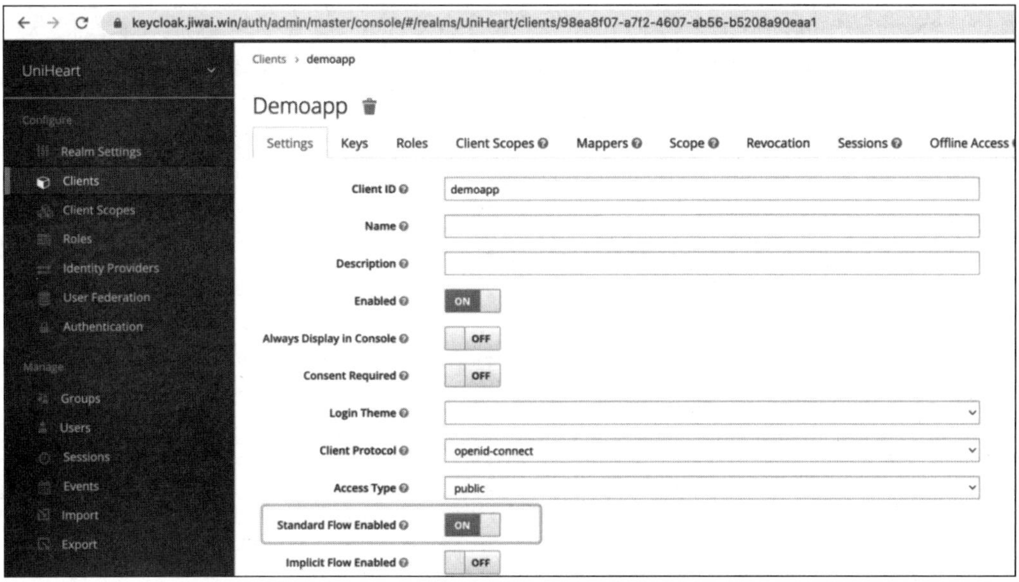

图 9-11　开启标准流程

同时，需要配置好回调 URL，它用来接收 Keycloak 传来的 code。由于现在是手动模式，可以随便配置一个，不用真的写代码来实现这个回调 URL 页面，打不开也没有关系，如图 9-12 所示。

图 9-12　配置回调 URL

2. 调用 auth 端点

这一步必须使用浏览器输入这个端点 URL。用 Postman 虽然可以打开页面，但在登录环节可能会有问题。总之，授权码许可就是用在浏览器场景的，所以使用浏览器打开这个端点，碰到的问题最少。

这个端点需要一些参数，为了方便展示，这里仍然使用 Postman 截图，如图 9-13 所示。

为了拿到 code，这时可以打开浏览器，并打开开发者工具面板，定位到网络标签页。这时在浏览器地址栏打开上面的链接即可，比如 https://keycloak.jiwai.win/auth/realms/UniHeart/protocol/openid-connect/auth?response_type=code&client_id=demoapp&redirect_uri=http%3A%2F%2Flocalhost%3A8080&state=1234&scope=openid，打开链接后，展示的是 Keycloak 的登录页面，登录完成后，会展示一个打不开的页面，如 http://localhost:8080/?state=1234&session_state=b4d51dd8-1328-4f48-a20f-49ddd86ed92f&code=0e267247-d1d5-408f-a743-521ec7117c93.b4d51dd8-1328-4f48-a20f-49ddd86ed92f.98ea8f07-a7f2-4607-ab56-b5208a90eaa1，如图 9-14 所示。

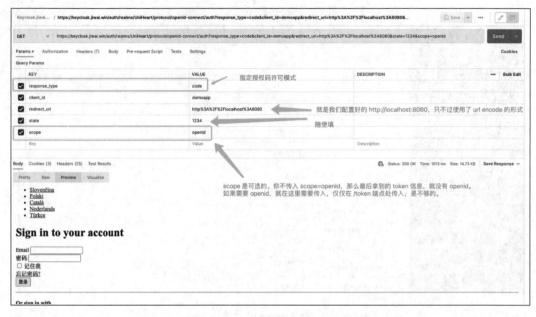

图 9-13　使用 Postman 调用 Keycloak 的授权端点

图 9-14　获取 Keycloak 的授权码

这样，对 auth 端点的调用就完成了。

3. 调用 token 端点

这是一个 POST 请求，通过浏览器就不方便手动操作了。可以使用 Postman 拼接如图 9-15 所示的参数。

拼接好了请求并执行，就能获取用户的 token 信息了。可以通过 jwt.io 来查看 id_token 的详情，如图 9-16 所示。

图 9-15　使用 Postman 获取 Keycloak 的令牌

图 9-16　查看 Keycloak 的令牌信息

4. 排障指南

1）token 结果中没有 id_token

虽然调用 token 端点时指定了 OpenID scope，仍然没有返回 id_token 的结果，如图 9-17 所示。

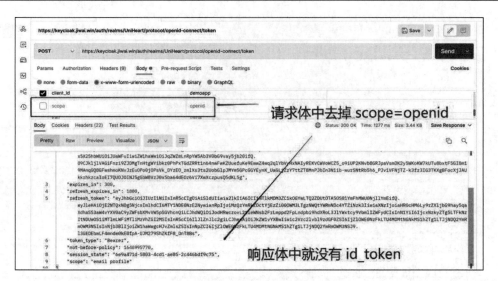

图 9-17　没有获取到 id_token

这是由于前一步调用 auth 端点时没有指定 OpenID scope 造成的。解决办法详见"调用 auth 端点"中的截图，需要在调用 auth 端点时就带上可选参数 scope。

2）调用 token 端点时返回 invalid_grant

碰到 invalid-grant 错误，如图 9-18 所示。

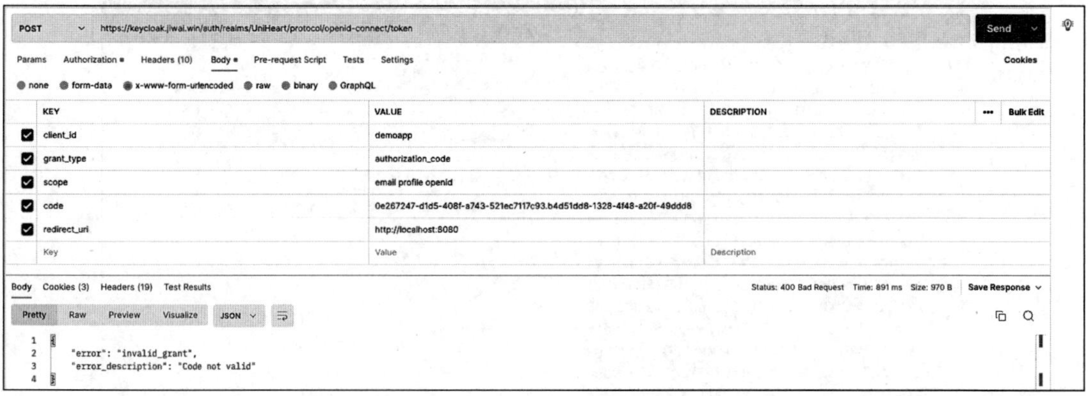

图 9-18　碰到 invalid-grant 错误

要么是因为 code 不正确，要么是因为 code 虽然正确，但已经过期了。解决办法是回到"调用 auth 端点"那一步，获取一个新的 code，并且立即粘贴到对 token 端点的调用处进行执行，在这一步骤中，速度要快。

9.3　以一个集成测试结束

本部分通过丰富的案例讲解了如何对接身份认证平台，其中最为核心的是要熟练掌握 OIDC 的授权码许可流程，掌握了它，其他的许可类型都会相对简单，并且还能基于授权码许可做出一些灵活的变化，这些灵活变化将在第 3 部分做一些具体的探讨。

纸上得来终觉浅，绝知此事"得写个测试"。

—— Jeff Tian

为了更好地理解身份认证的各种细节，我们将以一个集成测试结束本部分的内容，通过完成这样一个集成测试，对以后自己实现 OIDC 服务非常有帮助，只需要验证一下这个集成测试是否通过，就可以保证自己实现的 OIDC 服务是符合标准的。

在第 1 章中的 1.4.2 节中，我们已经知道，认证过程中会涉及好几个跳转流程：要登录一个应用，先跳转到授权服务，展示一个登录界面。用户输入凭据后，拿到授权码返回应用前端。应用服务从其前端的 URL 上查询字符串中获取到的授权码，结合预先申请的客户端凭据向授权服务器换取用户的令牌。总结出来的 OIDC 时序图如图 9-19 所示。

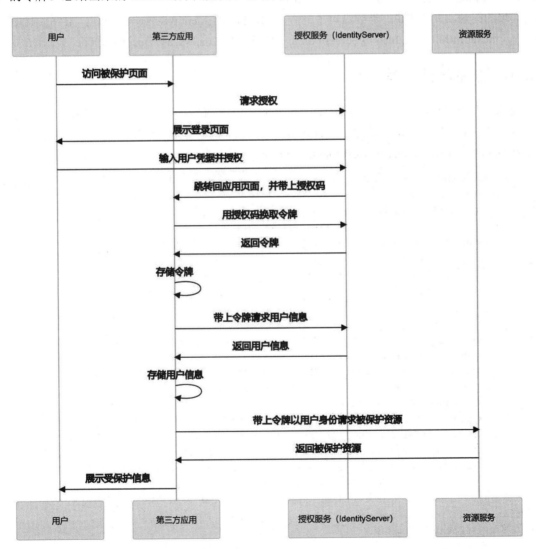

图 9-19　OIDC 时序图

在实际情况下，图 9-19 中的第三方应用包含前端应用和后端应用。前端应用和用户打交道，而像换取令牌等步骤应该在后端完成以保证不泄露应用密钥。不过，对于授权码流程来说，这个第三方应用就是授权服务器的客户端，在整个流程中，我们先将它作为一个整体来看待。

画出这样的序列图仍然是纸上谈兵。能画出序列图和能写出代码是两回事。下面我们来写段代码，验证一下自己是否完全搞懂了这个流程。通过裸写一个客户端来和 OIDC 身份认证服务器打交道。

除在全新构建这样的 OIDC 服务时可以将它作为一个可运行的验证参考外，其实它还是一个可以重复运行的自动化测试用例。这样，也可以作为一个安全栅栏，方便自己后续迭代 OIDC 身份认证服务器时不会带来功能性的破坏。

我们将使用 .NET Core 来实现这个客户端，因为 .NET Core 是一个跨平台的框架，可以在 Windows、Linux、macOS 上运行。这样，我们就可以在任何一台计算机上运行这个客户端，而不用担心环境的问题。具体来说，继续沿用了笔者在 GitHub 的 IdentityServer 代码库，最终代码提交见 https://github.com/Jeff-Tian/IdentityServer/commit/31e35dd0526ad887aa7f3eec899990ae737fed9d。

9.3.1 添加测试工程

要添加自动化测试，会调用 Host.Main 下运行的 Web 服务，所以需要引用 Host.Main.csproj 工程。由于是测试工程，因此需要引用 Microsoft.NET.Test.Sdk。总之，最后的测试工程描述文件如下（Host.Main.Test/Host.Main.Test/Host.Main.Test.csproj）：

```xml
<Project Sdk="Microsoft.NET.Sdk">
    <PropertyGroup>
        <TargetFramework>net6.0</TargetFramework>
        <ImplicitUsings>enable</ImplicitUsings>
        <Nullable>enable</Nullable>

        <IsPackable>false</IsPackable>
    </PropertyGroup>

    <ItemGroup>
        <PackageReference Include="Microsoft.NET.Test.Sdk" Version="17.1.0"/>
        <PackageReference Include="NUnit" Version="3.13.3"/>
        <PackageReference Include="NUnit3TestAdapter" Version="4.2.1"/>
        <PackageReference Include="NUnit.Analyzers" Version="3.3.0"/>
        <PackageReference Include="coverlet.collector" Version="3.1.2"/>
        <PackageReference Include="xunit.assert" Version="2.4.2"/>
        <PackageReference Include="xunit.extensibility.core" Version="2.4.2"/>
        <PackageReference Include="xunit.extensibility.execution" Version="2.4.2"/>
        <PackageReference Include="xunit.runner.visualstudio" Version="2.4.5">
            <PrivateAssets>all</PrivateAssets>
            <IncludeAssets>runtime; build; native; contentfiles; analyzers; buildtransitive</IncludeAssets>
        </PackageReference>
    </ItemGroup>

    <ItemGroup>
```

```xml
        <ProjectReference 
Include="..\..\hosts\AspNetIdentity\Host.AspNetIdentity.csproj"/>
        <ProjectReference Include="..\..\hosts\main\Host.Main.csproj"/>
    </ItemGroup>
</Project>
```

9.3.2 添加测试类

这个测试会启动 Host.Main 主工程的 Web 服务，因此测试类需要实现 IClassFixture<WebApplicationFactory>接口，一般单元测试是不用这样的。

```csharp
// Host.Main.Test/Host.Main.Test/IntegrationTest/IdTokenTest.cs

public class IdTokenTest : IClassFixture<WebApplicationFactory<Program>> {
    private readonly ITestOutputHelper _testOutputHelper;
    private readonly HttpClient _client;

    public IdTokenTest(WebApplicationFactory<Program> factory, ITestOutputHelper
testOutputHelper) {
        _testOutputHelper = testOutputHelper;
        _client = _factory.CreateClient(new WebApplicationFactoryClientOptions
        {
            AllowAutoRedirect = false,
        });
    }
}
```

其中 Program 类是主工程启动 Web 服务的入口类。由于 Dotnet 允许入口文件不写类，因此你的入口文件可能是没有类的。但是如果要允许测试工程启动，就必须定义一个类，哪怕是一个空的 partial 类：

```csharp
public partial class Program {}
```

另外，注意在实例化 _client 时，一定将选项中的 AllowAutoRedirect 设置为 false。它默认为 true，会自动跟踪 302 页面跳转。在很多时候，这会让我们更省心，少写很多代码。但是测试中会涉及很多跳转，特别是将授权码回传给第三方应用时需要拦截 URL，并从查询字符串中提取这个授权码，所以一定不能使用默认的跟踪 302 页面跳转功能。

9.3.3 配置发现

自动从配置接口获取后面需要用到的 API 端点：

```csharp
var response = await _client.GetAsync("/.well-known/openid-configuration");
response.EnsureSuccessStatusCode();
json.TryGetValue("token_endpoint", out _tokenEndpoint);
Assert.Equal("https://localhost/connect/token", _tokenEndpoint.ToString());
var userInfoEndpoint = json["userinfo_endpoint"];
Assert.Equal("https://localhost/connect/userinfo", userInfoEndpoint.ToString());
```

9.3.4 登录授权

这一步特别难，因为需要用户输入用户名和密码，也就是需要将页面解析出来，并使用原始 HTTP 请求来模拟表单提交。

```csharp
const string redirectUrl = "http://localhost:3000/api/auth/callback/id6";

var requestUri =
    $"{_authorizeEndpoint}?client_id=inversify&response_type=code&scope=openid%20profile&redirect_uri={redirectUrl}&state=123&nonce=xyz";

var authPage =
    await _client.GetAsync(
        requestUri);
authPage.Headers.Location.Should().Be(
    "https://localhost/Account/Login?ReturnUrl=%2Fconnect%2Fauthorize%2Fcallback%3Fclient_id%3Dinversify%26response_type%3Dcode%26scope%3Dopenid%2520profile%26redirect_uri%3Dhttp%253A%252F%252Flocalhost%253A3000%252Fapi%252Fauth%252Fcallback%252Fid6%26state%3D123%26nonce%3Dxyz");

var redirectedAuthPage = await _client.GetAsync(authPage.Headers.Location);
var authPageContent = await redirectedAuthPage.Content.ReadAsStringAsync();

var doc = new HtmlDocument();
doc.LoadHtml(authPageContent);

var loginUrl = doc.DocumentNode.Descendants("form")
    .FirstOrDefault()?.GetAttributeValue("action", "");
loginUrl = $"http://localhost{loginUrl}";

if (string.IsNullOrEmpty(loginUrl))
{
    throw new InvalidOperationException("Cannot find login URL.");
}

var inputs = doc.DocumentNode.Descendants("input")
    .Where(i => i.GetAttributeValue("type", "").Equals("text") ||
                i.GetAttributeValue("type", "").Equals("password"))
    .ToDictionary(i => i.GetAttributeValue("name", ""), i => i.GetAttributeValue("value", ""));

inputs["Input.Username"] = "alice";
inputs["Input.Password"] = "alice";
inputs["Input.Button"] = "login";

var requestVerificationTokenInput = doc.DocumentNode.Descendants("input")
    .FirstOrDefault(i => i.GetAttributeValue("name", "").Equals("__RequestVerificationToken"));

if (requestVerificationTokenInput != null)
{
```

```
        inputs["__RequestVerificationToken"] =
requestVerificationTokenInput.GetAttributeValue("value", "");
    }

    var returnUrlInput = doc.DocumentNode.Descendants("input")
        .FirstOrDefault(i => i.GetAttributeValue("name", "").Equals("Input.ReturnUrl"));

    if (returnUrlInput is not null)
    {
        var returnUrl = WebUtility.HtmlDecode(returnUrlInput.GetAttributeValue("value", ""))
            .Replace(" ", "%20");
        inputs["Input.ReturnUrl"] = returnUrl;
    }

    var loginRequest = new HttpRequestMessage(HttpMethod.Post, loginUrl)
    {
        Content = new FormUrlEncodedContent(inputs),
    };

    var loginResponse = await _client.SendAsync(loginRequest);
    Assert.Equal(HttpStatusCode.Redirect, loginResponse.StatusCode);
    var cookie = loginResponse.Headers.GetValues("Set-Cookie");
    var cookieString = string.Join(";", cookie);
    _testOutputHelper.WriteLine(cookieString);
```

首先，由于禁用了自动跟踪 302 跳转，因此这里不得不手动从响应头的 Location 字段获取跳转后的 URL 并再次请求该 URL；由于请求该 URL 后打开一个需要用户交互的登录页面，因此接着使用 HtmlDocument 来加载这个页面；然后要查询表单中的输入框以设置测试用户名和密码。不仅如此，还得寻找隐藏字段并记录下来，在后面的表单提交中发送，不然会得到 400 Bad Request。

在后面的表单提交之后，还得再次手动从响应头中获取 Set-Cookie 字段的值并保存下来，并在后面请求令牌时带上，不然会再次被跳转到登录页。要不是写了这个测试，笔者还真不知道这一点。这就是前面说 "绝知此事需要写一个测试" 的原因。

9.3.5　处理回调以及提取授权码

登录成功后，登录响应不仅设置了 Cookie，还将授权码附加在了跳转目标的 URL 上。除了保存 Cookie 外，还需要从登录响应头的 Location 字段中提取授权码。虽然这一步骤简单，但有些琐碎，好在 ChatGPT 在这方面编写的代码完全不需要修改：

```
    var callbackRequest = new HttpRequestMessage(HttpMethod.Get,
loginResponse.Headers.Location);
    callbackRequest.Headers.Add("Cookie", cookieString);
    var callbackResponse = await _client.SendAsync(callbackRequest);
    Assert.Equal(HttpStatusCode.Redirect, callbackResponse.StatusCode);
    Assert.Contains(redirectUrl, callbackResponse.Headers.Location?.ToString());

    var loginContent = callbackResponse.Headers.Location?.ToString();
```

```
var start = loginContent.IndexOf("code=", StringComparison.Ordinal) + 5;
var end = loginContent.IndexOf("&", start, StringComparison.Ordinal);
var code = loginContent.Substring(start, end - start);
_testOutputHelper.WriteLine(code);
```

9.3.6 请求令牌

经过了上面的复杂过程,这一步就相对简单得多:

```
var tokenResponse = await _client.RequestAuthorizationCodeTokenAsync(new
AuthorizationCodeTokenRequest
{
    Address = _tokenEndpoint.ToString(),
    ClientId = "inversify",
    ClientSecret = "id6_secret",
    RedirectUri = redirectUrl,
    Code = code
});
tokenResponse.AccessToken.Should().NotBeNullOrWhiteSpace();
tokenResponse.IdentityToken.Should().NotBeNullOrWhiteSpace();
```

9.3.7 请求用户信息

前面的测试覆盖了 OAuth 2.0 的授权码协议部分。我们顺便再验证一下用户信息端点,验证 OIDC 的能力。

```
var userInfoResponse = await _client.GetUserInfoAsync(new UserInfoRequest
{
    Address = userInfoEndpoint.ToString(),
    Token = tokenResponse.AccessToken
});

_testOutputHelper.WriteLine(userInfoResponse.Json.ToString());
userInfoResponse.Json.ToString().Should().Be("""
{"name":"Alice Smith","given_name":"Alice","family_name":"Smith","website":"http://alice.com","sub":"1"}
""");
```

9.3.8 总结

通过这个测试,读者不仅可以理解整个授权码流程(比如 Cookie 的重要性),还能够学会如何写 Dotnet Web 服务的集成测试。

高级主题

在本书的第 3 部分,我们将探讨一些身份认证领域的高级主题,包括微信小程序、GraphQL 等不同但日趋重要的技术栈,并通过实例讲解设备码、令牌交换等入门级别不太容易接触到的进阶话题。这些主题将帮助你深入理解身份认证的更多细节和实践技巧,以应对更复杂的认证场景。

通过本部分的学习,你将了解一些高级认证技术和解决方案,以及如何应对安全性和性能方面的挑战。我们将逐章详述每个主题,并提供实际示例和最佳实践。

在每个章节中,我们将深入探讨各个主题的原理、概念和实践技巧。无论你是初学者还是有经验的开发者,本部分都将为你提供有价值的知识和见解,帮助你更好地应对现实世界中的身份认证挑战。

让我们开始探索身份认证的高级主题吧!

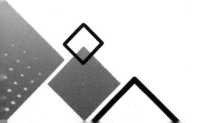

第 10 章

如何在微信小程序中集成认证平台

微信小程序作为一种流行的移动应用开发平台,为开发者提供了构建轻量级应用的便捷方式。本章将探讨如何在微信小程序中集成身份认证平台,以实现用户认证和授权功能。

身份认证在微信小程序中具有重要的作用,它可以帮助我们确认用户的身份,并提供相应的权限和访问控制。通过集成认证平台,我们可以实现安全可靠的用户认证流程,并保护用户的敏感信息和应用数据。

让我们开始探索如何在微信小程序中实现身份认证吧!

10.1 和 Web 相比,微信小程序有哪些限制

微信小程序作为一种独立的应用开发平台,与传统的 Web 应用相比,存在一些特定的限制和差异。了解这些限制对于在微信小程序中集成身份认证平台至关重要。本节将介绍微信小程序相对于 Web 应用的主要限制。

和原生 App 相比,微信小程序的优势在于开发成本低、开发周期短、发布和更新速度快。和 Web 应用相比,微信小程序的优势在于可以获得更好的用户体验,可以获得更多的用户、更好的推广效果。因此,微信小程序在一些特定的场景下是一个非常好的选择。比如家政服务业、汽车站购票等低频服务行业或者部分工具类产品;又或者已有 App,但是将微信小程序作为增量渠道(阿迪达斯就是这样做的);又或者是为初创团队的产品模式探路(比如池建强老师从极客时间出来后,成立的创业团队就聚焦在"墨问便签"小程序产品上)。当决定好要做微信小程序后,还需要了解微信小程序有如下限制。

- 运行环境限制:微信小程序运行在微信客户端中,无法直接在浏览器中访问。因此,一些基于浏览器的功能(如 Cookie 等)在微信小程序中不可用。
- 网络请求限制:微信小程序中的网络请求受到严格的安全策略限制,只能发送 HTTPS 请求,且只能访问特定的域名。这意味着在集成身份认证平台时,需要确保认证服务提供商的域

名在微信小程序的白名单中。
- 文件系统限制：微信小程序具有受限的文件系统访问权限，只能访问小程序自身的文件系统，无法直接读取用户本地文件或系统文件。
- UI 组件限制：微信小程序提供了一组特定的 UI 组件，相对于 Web 应用的 UI 组件更加有限。需要根据微信小程序的组件库进行布局和样式设计。
- 代码运行限制：微信小程序使用的是基于 JavaScript 的开发语言，但与 Web 应用相比，微信小程序的 JavaScript 运行环境具有一些差异。需要熟悉微信小程序的开发规范和限制，以确保身份认证功能的正确实现。
- 发布和更新限制：要发布和更新微信小程序，需要接受微信团队的审核，无法像 Web 一样快速迭代。对于部分产品的类目，微信小程序团队是不允许通过的。

在集成身份认证平台时，我们需要考虑并适应这些限制，确保我们选择的认证平台与微信小程序的特性和限制相匹配，以便实现安全可靠的用户认证和授权功能。

> **提 示**
>
> 尽管在微信小程序中没有像浏览器那样的原生 Cookie 存储，但如果有需要，比如在和身份认证平台交互过程中，非常需要客户端有 Cookie 存取功能的话，可以使用自定义的 Cookie 存储来实现，这样可以达到一种跨浏览器与微信小程序的单点登录的效果。

自定义 Cookie 存储

在微信小程序中，虽然没有原生的 Cookie 存储功能，但是我们可以通过自定义 Cookie 存储来实现。具体的做法是，将 Cookie 存储在微信小程序的本地存储中，然后在每次请求时，将 Cookie 从本地存储中取出，并添加到请求的 Header 中。这样就可以实现在微信小程序中使用 Cookie 的功能。不过，要管理 Cookie 存储是一件比较烦琐的事情，好在可以利用开源库 tough-cookie 来帮我们管理 Cookie 的存储。这样，我们自己需要做的事情就会简单很多，只需封装一些需要用到的上层 API 即可。如果我们使用了 TypeScript 开发微信小程序，那么会将封装好的上层 API 放在 browser-cookie.ts 文件中。下面将使用一系列的测试用例来说明这些 API 的使用方法。

```typescript
import {Cookie} from "tough-cookie";
import * as assert from "assert";
import {BrowserCookieStore} from "./browser-cookie";

describe('模拟浏览器中的 Cookie 存储', () => {
    const sut = new BrowserCookieStore()

    it('在未存储任何 Cookie 时，查找域名为 test，路径为 test 并且键值为 key 的单个 Cookie 结果为空', (done) => {
        sut.findCookie("test", "test", "key", (_err: Error | null, cookie: Cookie | null) => {
            expect(cookie).toEqual(null);

            done()
        });
    })
```

```typescript
    it('在未存储任何Cookie时,查找域名为test,路径为test下的所有Cookie列表,列表长度为0', (done) => {
        sut.findCookies("test", "test", false, (_err: Error | null, cookies: Cookie[] | null) => {
            expect(cookies).toBeDefined()
            expect(cookies!.length).toEqual(0)
            done()
        });
    })
    it('在未存储任何 Cookie 时,获取所有的 Cookie,结果为长度是 0 的空数组', (done) => {
        sut.getAllCookies((_err: Error | null, cookies: Cookie[]) => {
            expect(cookies.length).toEqual(0)
            done()
        })
    })
    it('存储 Cookie 之后,获取到的 Cookie 列表有值', (done) => {
        sut.putCookie(Cookie.parse("foo=bar")!, (err: Error | null) => {
            expect(err).toEqual(null)

            sut.getAllCookies((_err, cookies) => {
                // 存储了一个 Cookie 后,获取所有的 Cookie,结果为长度是 1 的数组
                expect(cookies.length).toEqual(1)

                sut.putCookie(Cookie.parse("joe=doe")!, (err2) => {
                    expect(err2).toEqual(null)

                    sut.getAllCookies((_, allCookies) => {
                        // 又存储了一个 Cookie,获取所有的 Cookie,结果为长度是 2 的数组
                        expect(allCookies.length).toEqual(2)
                    })
                })
                done()
            })
        })
    })
    it('删除 Cookie', (done) => {
        sut.getAllCookies((_err, cookies) => {
            // 前面的测试用例已经存储了两个 Cookie,所以这里获取到的 Cookie 数组长度为 2
            expect(cookies.length).toEqual(2)

            sut.removeCookie('', '', 'foo', (err2) => {
                expect(err2).toEqual(null)

                sut.getAllCookies((_, allCookies) => {
                    // 删除了一个 Cookie,获取所有的 Cookie,结果为长度是 1 的数组
                    expect(allCookies.length).toEqual(1)
                    done()
                })
            })
        })
    })
    it('一次删除所有的 Cookie', (done) => {
```

```
        sut.getAllCookies((_err, cookies) => {
            // 上面的用例已经删除了一个 Cookie，所以这里获取到的 Cookie 数组长度为 1
            expect(cookies.length).toEqual(1)
            sut.removeCookies('', '', () => {
                sut.getAllCookies((_, allCookies) => {
                    // 将 Cookie 全部删除后，获取所有 Cookie，得到的结果是空数组
                    expect(allCookies.length).toEqual(0);
                    done();
                })
            })
        })
    })
    it('更新 Cookie', (done) => {
        const cookie = Cookie.parse('foo=bar')
        assert.ok(cookie)
        sut.putCookie(cookie, () => {
            sut.getAllCookies((_, allCookies) => {
                // 存储了一个 Cookie，获取所有的 Cookie，结果为长度是 1 的数组
                expect(allCookies.length).toEqual(1)
                // 存储的 Cookie 的值为 foo=bar
                expect(document.cookie).toEqual('foo=bar')

                // 更新 Cookie 的值为 foo=doe
                const newCookie = Cookie.parse('foo=doe')
                assert.ok(newCookie)
                sut.updateCookie(cookie, newCookie, () => {
                    // 验证更新后的 Cookie 的值为 foo=doe
                    expect(document.cookie).toEqual('foo=doe')
                    done()
                })
            })
        })
    })
})
```

我们封装好的 browser-cookie.ts 文件的内容如下：

```
import {Cookie, CookieJar, Store} from "tough-cookie";

type FindCookiesCallback = (err: (Error | null), cookie: Cookie[]) => void

export class BrowserCookieStore implements Store {
    synchronous: boolean;

    findCookie(domain: string, path: string, key: string, cb: (err: (Error | null), cookie: (Cookie | null)) => void): void {
        const decodedCookie = decodeURIComponent(document.cookie)

        decodedCookie.split(';').forEach(c => {
            while (c.startsWith(' ')) {
                c = c.substring(1)
```

```
        }

        const name = key + '='
        if (c.startsWith(name)) {
            cb(null, Cookie.parse(c.substring(name.length, c.length)) ?? null)
        }
    });

    cb(null, null)
}

findCookies(domain: string, path: string, cb: FindCookiesCallback): void
findCookies(domain: string, path: string, allowSpecialUseDomain: boolean, cb: FindCookiesCallback): void
findCookies(domain: string, path: string, allowSpecialUseDomain: boolean | FindCookiesCallback, cb?: FindCookiesCallback): void {
    if (!cb) {
        cb = allowSpecialUseDomain as FindCookiesCallback
    }

    const decodedCookie = decodeURIComponent(document.cookie)
    const cookies: Cookie[] = []

    decodedCookie.split(';').forEach(c => {
        const cookie = Cookie.parse(c)

        if (cookie) {
            if (domain && path) {
                if (cookie.domain === domain && cookie.path === path) {
                    cookies.push(cookie)
                }
            } else {
                cookies.push(cookie)
            }
        }
    })

    cb(null, cookies)
}

getAllCookies(cb: (err: (Error | null), cookie: Cookie[]) => void): void {
    this.findCookies('', '', false, cb)
}

putCookie(cookie: Cookie, cb: (err: (Error | null)) => void): void {
    document.cookie = cookie.toString()

    cb(null)
}

removeCookie(domain: string, path: string, key: string, cb: (err: (Error | null)) =>
```

```
void): void {
        this.getAllCookies((_, allCookies) => {
            allCookies.forEach(c => {
                if (c.key === key) {
                    document.cookie = '${c.key}=${c.value};max-age=0;'
                }
            })

            cb(null)
        });
    }

    removeCookies(domain: string, path: string, cb: (err: (Error | null)) => void): void {
        this.getAllCookies((_, allCookies) => {
            allCookies.forEach(c => {
                document.cookie = '${c.key}=${c.value};max-age=0'
            })

            cb(null)
        })
    }

    updateCookie(oldCookie: Cookie, newCookie: Cookie, cb: (err: (Error | null)) => void):
void {
        this.removeCookie('', '', oldCookie.key, () => {
            this.putCookie(newCookie, () => {
                cb(null)
            })
        })
    }

}

const cookieStore = new BrowserCookieStore()
cookieStore.synchronous = true;

export const getCookieStore = () => {
    return cookieStore
}

export const clearCookieStore = () => {
    cookieStore.removeCookies('', '', () => {
    })
    return cookieStore
}

export const getCookieJar = () => {
    return new CookieJar(cookieStore)
}
```

10.2 Web View 如何安全地取得小程序的原生身份信息

在微信小程序中，我们可以通过在小程序内嵌入 Web View 的方式展示 Web 页面。在这种情况下，Web 页面需要获取小程序原生身份信息的需求是很常见的，例如用户的唯一标识、头像等信息。然而，为了确保安全性，我们需要采取一些措施来保护用户的隐私和防止信息泄露。

但是，从微信小程序打开 Web View 时，没有办法共享小程序的登录状态，也就是说，Web View 无法直接获取小程序的登录状态。因此，我们需要通过一些额外的手段来实现这一目标。如果在展示 Web View 时，要求用户在 Web View 中再次登录，显然这样可以保证用户安全，但是这样的体验并不好。因此，我们需要一种更好的方式来实现这一目标。

> **注　意**
>
> 不要直接将用户的身份信息通过 URL 查询参数传递给 Web View，这样做可能会导致用户的身份信息泄露。

有一个很简单甚至幼稚的解决方案，就是将用户编号通过 URL 查询参数传递给 Web View，Web View 直接信任这个编号，然后通过这个编号向小程序后端请求用户的身份信息。这种方案的问题在于，用户编号是可以被伪造的，因此这种方案并不安全。比如，攻击者可以通过修改 URL 查询参数的方式将其他用户的编号传递给 Web View，从而获取其他用户的身份信息。如果用户编号是递增的，那么攻击者甚至可以通过枚举的方式获取所有用户的身份信息。

于是，有人提出了一种更好的解决方案，就是将用户的身份令牌通过 URL 查询参数传递给 Web View，而不是将明文的用户编号传递给 Web View。但是，这样做仍然不安全，因为尽管身份令牌比明文用户编号更难以猜测，但仍然可以伪造用户的身份令牌。此外，哪怕不被伪造，身份令牌通过 URL 查询参数传递时很容易被泄露。例如，应用的访问日志可能会记录身份令牌，导致个人信息被泄露。由于身份令牌只经过 Base64 编码而没有加密，因此很容易被解码。通过 URL 传递令牌信息的示意图如图 10-1 所示。

图 10-1　通过 URL 直接传递令牌信息

比直接使用查询参数传递用户的身份令牌更好的方案是，将用户的身份令牌通过 hash 来传递。这样做的好处在于，hash 后面的字符串仅会出现在客户端，不会传递给服务器端，所以不会被记录在服务器端的访问日志中。目前很多单页面应用都是这样来传递用户的身份令牌的。但是，这样做仍然不安全，因为 hash 后面的字符串仍然可以被伪造。

结合客户端凭据许可和随机值

为了更加安全地传递用户身份信息，并且不泄露用户的 PII 信息，可以借助 OAuth 2.0 中的客户端凭据许可模式结合随机值来实现。具体来说，我们可以在小程序的服务器端为用户生成一个随机值，然后将这个随机值通过 URL 的查询字符串或者 hash 参数传递给 Web View（hash 参数更安全）。然后，Web View 的服务器端通过客户端凭据许可，结合用户的随机值，查询用户的信息，或者得到一个用户的令牌。这样做的好处在于，用户的身份信息由第三方的后端来获取，不容易被泄露，而且随机值是无法被伪造的，因此这种方案是安全的。

但是，这种方案也存在一个问题，即用户的身份信息在传递给 Web View 中的第三方网站时，并未经过用户的显式授权，甚至用户可能未意识到已从小程序跳转至第三方网页。换言之，该第三方客户端并未获得用户的授权便获取到了用户的身份信息。针对这种情况，一般建议使用在第三方提前备案好的可信客户端，并对其行为进行监控。一旦发现它滥用用户信息，就可以立即停止它的服务或者吊销它的客户端凭据。

这样实现的方案时序图如图 10-2 所示。

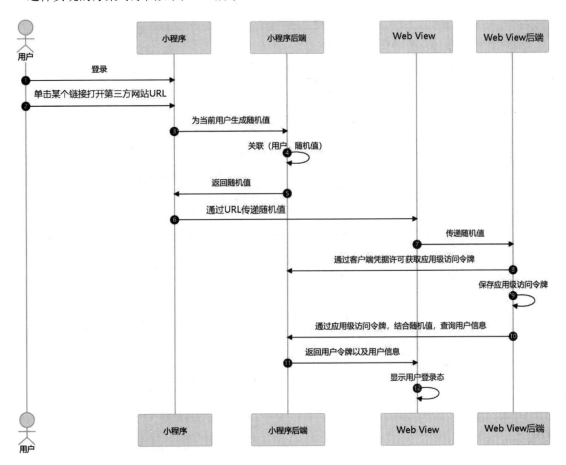

图 10-2 结合客户端凭据许可和随机值实现用户身份的安全传递

1. 灵活运用客户端凭据加随机值模式

在理解了上述方案之后，我们可以灵活运用这个方案来实现一些特定的需求。在满足某些前提条件时，可以将上述方案做一些适当的变化。举一个实际的例子，小程序本身由公司开发，但是在做一些促销活动时，需要一些第三方网站来协助完成，比如需要第三方网站来做一些营销页面，或者需要第三方网站来做一些数据分析。这些第三方网站的页面比较酷炫，但是它们并不是小程序的一部分，而是由第三方公司开发的，通常公司本身并没有这样的团队，是购买外包服务。而软件外包公司很可能同时对接多个公司的类似需求，从而更加专业，实现这样的活动页面的边际成本更低。

虽然这时网站是由外包公司做的，但是公司的小程序和公众号做了绑定，并在微信开放平台中将外包公司的网站加入了微信网站应用，这时外包公司制作的第三方活动网站就可以通过微信的服务获取到用户的微信 UnionID，并且这个 UnionID 和小程序获取到的用户的微信 UnionID 是一致的（这要求小程序和微信网站应用绑定同一个微信公众号）。在有微信辅助的 UnionID 之下，我们可以省去随机值的生成逻辑，具体时序图如图 10-3 所示。

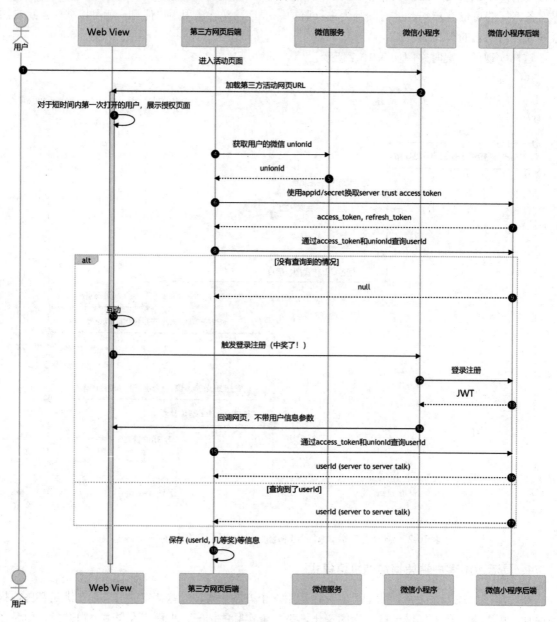

图 10-3　省去随机值的生成逻辑

这相比直接将用户的 UserID 通过 URL 传递（不安全的方案）有如下改动：

（1）第三方活动页面通过用户授权（或者静默授权）获取到了用户的 UnionID。

（2）第三方活动页面的后端使用 UnionID，向小程序的后端查询用户 userId（这是服务器之间的安全交流）。

（3）查询到 UserID 后直接进行后续操作。

（4）若没有查询到 UserID，则说明用户还没有登录，这时第三方活动页面的后端可以将用户重定向到小程序的登录页面，用户登录后，小程序后端会将用户重定向到第三方活动页面。

（5）第三方活动页面的后端再次查询用户 UserID，这时就能查到了。

2. 增强安全性

在前面的随机值方案介绍中，提到了第三方应用查询用户信息时，使用了其客户端凭据和用户的随机值。这是允许受信任的第三方直接查询用户的信息，默认用户同意将自己的信息授权给第三方。

如果需要继续增强，则让用户显式同意授权给第三方。如果用户不同意，即使第三方拿到了用户的随机值，仍然不能获取用户信息，并且不能进一步获取用户的其他资源（比如 CRM 系统中的更多信息等）；只有用户同意之后，才允许第三方使用用户级别的访问令牌来获取其信息和其他受保护资源。我们可以再增加一个步骤，让第三方应用在查询用户信息之前，先向用户展示一个授权页面，用户同意授权后，第三方应用才能查询到用户的信息。这个时序图如图 10-4 所示。

主要改动步骤如下：

步骤01 第三方活动页面通过用户授权（或者静默授权）获取到了用户的 UnionID，这一步可以去掉，不再依赖第三方活动页面在公司的微信开放平台进行注册，也不再依赖微信开放平台的授权服务。

步骤02 用户在小程序登录/注册。

步骤03 用户打开 Web View 前，小程序展示一个授权页面，明确告知用户，你即将打开一个第三方网页，是否同意授权给第三方网页访问你的信息。

步骤04 用户拒绝，流程结束。

步骤05 用户如果同意，则生成随机值，并添加到 URL query string 或者 hash 之后，然后打开 Web View（这个随机值有效期很短，并且要限制只能使用一次就立即失效）。

步骤06 第三方活动页面的后端通过客户端凭据许可向小程序后端换取应用级别的令牌。

步骤07 如果换取失败，则流程结束。

步骤08 如果换取成功，则第三方活动页面的后端通过应用级别的令牌随同随机值换取用户级别的令牌。

步骤09 若换取失败，则流程结束。

步骤10 若换取成功，则第三方活动页面的后端通过用户级别的令牌来访问用户的信息。

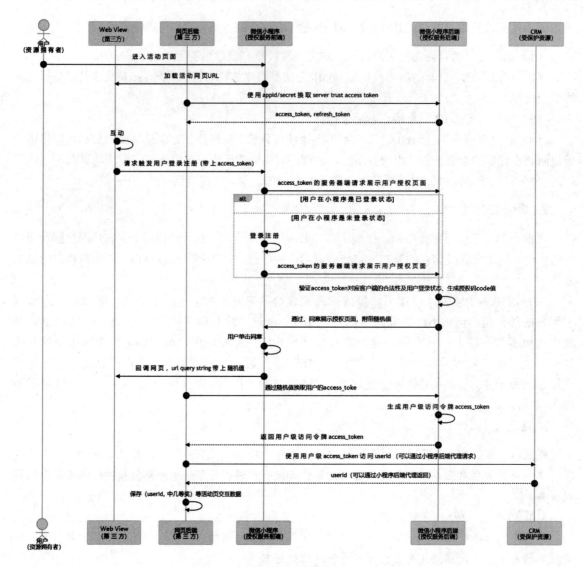

图 10-4 时序图

10.3 个人版小程序如何对接身份认证平台

个人版小程序是微信小程序的一种类型，适用于个人开发者或小团队开发的小程序。在个人版小程序中接入身份认证平台，可以为小程序提供更强大的用户身份验证和管理功能。我们再次以 authing.cn 作为身份认证平台举例，介绍如何在个人版小程序中对接身份认证平台。我们将采用 Taro 框架来开发个人版小程序，同时发布到微信小程序平台和 Web 上。最终的 Web 版本可以访问 https://taro.jefftian.dev/pages/subpages/auth/authing 来查看，其源代码见：https://github.com/jeff-tian/weapp。

1. 准备工作

我们前面在 CRA 创建的应用中对接过 authing.cn，当时创建了一个单页面 Web 应用。现在，我们需要为小程序创建一个新的应用,在 authing.cn 的控制台中选择"自建应用",然后选择"小程序应用",如图 10-5 所示。

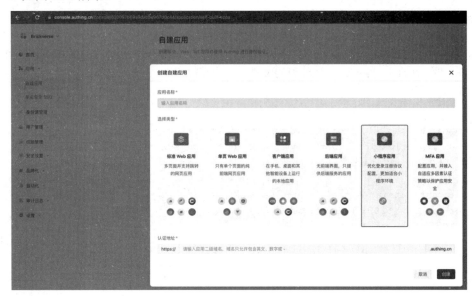

图 10-5　创建应用

其实,authing.cn 提供的标准 Web 应用也能用在小程序中。并且,我们将以 Taro 框架为例来介绍如何在个人版小程序中接入身份认证平台,而 Taro 框架是一个多端框架,除可以打包成不同平台的小程序外,还可以发布成 Web 应用。因此,对于这种场景,笔者更推荐创建一个标准 Web 应用,然后在小程序中使用,这样我们就可以在小程序和 Web 应用中共用一套用户体系,使得不仅小程序和 Web 页面的体验保持一致,用户登录后的体验也基本一致,并且用户信息完全一致。同样地,我们创建完成标准 Web 应用之后,要记住应用 ID(App ID),如图 10-6 所示。

图 10-6　应用 ID

2. 引入相关依赖

用 Taro 如何创建工程等,读者可以参考其官方文档,这里只介绍在已有 Taro 项目中添加身份认证的相关依赖。我们在项目中添加 authing 的相关依赖,代码如下:

```
yarn add @authing/guard-react authing-wxapp-sdk
```

因为这里采用了 Taro 的 react 开发方式，所以和前面的 CRA 一样，这里也需要引入 @authing/guard-react，又因为要兼容微信小程序，所以还要引入 authing-wxapp-sdk。

3. 添加 authing 配置

在项目中添加 authing 的配置文件。其实最重要的配置就是 App ID，为了在不同的组件和页面中引用起来方便，我们将其放在一个单独的文件中，代码如下：

```
// src/common/authing.ts

import {authingAppId} from "@/common/constants";
import {AuthenticationClient} from "authing-wxapp-sdk";
import Taro from "@tarojs/taro";

export const authing = new AuthenticationClient({
    userPoolId: '620097b69a9dab5e967d0c44',
    appId: authingAppId
})

const Guard = window.GuardFactory ? window.GuardFactory.Guard : function () {
};

export const guard = Taro.getEnv() === Taro.ENV_TYPE.WEB ? new Guard({
    appId: authingAppId,
    mode: 'modal',
}) : null
```

4. 分别实现对登录态的探查组件

我们实现一个组件，用于探查当前用户的登录状态，如果用户已登录，则显示其 Email，以及获取的 Token 信息。否则，显示未登录，并提供登录按钮。为了同时支持微信小程序和 Web，我们分别写两个组件，代码如下：

```
// src/components/LoginStatus/weapp.tsx

import {User} from "@authing/guard-react";

export const WeappLoginStatus = () => {
    const [loading, setLoading] = useState(true);
    const [user, setUser] = useState<User | null>(null);

    useEffect(() => {
        Taro.login().then(res => {
            setLoading(false)

            setUser(res)
        }).catch(naiveErrorHandler)
    }, [])

    return <View>
        <AtActivityIndicator mode='center' size={128} content='加载中……'
```

```
            isOpened={loading}
        />
        {!loading ? <UserCard userInfo={user || undefined}/> : null}
    </View>
)
}
```

以上是在微信小程序中的组件,而对应的 Web 版组件如下:

```
// src/components/LoginStatus/web.tsx

import {User} from "@authing/guard-react";

export const WebLoginStatus = () => {
    const [userInfo, setUserInfo] = useState<User>();

    useEffect(() => {
        // 使用 start 方法挂载 Guard 组件到指定的 DOM 节点,登录成功后返回 userInfo
        guard.start("#authing-guard-container").then((user: User) => {
            setUserInfo(user);
            guard.hide();
        });
    }, []);

    return (
        <div>
            <div id='authing-guard-container'></div>
            <UserCard userInfo={userInfo}/>
        </div>
    );
};
```

以上两个组件需要以一个统一的组件暴露出去,这样我们就可以在小程序和 Web 中共用一套用户体系,使得不仅小程序和 Web 页面的体验保持一致,用户登录后的体验也基本一致,并且用户信息完全一致。这个统一的组件如下:

```
// src/components/LoginStatus/index.tsx

import Taro, {ENV_TYPE} from "@tarojs/taro";
import {WeappLoginStatus} from "@/components/LoginStatus/weapp";
import {WebLoginStatus} from "@/components/LoginStatus/web";

export const LoginStatus = () => Taro.getEnv() === ENV_TYPE.WEAPP ? <WeappLoginStatus/> : <WebLoginStatus/>
```

5. 在页面中使用登录探查组件

我们在页面中使用上面的组件,代码如下:

```
// src/pages/subpages/auth/authing.tsx
const Authing = () => {
    return <SinglePageLayout>
        <LoginStatus/>
```

```
        </SinglePageLayout>
}

export default Authing
```

还需要将以上页面添加到路由中,即在 app.config.ts 中添加以下代码:

```
// app.config.ts

const subpages = [{
    root: 'pages/subpages/auth/',
    pages: ['authing']
}];

export default {
    pages: [
        //..
    ],
    subpackages: subpages,
}
```

6. 最终效果展示

由于在微信小程序中使用了 Taro.login 方法,并且不需要额外的用户信息,因此总是自动登录(直接获取微信的 OpenID),直接展示登录态,如图 10-7 所示。

在 Web 中不能直接获取微信的 OpenID,我们需要在登录框中选择登录方式,如图 10-8 所示。

图 10-7　微信小程序登录状态

图 10-8　Web 登录状态

当通过任意一种方式登录之后，看到的登录状态界面与小程序中一模一样。

通过以上步骤，我们可以在个人版小程序中成功对接身份认证平台，为小程序提供更安全、更可靠的用户身份认证和授权功能。

10.4 小　　结

本章介绍了如何在微信小程序中集成身份认证平台。我们首先讨论了微信小程序的限制，然后通过实例讲解演示了如何在个人版小程序中接入身份认证平台。

微信小程序作为一种流行的移动应用开发平台，为开发者提供了构建轻量级应用的便捷方式。通过集成身份认证平台，我们可以实现安全可靠的用户认证流程，并保护用户的敏感信息和应用数据。

小程序不仅可以使用传统的RESTful接口调用后端服务，还非常适合使用GraphQL API来调用后端服务。下一章将介绍如何在GraphQL API中接入身份认证平台，以实现安全的用户认证和授权功能。

第 11 章

GraphQL 身份认证

GraphQL 是一种用于 API 开发的查询语言和运行时环境。它提供了一种更高效、灵活和强大的方式来获取和修改数据。身份认证在 GraphQL API 中起着关键的作用,确保只有经过身份验证和授权的用户能够访问受保护的资源。

本章将介绍 GraphQL 身份认证的相关概念、原理和实践。我们将深入探讨在 GraphQL API 中如何实现身份认证,并提供具体的示例和案例。

通过学习本章的内容,你将了解如何在 GraphQL API 中有效地保护和管理用户身份认证,确保 API 数据和资源的安全性和可靠性。

11.1 GraphQL 简介

GraphQL 是一个用于 API 的开源数据查询和操作语言,同时也是用于处理现有数据的运行时。Facebook 于 2012 年在内部开发了 GraphQL,并在 2015 年公开发布。2018 年 11 月 7 日,GraphQL 项目从 Facebook 转移到新成立的 GraphQL 基金会。相比传统的 RESTful API,GraphQL 提供了更灵活、精确和高效的数据查询和修改方式。

GraphQL 提供了 API 中数据完整且易于理解的描述,使客户端能够精确地获取所需内容而不会获取多余信息,这使得 API 随着时间的推移更容易演进,并且支持强大的开发者工具。相比之下,RESTful API 是一种基于 HTTP 协议的架构风格,使用不同的 URL 路径和 HTTP 方法来表示不同的资源和操作。每个接口的响应通常返回一个固定的数据结构,无法灵活地满足前端的数据需求。

相比之下,GraphQL API 提供了更为灵活的查询和响应方式。GraphQL API 的特点包括:

- 单一入口点以及一次请求返回多个资源:GraphQL API 通过一个单一的入口点暴露所有的可用资源和操作。前端可以根据自身的数据需求构建自定义的查询请求,只获取所需的数据,避免了多次请求和不必要的数据传输。
  - ➢ 典型的使用 RESTful API 的应用会发送多个 HTTP 请求来呈现页面,往返时间耗费较长。

为了解决这个问题，有人提出了 Bulk API 方案，以将多个 API 合并为一个。然而，这对客户端的使用较为困难且不太灵活。更糟糕的是，合并多个 API 会导致响应体积显著增加。

➢ GraphQL 使客户端能够使用一种非常易于使用的查询语言，在单个请求中查询所有数据。由于前面的属性，它不会引入不必要的响应体。我们以一个测试用例来说明这一点，当开始开发一个新的 feature 时，我们可以使用"按愿望思考"的方式，写下新的 API 的样子和期待的响应结果。这其实就是一个端到端测试用例，以笔者自己开发的一个语雀服务为例，如图 11-1 所示。

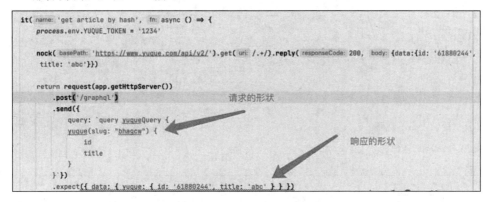

图 11-1　GraphQL 测试用例

- 查询所需，精准获取：GraphQL API 返回的数据结构是根据前端查询的具体需求而灵活决定的。前端可以在查询中明确指定所需的字段和关联关系，从而获得精确的数据响应，避免了过度获取和传输不需要的数据。如前文所述，GraphQL 用于为客户端进行查询和操作。在 GraphQL 阶段之前，RESTful API 很受欢迎。然而，不同客户端对于相同目的的请求的信息略有不同。例如，用户配置文件页面在移动端和桌面端 Web 应用中可能会因屏幕尺寸不同而有轻微差异。因此，RESTful API 服务器必须提供两种不同的 API，或者提供一种 API，包含两个客户端所需的信息。由于大部分信息是相同的，通常会选择后者。这导致了移动端请求变得不必要的庞大。更糟糕的是，对服务器中的移动客户端进行的更改可能会影响桌面端客户端。为了解决这些问题，BFF 应运而生。它为每个客户端量身定制 API。然而，它在服务器项目中引入了太多的重复工作，并且需要更大的团队来维护这些 API，如图 11-2 所示。

➢ GraphQL 仍然会提供所有信息，但允许客户端选择它们真正需要的内容，不会返回多余的信息。因此，使用 GraphQL 的应用程序是快速且稳定的，因为所有的查询都是可预测的。

- 强大的类型系统：GraphQL API 使用类型系统来定义数据模型和操作。前端可以根据类型系统自动生成查询和变更的文档，提高开发效率和代码质量。GraphQL 中的类型系统不仅所有查询都像在第一个属性中提到的那样是可预测的，还可以避免客户端手动解析代码。
- 自省和文档化：GraphQL API 支持自省查询，可以动态地获取可用的资源和操作信息。同时，GraphQL API 的类型系统和文档化工具使得对 API 的理解和使用更加方便。另外，RESTful APIs 通常需要将额外的文档发布到 Swagger 中，而 GraphQL 则是自我记录的。文档随代码实时更新。

比如，笔者使用 Nest.js 开发了一个 GraphQL 服务，其端点是 https://sls.pa-ca.me/nest/

stg/graphql[1]，那么在浏览器中访问这个地址就会打开一个文档页面，因为这是一个 HTTP GET 请求。而其数据查询和操作服务都是以 HTTP POST 形式提供的。我们可以在文档页面组装这些查询请求并实时查看结果，非常方便，如图 11-3 所示。

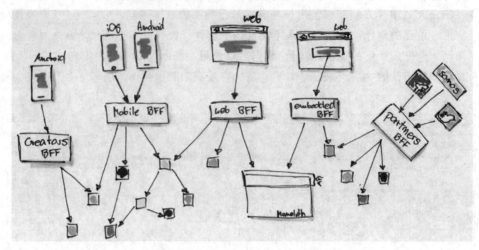

图 11-2　BFF

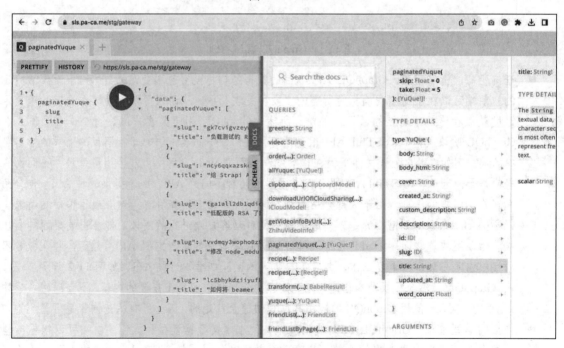

图 11-3　GraphQL 文档

- 易于演进：使用 GraphQL 不推荐引入版本号，因为向 GraphQL API 添加新字段和类型不会影响现有的查询。这使得 GraphQL API 更容易演进，而不会破坏现有的客户端。

---

[1] 源代码见 https://github.com/Jeff-Tian/serverless-space。

11.2 在 GraphQL 中如何实现身份认证

在前面 10.2 节关于 Web View 如何安全地取得小程序原生身份信息的讨论中，我们碰到一种认证场景，那就是通过微信小程序的 Web View 嵌入第三方开发的网页。比如这些第三方网页可以用来做一些临时性的营销活动互动、游戏等。通过小程序的 Web View 嵌入的方式，就可以将这些非核心的页面与小程序的核心完全隔离开，并且可以由不同的团队并行开发。虽然不同的网页之间彼此独立，但是它们都需要依赖宿主小程序的身份认证能力。微信小程序自己可以通过微信的开放能力获得微信用户的身份信息，这时微信作为认证服务器，而小程序是微信的第三方应用。但是，对于在微信小程序中嵌入第三方网页的场景来说，我们希望将宿主小程序作为认证服务，为众多的第三方网页来赋能。

> **提示**
>
> 尽管每个网页可以直接对接微信的开放能力，但是这样做会有一些问题。首先，这些网页生命周期较短，并且数量众多，要在微信开放平台为其申请资格、认证和维护，不仅增加了不必要的成本，而且工作量巨大；其次，这些网页的开发者可能并不熟悉微信的开放能力，对接起来会比较麻烦；最后，这些网页的开发团队可能是外包的，不是宿主小程序的团队，将团队的微信开发后台权限交给第三方团队也是一件比较麻烦的事情。

让宿主微信小程序为嵌入的第三方网页提供身份认证服务，就要实现一个认证服务。整体流程在 10.2 节关于 Web View 如何安全地取得小程序原生身份信息的讨论中已经详细介绍过了。我们在本节给出示例代码。前面介绍了 GraphQL 的种种优点，因此我们将使用 GraphQL 作为小程序的 BFF 实现。本节最后的效果是使用 GraphQL 实现一个最小可用的简单版 OIDC 服务，专门用在小程序为嵌入的网页提供身份认证能力，即安全地将用户在小程序中的身份传递给嵌入的第三方网页。

实现简单的 OIDC 流程

OIDC 是 OpenID Connect 的缩写，是一个基于 OAuth 2.0 的身份认证协议。OIDC 通过对 OAuth 2.0 的扩展，使得 OAuth 2.0 可以实现身份认证的功能。OIDC 通过在 OAuth 2.0 的授权流程中增加一个 ID Token 来实现身份认证的功能。

可以说，OAuth 2.0 和 OIDC 主要都在围绕令牌做文章，而这个令牌的结构就是 JWT。JWT 是一个开放标准（RFC 7519），它定义了一种紧凑且自包含的方式，用于在各方之间作为 JSON 对象安全地传输信息。JWT 可以使用 HMAC 算法或者 RSA 的公私钥对 JWT 进行签名。

我们现在进入实战，基于小程序实现一个标准的 OIDC 流程。我们选定 TypeScript 为开发语言，选定 Node.js 为运行环境，选定 Nest.js 为 Web 框架，选定 AWS DynamoDB 为数据库（用来保存客户端的信息，即相当于对第三方的备案），选定 Redis 为缓存数据库，选定 JWT 为令牌格式，并且选定 GraphQL 为最终的 API 格式。

首先，我们定义一个 JWT 配置类型，以允许配置私钥、算法以及过期时间：

```
export type JWTConfiguration = {
    secret: string
```

```
    expiresIn: string
    algorithm: string
}
```

而 JWT 最终体现为一个字符串，所以我们定义一个 JWT 令牌类型：

```
export type JWT = string
```

并且，我们可以定义一个令牌类型及相关的枚举：

```
export type TokenType = 'ACCESS_TOKEN' | 'ID_TOKEN' | 'REFRESH_TOKEN'

export enum TokenTypeEnum {
    ACCESS_TOKEN = 'ACCESS_TOKEN',
    ID_TOKEN = 'ID_TOKEN',
    REFRESH_TOKEN = 'REFRESH_TOKEN',
}
```

然后，定义一个授权服务，用于生成以及校验 JWT 令牌，基本上它由两个方法组成，分别是签发令牌和验证令牌。

```
import {Injectable} from '@nestjs/common'
import {ConfigService} from '@nestjs/config'
import {defaults} from 'lodash'
import {Algorithm, JwtPayload, VerifyErrors} from 'jsonwebtoken'

@Injectable()
export class AuthService {
    private readonly config: JWTConfiguration

    constructor(private readonly configService: ConfigService) {
        this.config = defaults({}, this.configService.get<JWTConfiguration>('jwt'), {
            secret: 'this is a secret of brickverse jwt',
            expiresIn: '1 day',
            algorithm: 'HS256',
        })
    }

    public async sign<T>(payload: T & { exp?: number }): Promise<JWT> {
        const {secret, expiresIn, algorithm} = this.config
        const options =
            typeof payload.exp !== 'undefined'
                ? {algorithm: algorithm as Algorithm}
                : {
                    expiresIn,
                    algorithm: algorithm as Algorithm,
                }

        return new Promise((res, rej) => {
            jwt.sign(payload, secret, options, function (err, token) {
                if (err) {
                    return rej('token 生成失败')
```

```
            }
            if (!token) {
                return rej('token 生成失败')
            }

            res(token)
        })
    })
}
```

以上主要是签发令牌的方法，以下是验证令牌的部分：

```
public async verify<T>(token: JWT): Promise<T & JwtPayload> {
    const {secret, algorithm} = this.config as { algorithm: Algorithm; secret: string }
    return new Promise((res, rej) => {
        jwt.verify(token, secret, {algorithms: [algorithm]}, (err: VerifyErrors | null, payload) => {
            if (err) {
                return rej('验证 jwt 失败！')
            }

            if (!payload) {
                return rej('验证 jwt 失败！未得到 payload。')
            }

            if (payload.type !== TokenTypeEnum.ACCESS_TOKEN && payload.type !== TokenTypeEnum.REFRESH_TOKEN) {
                return rej('token 类型错误：${payload.type}')
            }

            res(payload as T)
        })
    })
}
```

授权服务比较通用，我们可以基于它来构建上层领域服务。在前面介绍的具体场景中，我们需要为第三方应用颁发应用级别的令牌，并且是针对 OAuth 2.0 的客户端凭据许可授权模式。我们为此实现一个简化版的 OAuth 服务，用于颁发应用级别的令牌；当然，也可以在未来的完整场景下，扩充为一个完整的 OAuth 服务。

首先，定义一个令牌结构如下：

```
import {Field, ObjectType} from '@nestjs/graphql'

@ObjectType({description: '服务器端访问令牌'})
export class ServerTrustToken {
    @Field(() => String, {nullable: false, description: '访问令牌'})
    access_token: string

    @Field(() => Number, {nullable: false, description: '有效期限，单位：秒'})
```

```
    expires_in: number

    @Field(() => String, {nullable: false, description: '刷新令牌'})
    refresh_token: string

    @Field(() => String, {nullable: false, description: '令牌类型'})
    token_type: string
}
```

然后,定义一个OAuth 2服务:

```
import {Injectable} from '@nestjs/common'
import {ConfigService} from '@nestjs/config'
import {Lambda, KMS, DynamoDB, CloudWatchLogs, config, Endpoint, S3, STS} from 'aws-sdk'

const crypto = require('crypto')

@Injectable()
export class Oauth2Service {
    constructor(
        private readonly authService: AuthService,
        private readonly configService: ConfigService,
    ) {
    }
```

接着,在该服务中添加一个生成服务器端信任令牌的方法:

```
async generateServerTrustToken(clientId: string) {
    const serverTrustToken = new ServerTrustToken()
    serverTrustToken.access_token = await this.generateAccessToken(clientId)
    serverTrustToken.token_type = 'Brickverse'
    serverTrustToken.refresh_token = await this.generateRefreshToken(clientId)
    serverTrustToken.expires_in = 3600 * 2
    return serverTrustToken
}

async generateAccessToken(client_id: string) {
    return await this.authService.sign({
        sub: client_id,
        userName: client_id,
        iat: Math.floor(Date.now() / 1000),
        exp: Math.floor(Date.now() / 1000) + 3600 * 2,
        type: TokenTypeEnum.ACCESS_TOKEN,
    })
}

async generateRefreshToken(client_id: string) {
    return await this.authService.sign({
        sub: client_id,
        userName: client_id,
        iat: Math.floor(Date.now() / 1000),
        exp: Math.floor(Date.now() / 1000) + 3600 * 24 * 7,
```

```typescript
            type: 'REFRESH_TOKEN',
        })
    }

    async validateClientIdAndSecret(grantType, appId, appSecret) {
        if (grantType !== 'client_credentials') {
            throw new Error('Currently only client_credentials is supported')
        }

        await this.validateClientRegistered(appId, appSecret)
    }

    async validateRefreshToken(refresh_token: string) {
        const jwt = await this.authService.verify(refresh_token)

        if (jwt.type !== TokenTypeEnum.REFRESH_TOKEN) {
            throw new Error('Refresh Token is not valid!')
        }

        return jwt
    }

    async validateRefreshTokenGrantType(grant_type: string) {
        if (grant_type !== 'refresh_token') {
            throw new Error('Grant Type Error!')
        }
    }

    async validateClientRegistered(clientId: string, clientSecret: string) {
        const hashKey = this.configService.get<string>('dynamo.hashSalt') ?? "brickverse"

        const hashedClientId = crypto.createHmac('sha256',
hashKey).update(clientId).digest('hex')

        const query = {
            TableName: this.configService.get<string>(`dynamo.table.clients`) ??
'oauth2-client-records',
            Key: {HashedClientId: {S: hashedClientId}},
            ConsistentRead: true,
        }
        const ddb = new DynamoDB({
            apiVersion: DynamoDBApiVersion,
        })
        const itemGot = ddb.getItem(query)
        const res = await itemGot.promise()

        if (!res || !res.Item) {
            throw new Error(`传入的 Client Id = ${clientId} 没有在已注册的表中找到！`)
        }

        if (res.Item.ClientSecret.S !== clientSecret) {
```

```
                    throw new Error(`传入的 Client Id = ${clientId} 和 Client Secret 没有在已注册的
表中找到！`)
                }
            }
        }
```

简单起见，我们使用了 DynamoDB 进行存储，当然，也可以使用 MySQL、PostgreSQL 等进行存储。并且我们没有实现刷新令牌的功能，这个功能可以在未来的完整场景中实现。通过利用 AWS DynamoDB UI，我们可以先省略客户端管理功能的开发，直接通过 DynamoDB UI 创建或者修改记录，Dynamodb 的 Web UI 如图 11-4 所示。

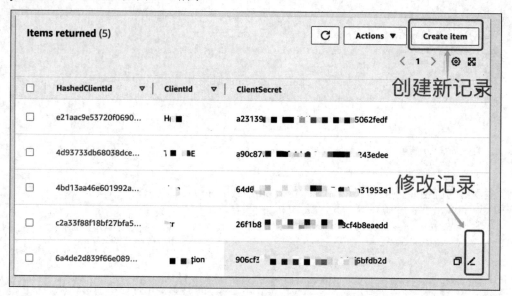

图 11-4　Dynamodb UI

最终我们需要实现一个 GraphQL 的接口，这体现为相应的 Resolver，用于颁发应用级别的令牌。这里我们使用了 Nest.js 的 GraphQL，核心代码如下：

```
import {Args, Mutation, Query, Resolver} from '@nestjs/graphql'
import {Field, InputType} from '@nestjs/graphql'

@InputType({description: '申请访问令牌需要提供的客户端信息'})
export class ClientInfo {
    @Field(() => String, {nullable: false, description: '客户端唯一识别符'})
    client_id: string

    @Field(() => String, {nullable: false, description: '客户端密钥'})
    client_secret: string

    @Field(() => String, {nullable: false, description: '授权方式'})
    grant_type: 'client_credentials'

    @Field(() => String, {nullable: false, description: '授权范围'})
```

```
    scope: 'all'
}

@InputType({description: '刷新令牌需要提供的客户端信息'})
export class ClientInfoForRefreshToken {
    @Field(() => String, {nullable: false, description: '刷新令牌'})
    refresh_token: string

    @Field(() => String, {nullable: false, description: '授权方式'})
    grant_type: 'refresh_token'
}

@Resolver(() => ServerTrustToken)
export class Oauth2Resolver {
    constructor(private readonly oauth2Service: Oauth2Service) {
    }

    @Query(() => ServerTrustToken)
    async tokenInfo(@Args('clientInfo', {description: '客户端信息', type: () => ClientInfo})
clientInfo: ClientInfo) {
        await this.oauth2Service.validateClientIdAndSecret(
            clientInfo.grant_type,
            clientInfo.client_id,
            clientInfo.client_secret
        )

        return await this.oauth2Service.generateServerTrustToken(clientInfo.client_id)
    }

    @Mutation(() => ServerTrustToken)
    async refreshToken(
        @Args('clientInfoForRefreshToken', {
            description: '刷新令牌需要提供的客户端信息',
            type: () => ClientInfoForRefreshToken,
        })
        clientInfo: ClientInfoForRefreshToken
    ) {
        await this.oauth2Service.validateRefreshTokenGrantType(clientInfo.grant_type)
        const jwt = await
this.oauth2Service.validateRefreshToken(clientInfo.refresh_token)
        return await this.oauth2Service.generateServerTrustToken(jwt.userName)
    }
}
```

GraphQL 是自文档的，当将代码部署好后，可以通过 GraphQL Playground 进行测试，如图 11-5 所示。

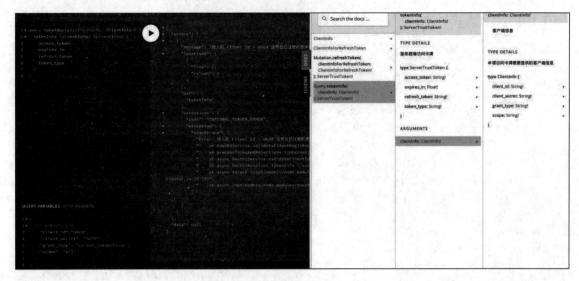

图 11-5　GraphQL 的 Playground

以上展示了 GraphQL API 在未找到对应的客户端时，返回的报错信息。如果提供了正确的凭据，就会得到类似以下的结果：

```
{
  "data": {
    "refreshToken": {
      "access_token": "eyJhbGciOiJIUzI1NiIsInR5cCI6IkpXVCJ9.payload.Vnq6zS_GrYKhns5CeYfWplDgO2Pb203CnBIoD9vHhUI",
      "expires_in": 7200,
      "refresh_token": "eyJhbGciOiJIUzI1NiIsInR5cCI6IkpXVCJ9.payload.RFoKbNq--fxDNIzKXDm3_dCbAdBYOCfAeBDBRLuy1Xc",
      "token_type": "LEGO"
    }
  }
}
```

这里的 access_token 和 refresh_token 就是我们需要的令牌，其中 access_token 是用于访问资源服务器的令牌，refresh_token 是用于刷新令牌的令牌。

以上就是 OAuth 2 的客户端凭据许可的一个简单实现，现在我们来实现对用户的随机值的生成和验证。我们用 Redis 对用户的随机值进行存储，先包装一下我们需要用到的对 Redis 的常用操作。

```
import {Inject, Injectable, InternalServerErrorException} from '@nestjs/common'
import {ConfigService} from '@nestjs/config'
import {defaultsDeep} from 'lodash'
import IORedis from 'ioredis'
import Redlock, {ResourceLockedError} from 'redlock'

export type RedisConfiguration = {
    url?: string
    host?: string
    password?: string
    port?: number
```

```typescript
    family?: number
    db?: number
    keyPrefix?: string
    lazyConnect?: boolean
    isCluster?: boolean
    isSingleInstance?: boolean
}

@Injectable()
export class RedisService {
    private cachedInstance: IORedis.Cluster | IORedis.Redis
    private readonly config: RedisConfiguration
    private readonly _defaultTtl = 60 * 10

    constructor(
        private readonly configService: ConfigService,
        @Inject('REDIS_CONFIG_PREFIX') private readonly prefix: string = 'redis'
    ) {
        this.config = defaultsDeep({}, configService.get<RedisConfiguration>(prefix), {
            lazyConnect: true,
            keyPrefix: '/brickverse',
        })
        const {isSingleInstance} = this.config
        if (isSingleInstance) {
            this.config.isSingleInstance = Boolean(isSingleInstance)
        }
    }

    public async set(key: string, value: any, ttl?: number) {
        const instance = await this.getInstance()

        if (typeof ttl !== 'undefined') {
            return instance.set(key, JSON.stringify(value), 'EX', Math.floor(ttl))
        } else {
            return instance.set(key, JSON.stringify(value))
        }
    }

    public async get<T>(key: string): Promise<T | null> {
        const instance = await this.getInstance()
        const raw = await instance.get(key)
        return raw ? JSON.parse(<string>raw) : null
    }

    public async del(key: string): Promise<void> {
        const instance = await this.getInstance()
        await instance.del(key)
    }

    public async cacheable<T>(
        key: string,
```

```
        onMissingResume: () => Promise<T> | T,
        ttl?: number | ((value) => any)
    ): Promise<T> {
        const instance = await this.getInstance()
        const value = await instance.get(key)
        if (value) return JSON.parse(<string>value)
        const newCacheValue = await onMissingResume()
        await instance.set(
            key,
            JSON.stringify(newCacheValue),
            'EX',
            typeof ttl === 'function' ? ttl(newCacheValue) : ttl ?? this._defaultTtl
        )
        return newCacheValue
    }

    public async expire(key: string, seconds: number): Promise<void> {
        const instance = await this.getInstance()
        await instance.expire(key, seconds)
    }

    public async incr(key: string): Promise<void> {
        const instance = await this.getInstance()
        await instance.incr(key)
    }

    public async exists(key: string): Promise<boolean> {
        const instance = await this.getInstance()
        const result = await instance.exists(key)
        return 0 !== result
    }

    public async lockedAction<T>(resources: string[], action: () => T) {
        const redis = await this.getInstance()
        const redlock = new Redlock(
            // You should have one client for each independent redis node
            // or cluster.
            [redis],
            {
                // The expected clock drift; for more details see:
                // http://redis.io/topics/distlock
                driftFactor: 0.01, // multiplied by lock ttl to determine drift time

                // The max number of times Redlock will attempt to lock a resource
                // before erroring.
                retryCount: 10,

                // the time in ms between attempts
                retryDelay: 200, // time in ms

                // the max time in ms randomly added to retries
```

```
                // to improve performance under high contention
                // see https://www.awsarchitectureblog.com/2015/03/backoff.html
                retryJitter: 200, // time in ms

                // The minimum remaining time on a lock before an extension is automatically
                // attempted with the 'using' API.
                automaticExtensionThreshold: 500, // time in ms
            }
        )

        redlock.on('error', (error) => {
            // Ignore cases where a resource is explicitly marked as locked on a client.
            if (error instanceof ResourceLockedError) {
                this.logger.error('redlock error', '${error}')
                return
            }

            this.logger.error('redlock OTHER error', '${error}')
        })

        const lock = await redlock.acquire(resources, 5000)

        try {
            return action()
        } finally {
            await lock.release()
        }
    }

    private async getInstance(): Promise<IORedis.Cluster | IORedis.Redis> {
        if (this.cachedInstance) {
            return this.cachedInstance
        }
        const {url, isSingleInstance} = this.config
        if (!url) {
            throw new InternalServerErrorException('url 配置缺失')
        }

        const instance = isSingleInstance ? new IORedis(url, this.config) : new
IORedis.Cluster([url], this.config)

        instance.on('error', (error) => {
            throw new InternalServerErrorException('无法操作缓存')
        })

        this.cachedInstance = instance
        return instance
    }
}
```

基于 RedisService，我们可以实现对用户随机值的生成和验证。

```
import {Injectable} from '@nestjs/common'
import {v4 as UUIDv4} from 'uuid'
import {ConfigService} from '@nestjs/config'

export const getNonceRedisKey = (nonce) => '/nonce/${nonce}'
const FIVE_MINUTES_IN_SECONDS = 5 * 60

@Injectable()
export class AuthService {
   constructor(
      private readonly redisService: RedisService,
      private readonly config: ConfigService
   ) {
   }

   async setNonceAndReturn(userId: string) {
      const nonce = UUIDv4()
      const key = getNonceRedisKey(nonce)

      await this.redisService.cacheable(key, () => ({userId}), FIVE_MINUTES_IN_SECONDS)

      return nonce
   }
}
```

要将该服务以 GraphQL API 形式暴露出去，我们需要保证只有已登录的用户才能调用该接口，因为在未登录状态下，我们无法知道用户的 userId。我们可以通过 GraphQL 中间件来实现对用户的会话状态的注入，这里同样选定 Redis 来存储用户的会话。

前端的请求通过在 HTTP 请求头中携带 Bearer Token，后端服务提取该用户令牌，并验证其有效性。然后从令牌中获取用户的会话编号，并使用该会话编号作为键从 Redis 中存取其会话信息。

首先，基于 RedisService 封装一个会话服务：

```
import {Injectable} from '@nestjs/common'
import {ConfigService} from '@nestjs/config'
import {v4 as UUIDv4} from 'uuid'
import * as moment from 'moment'
import {defaults} from 'lodash'

import parse from 'parse-duration'
import * as util from 'util'

type SessionId = string

export type SessionSchema = {
   _id?: string
   userId: string
}

export type SessionWrapper = {
   data: SessionSchema
```

```typescript
        createdAt: number
        expiresAt: number
    }

    export type SessionConfiguration = {
        expiresIn: string
        autoRenew: string
    }

    const DEFAULT_CONFIGURATION: SessionConfiguration = {
        expiresIn: '1 week',
        autoRenew: 'true',
    }

    @Injectable()
    export class SessionService {
        private config: SessionConfiguration

        constructor(private readonly configService: ConfigService, private readonly redisService: RedisService) {
        }

        /**
         * 创建并保存新的会话
         *
         * @param data 会话数据
         *
         * @returns SessionId 会话 ID
         */
        public async create(data: Pick<SessionSchema, 'userId'>): Promise<SessionId> {
            this.prepareConfig()

            const id: SessionId = UUIDv4()
            const wrapper = this.wrap({...data, _id: id})
            const key = this.getSessionKey(id)
            await this.redisService.set(key, wrapper, Math.ceil(this.getExpirationSeconds()))
            return id
        }

        /**
         * 获取会话
         *
         * @param id 会话 ID
         *
         * @returns SessionSchema 如果该 ID 不存在,则返回 null
         */
        public async fetch(id: SessionId | null): Promise<SessionSchema | null> {
            if (!id) {
                return null
            }
```

```
        this.prepareConfig()

        const wrapper = await this.redisService.get<SessionWrapper>(this.getSessionKey(id))
        if (!wrapper) {
            return null
        }

        const now = moment()
        const expires = moment.unix(wrapper.expiresAt)

        if (expires.isBefore(now)) {
            await this.destroy(id)
            return null
        }

        return wrapper.data
    }

    /**
     * 销毁会话
     *
     * @param id 会话 ID
     */
    public async destroy(id: SessionId): Promise<void> {
        this.prepareConfig()
        await this.redisService.del(this.getSessionKey(id))
    }

    private getSessionKey(id: SessionId) {
        return '/session/${id}'
    }

    private wrap(data: SessionSchema): SessionWrapper {
        const now = moment()
        const createdAt = now.unix()
        const expiresAt = this.getExpiresAt(now)
        return {data, createdAt, expiresAt}
    }

    private getExpirationSeconds(): number {
        return parse(this.config.expiresIn, 'sec')!
    }

    private getExpiresAt(now: moment.Moment): number {
        const seconds = this.getExpirationSeconds()
        return now.add(seconds, 'second').unix()
    }

    private prepareConfig() {
        if (this.config) {
```

```
            return
        }
        this.config = defaults({},
this.configService.get<SessionConfiguration>('session'), {
            expiresIn: '1 week',
            autoRenew: 'true',
        })
    }
}
```

随后，完成这个会话服务的中间件：

```
export class Safe {
    static parseJson(s: string, fallbackValue = {}) {
        try {
            return JSON.parse(s)
        } catch {
            return fallbackValue
        }
    }

    static async try(action, fallbackValue = null) {
        try {
            return await action()
        } catch {
            return fallbackValue
        }
    }
}


import {Injectable, NestMiddleware} from '@nestjs/common'
import {NextFunction, Request, Response} from 'express'

export const getBearerTokenFromRequest = (req: Request) => {
    const [_, token] = (req.headers.authorization ?? '').split('Bearer ')
    return token
}

export const getBearerTokenPayloadFromRequest = async (authService: AuthService, req: Request) => {
    const token = getBearerTokenFromRequest(req)
    return token && (await Safe.try(async () => authService.verify(token)))
}

@Injectable()
export class SessionMiddleware implements NestMiddleware {
    constructor(private readonly sessionService: SessionService, private readonly authService: AuthService) {
    }
```

```
    use(req: Request, res: Response, next: NextFunction) {
        this.injectSession(req).then(next).catch(next)
    }

    private async injectSession(req: Request) {
        const payload = await getBearerTokenPayloadFromRequest(this.authService, req)
        if (!payload || !payload.sessionId) {
            return
        }

        req.session = await this.sessionService.fetch(payload.sessionId)
    }
}
```

然后，在实现 Resolver 之前，再定义一个 Nest Guard，用来确保只有登录的用户才能调用该接口：

```
import {CanActivate, ExecutionContext, Injectable} from '@nestjs/common'
import {GqlContextType, GqlExecutionContext} from '@nestjs/graphql'

export type WMPSession = {
    _id?: string
    userId?: string
    nonce?: string
}

import {isEmpty} from 'lodash'

type PathObj = {
    prev: PathObj | undefined
    key: string
    typename: string
}

@Injectable()
export class MemberGuard implements CanActivate {
    public async canActivate(context: ExecutionContext): Promise<boolean> {
        let request: Request
        let hint: string
        if (context.getType<GqlContextType>() === 'graphql') {
            const ctx = GqlExecutionContext.create(context)
            const {path} = ctx.getInfo()
            hint = `(${this.getPath(path)})`
            request = ctx.getContext().req
            return this.check(request, hint)
        } else if (context.getType() === 'http') {
            const ctx = context.switchToHttp()
            request = ctx.getRequest<Request>()
            hint = `(${request.method} ${request.url})`
            return this.check(request, hint)
        }
```

```
        return false
    }

    private check(req: any, hint: string) {
        const session: WMPSession = req.session

        if (!session) {
            throw new Error('未登录')
        }

        const {userId} = session
        if (!userId) {
            throw new Error('请先完成会员登录或注册')
        }

        return true
    }

    private getPath(path: PathObj, current = ''): string {
        current = `${path.key}${isEmpty(current) ? '' : '.'}${current}`
        if (path.prev) {
            return this.getPath(path.prev, current)
        }
        return current
    }
}
```

最后，实现 Resolver：

```
import {Resolver, Query, ResolveField, registerEnumType, Args} from '@nestjs/graphql'
import {UseGuards} from '@nestjs/common'

function wmpSession(context: ExecutionContext): WMPSession | null {
    if (context.getType<GqlContextType>() === 'graphql') {
        const ctx = GqlExecutionContext.create(context)
        const {req} = ctx.getContext()
        return req.session
    }
    return null
}

export const CurrentSession = createParamDecorator((data, context: ExecutionContext) =>
wmpSession(context))

@Resolver((of) => String)
export class NonceResolver {
    @UseGuards(MemberGuard)
    @ResolveField('nonce', () => String)
    async authCode(@CurrentSession() session: WMPSession) {
        return this.authService.setNonceAndReturn(session.userId)
```

    }
   }

11.3 小　　结

　　本章首先讨论了 GraphQL 的基本概念和它的特点，然后通过实例讲解演示了如何在 GraphQL 中实现一个简单可用的身份认证能力，该示例不仅可以用在一个具体的场景，还可以通过它窥探到一般的开放平台是如何实现的。

　　下一章将探讨如何实现单点登录。

第 12 章

如何实现单点登录和用户联邦

登录的主要目的是什么呢？一个明显的目的就是为了访问线上服务、购买商品或者使用应用程序。但是有些场景下会需要同时访问其他的对等系统。作为用户，肯定不喜欢重复使用同样的凭据多次登录这些不同的系统。这时，单点登录（Single Sign-On，SSO）方案就派上用场了。单点登录是一种身份认证的解决方案，它允许用户在多个应用程序之间进行一次登录，然后无须再次输入凭据即可访问其他应用程序。这大大简化了用户的身份验证过程，并提高了用户体验。这是如何做到的呢？简单来说，应用单点登录方案之后，用户只需要被验证一次，其产生的会话或者 Cookie 就能被用来访问多个其他的服务（当然还是要在服务提供程序或者受信任的第三方联邦关系管理程序的控制下）。

单点登录服务通常依赖服务器端的数据库来跟踪所有生成的会话和 Cookie。当用户完成了一次成功的认证流程后，会有一个 Cookie 生成并保存在用户浏览器中，并关联至一个指定的域名或者应用的 URL，该 Cookie 还会携带一些元信息，比如过期时间等。同时，服务器端也会在数据库中存储与该 Cookie 对应的会话信息和相应的过期时间。

处于同一个域名下的应用（比如 a.example.com 和 b.example.com），相对来说比较容易通过使用相同的会话对象来实施单点登录。但是在其他场景下，比如用户登录 a.first.com 之后，又要访问 b.another.com 中的一些服务（需要跨域单点登录），由于浏览器的同源策略，这种方式就不可行了。在这种情况下，我们可以使用一些其他的技术来实现单点登录，比如使用代理服务器或者使用跨域资源共享（Cross-Origin Resource Sharing，CORS）等更加复杂的 Cookie 信任和交换服务。

除 Web 应用外，移动设备单点登录也是一个热门话题。在移动设备上要求用户输入用户名和密码登录会吓退很多用户，尤其是对密码的复杂度有要求的场合。因此，单点登录在移动设备上的应用是非常有必要的。

尽管密码管理器可以帮助保存并在移动应用的登录表单中自动填写密码，但为了进一步提高可用性，同时减轻因应用数量增长而带来的会话对象管理和运营复杂度，跨应用（同一开发者下的不同应用）的单点登录仍然是一个需要实现的关键目标。相同开发者的不同应用拥有相同的开发者签名并具有相同的开发流程管理，因此应该功能协同工作，以在移动操作系统中访问相同的存储对象以及其他的 Cookie 和会话信息。如果服务提供者在部署了多个移动应用，那么这将成为需要重点关注的地方。

无论是构建企业内部应用程序还是面向公众的互联网应用程序，实现单点登录都可以提供许多好处，包括减少用户凭据管理的复杂性、提高安全性、降低用户认证的摩擦等。

提　示

尽管单点登录适用于所有的登录场景（即 2A、2B、2C、2D 和 2E 都可以应用单点登录），但是笔者注意到很多知名的 PaaS/SaaS 型产品在登录界面的设计上都只是将单点登录特指 2E 的场景，即面向企业内部用户。因此，常见的登录页面是，除面向终端消费者的用户名/密码登录和各种社交登录方式外，还特别增加了一个"单点登录"按钮。一般来说，这里的其他登录方式是面向个人用户的。而"单点登录"按钮则对应某个企业/组织的用户。单击这个按钮会跳转到企业/组织的登录页面，用户在该页面完成登录后，会跳转回来，完成登录。

这里面其实隐含两种单点登录，我们以 Atlassian 的产品举例说明：假设你是个人用户，你会注意到，登录了 Confluence 产品后，再打开 JIRA 产品，就不用再次重复输入登录凭据，而是可以快速登录。原因是，这两个产品都是 Atlassian 公司的产品，它们之间是可以实现单点登录的。虽然你选择的是普通的登录方式，但仍在 Atlassian 公司的单点登录体系之内。

再假设你在一家公司工作，公司为你分配了微软的 Office 365 账号，并且公司购买了 Atlassian 公司的 Confluence 服务，那么你可以使用这个账号登录 Confluence 产品，这就是 Atlassian 公司的产品和微软的产品之间的单点登录。如果你在打开 Confluence 页面之前，已经登录了 Outlook 等微软的产品，那么在打开 Confluence 页面并选择"单点登录"时，就不用再次输入登录凭据，而是可以直接通过公司的域进行快捷登录。这时的"单点登录"指的是你所在的公司的单点登录体系：即你可以一次登录，同时在微软 Office 365 产品以及 Confluence 服务之间共享登录态。甚至如果你的公司购买了 AWS 云服务，并且配置了同样的微软 Office 365 单点登录，那么还可以同时免登进行 AWS 云服务的管理。

也就是说，一个产品的登录页未提及"单点登录"时，它可能隐含自家产品的"单点登录"。而特别的"单点登录"按钮是指单击之后会跳转到其他企业/组织的登录页面，完成登录后再跳转回来，完成登录。这种"单点登录"是接下来的"单点登录"服务商，不是产品所在的公司提供的，而是由域所在的公司自己配置的。

让我们深入研究单点登录的实现方式，并了解如何在应用程序中应用它。

12.1　用户连接与用户联邦

关于单点登录，经常有进站账号链接的需求。在支持第三方登录的生态系统中，链接多个不同账号是很常见的。比如，用户可以先通过微信登录一个站点，再用 QQ 登录同一个站点，那么这两个账号就可以关联起来。这样，用户就可以通过任意一个账号登录该站点。图 12-1 展示的是 authing.cn 的账号链接页面。

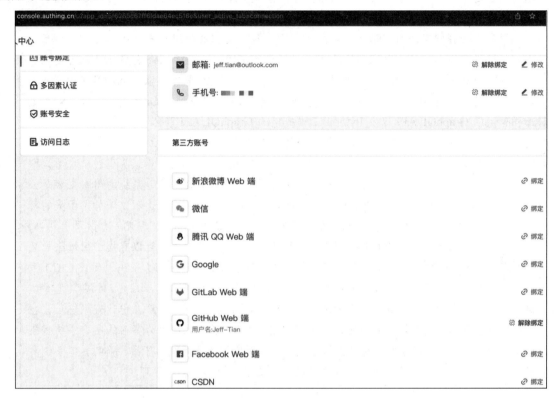

图 12-1　authing.cn 的账号链接页面

这种账号关联的功能很可能是一个服务提供者需要的功能，一般通过在不同的账号提供者之间共享一个属性来实现。在中国的互联网生态系统中，这个属性通常是用户的手机号码（尤其是在面向终端消费者的认证场景）。在其他国家，这个属性可能是用户的电子邮件地址。

在账号链接过程中，还应该包含额外的确认步骤，如主动询问权限，要求用户同意并理解这将会把账号链接在一起，等等。

通过账号链接，很容易解决跨根域名的单点登录问题。但是，如果不是跨根域名的单点登录，而是跨子域名的单点登录，那么账号链接就不是必需的了。因为跨子域名的单点登录可以通过 Cookie 共享来实现。这是因为 Cookie 的域名可以设置为父域名，比如可以将 Cookie 的域名设置为.example.com，这样所有的子域名都可以共享这个 Cookie。

以上介绍了账号链接，下面再来聊聊用户联邦（User Federation）。用户联邦是一种将用户数据从一个系统同步到另一个系统的方式。在用户联邦中，用户数据是从一个系统同步到另一个系统的，而不是像账号链接那样，只是将两个账号关联起来。用户联邦的方式可以让一个系统使用另一个系统的用户数据，而不需要用户的授权。

> **提　示**
>
> 首先不妨问一下，联邦是什么？上网搜索联邦，会发现，这一般指国家的组织形式，几个小邦联合起来，组织成一个更大的国家，并同意做这个国家的成员。联邦共和国是几个社会联合而产生的一个新社会，这个新社会还可以因其他新成员的加入而扩大。
>
> 联邦国家是一种国家的组织形式。在技术方面，也有类似的组织形式，也称之为某联邦。比如公司里有多个团队，不同的团队提供了不同的 API。他们如果将这些 API 联合起来，组织成一个更大的整体来对外提供服务，这时就出现了 API 联邦。以 GraphQL API 为例，笔者之前尝试过 Nest.js 的 GraphQL Gateway，将 Java 工程提供的 GraphQL API、Node.js 工程提供的 GraphQL API 以及 Python 工程提供的 GraphQL API 联邦在一起。
>
> 那么，用户联邦是什么呢？其实就是将各个用户系统联合在一起。比如在一个系统中，可以使用另一个系统的账号无缝登录。讲到这里，笔者想起来在 2014 年曾经实现过一次用户联邦，但当时并没有意识到这一点。那时候团队自研了一套 CRM 系统，系统的用户主要是公司内部员工。每次有新员工入职，就需要在该系统中同步创建账号。这不仅增加了团队的负担，也给员工本人带来了不便，因为他们需要额外记住一套账号密码。后来笔者做了一件事，就是将公司的域账号联合到 CRM 系统（采用用户联邦），这样用户可以直接使用域账号登录 CRM 系统。这次的用户联邦只是将外部用户系统联邦到自研 CRM 系统，而该 CRM 系统本身不是标准产品。下一次，如果要在其他系统中联合公司的域账号系统，需要其他系统再次开发。如果引入一个身份认证代理层（比如 Keycloak 这样的开源身份认证系统），在这个代理层联邦公司的域账号系统以及更多的用户系统，就可以同时为背后的所有系统提供认证能力。不建议自研开发这种身份认证代理层，而应该使用标准的产品，否则其他系统要进行对接就需要额外开发，而对接标准产品只需要进行简单的配置即可。

在多个系统之间进行账号互联，有账号链接和用户联邦两种方式，这里列举一下笔者观察到的一些区别，并在 12.3 节专门讨论用户联邦并给出实战案例。

1. 协议不同

账号链接一般使用 OAuth 2.0/OIDC 或者 SAML 协议。尽管可能存在其他协议或者定制化的方式，但这种情况相对较少见。而用户联邦一般使用 LDAP 或者 Kerberos 协议，或者使用定制化的方式，定制化的方式很常见。

2. 用户感知不同

使用账号链接的方式，允许使用系统 B 的账号登录系统 A，那么用户认证一定发生在系统 B。也就是说，用户在登录系统 A 时，会被显式跳转到系统 B 的页面，在 B 的页面上完成认证后，再跳转回系统 A。

如果是第一次登录，那么系统 A 以系统 B 的用户信息在系统 A 中创建一个账号，并且将系统 B 的用户标识作为一个用户属性储存起来。

如果使用用户联邦的方式，通过系统 B 的账号来登录系统 A，则可以直接在系统 A 的页面完成认证。尽管系统 A 的后端仍然会和系统 B 交互，但是却可以没有前端交互。

哪怕是第一次登录，用户也可以直接在系统 A 的页面内直接输入系统 B 中的账号和密码，以完成登录。系统 A 可以在后端调用系统 B 的接口，验证通过后，再在系统 A 内创建账号。也可以提前批量调用 B 的接口，将用户全部导入。

总之，用户联邦的集成方式可以不询问用户的授权，可以没有页面跳转。

3. 交互深度不同

账号链接或者说账号关联基本上通过系统 A 调用系统 B 的用户信息接口来完成，不会再有进一步的交互。而用户联邦则不限于此，系统 A 可以调用系统 B 中的更多相关接口，比如查询用户的组织信息等。

并且，账号链接方式完全不可能在系统 A 内修改系统 B 的用户信息。比如可以使用微信登录一个网站，但要修改微信账号信息，一定需要用户自己在微信侧完成。

但是，用户联邦可以直接在系统 A 中修改系统 B 的用户信息。甚至常见的是，用户在系统 A 中修改了信息，需要实时或者定时同步到系统 B。

4. 举例

图 12-2 展示了 Keycloak 的身份提供者程序页面，它使用的是账号链接，允许第三方系统的账号登录 Keycloak。常见的社交账号登录都是账号链接。

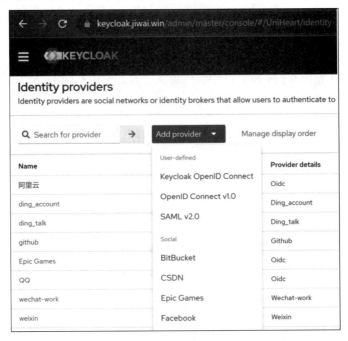

图 12-2 Keycloak 的身份提供者

图 12-3 展示了 Keycloak 的用户联邦提供者程序页面，这些提供者程序使用的是用户联邦。一般来说，企业系统会更多地使用用户联邦进行账号互联。

5. 总结

账号链接是系统之间通过标准协议和 Open API 的方式进行账号互联。而用户联邦则更像是一个系统将另一个系统的用户数据存储成像数据库一样进行操作。

账号链接多用于终端消费者场景。而用户联邦多用于企业对内的系统。我们将在 12.2 节中讨论单点登录，然后在 12.3 节中，通过实战案例来详细讨论用户联邦。

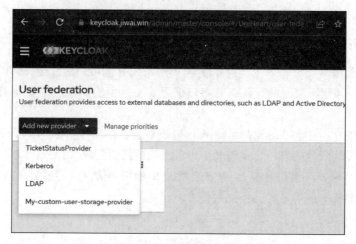

图 12-3　Keycloak 的用户联邦

12.2　单点登录实战

单点登录是目前比较流行的企业业务整合的解决方案之一。单点登录的定义是在多个应用系统中，用户只需要登录一次就可以访问所有相互信任的应用系统[15]。

12.2.1　使用 Keycloak 打造多个系统间的单点登录体验

在前面的章节中，我们已经做了几个示例程序。下面把它们串起来，以实例的方式展示一下如何用 Keycloak 来打造单点登录体验。

1．问题

有两个系统，分别由不同的团队开发，技术栈也完全不同。在交付时，发现其用户群体是一样的，用户希望能够拥有单点登录体验。在这里，虽然是一个假想问题，但是在实际工作中可能会经常碰到。比如，A 系统由外包团队开发，B 系统由公司 in house 开发。或者 A 系统由一个外包公司开发，而 B 系统由另一个外包公司开发。但它们都是整个公司数字化中的一小块，在实际上线后属于一个整体。在这种场景下，启用单点登录体验不仅方便用户，也方便公司的管理。

要启用单点登录，用任何一种身份认证服务都行，接下来以 Keycloak 为例进行介绍，后面还将使用 Authing 以及其他的身份认证服务举例。

2．流程图

不同的情况有不同的集成方式，但是图 12-4 是一个基本且可行的集成方式，即将 Keycloak 作为一个独立的服务，不同的系统和它进行对接即可。这种方式会导致页面之间存在跳转，但是对于用户来说，不需要二次登录，因此体验上还是可以接受的。

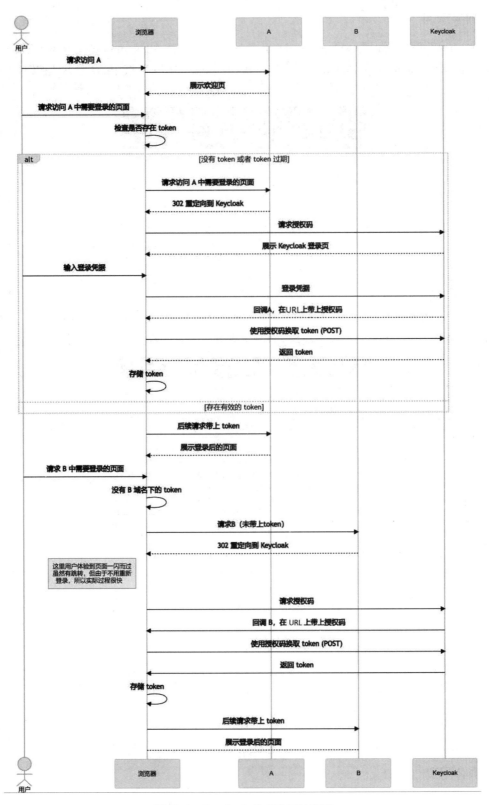

图 12-4 Keycloak 单点登录时序图

3. 效果示例

Keycloak 仍然用 https://keycloak.jiwai.win 举例，A 系统是 https://umi-ckeditor5.brickverse.dev/，而 B 系统是 https://uniheart.pa-ca.me/keycloak/login。可以先单击 A 系统中的"登录"按钮，如图 12-5 所示。

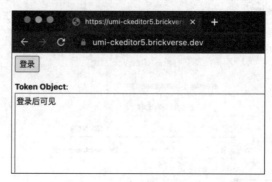

图 12-5　umi-ckeditor5 的"登录"按钮

它会跳转到 Keycloak 登录页，推荐使用邮箱密码登录（没有账号的话可以先注册），或者使用 GitHub 等其他社交账号登录。登录完成后（跳回系统 A），可以看到 Token 信息，如图 12-6 所示。

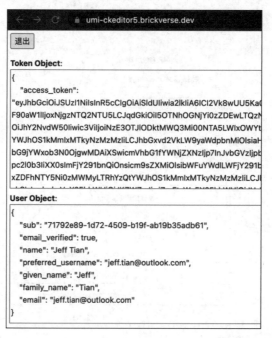

图 12-6　umi-ckeditor5 的 token 信息

这时，打开系统 B：https://uniheart.pa-ca.me/keycloak/login，我们会看到页面一闪而过，但不需要输入登录凭据，它会自动进入登录态，即展示 token 信息，如图 12-7 所示。

4. 具体配置

一般来说，要将多个不同的系统联系起来，实现单点登录，并不需要太多编码，只需要配置即可。在实现上，以上两个项目在开发时是出于完全不同的目的，但通过配置同一个 Keycloak 实例，它们就联系在一起了。

图 12-7　uniheart 的 token 信息

1）A 系统的配置

源码见 https://github.com/Jeff-Tian/umi-ckeditor5/blob/main/.umirc.js，关键代码截图如图 12-8 所示。

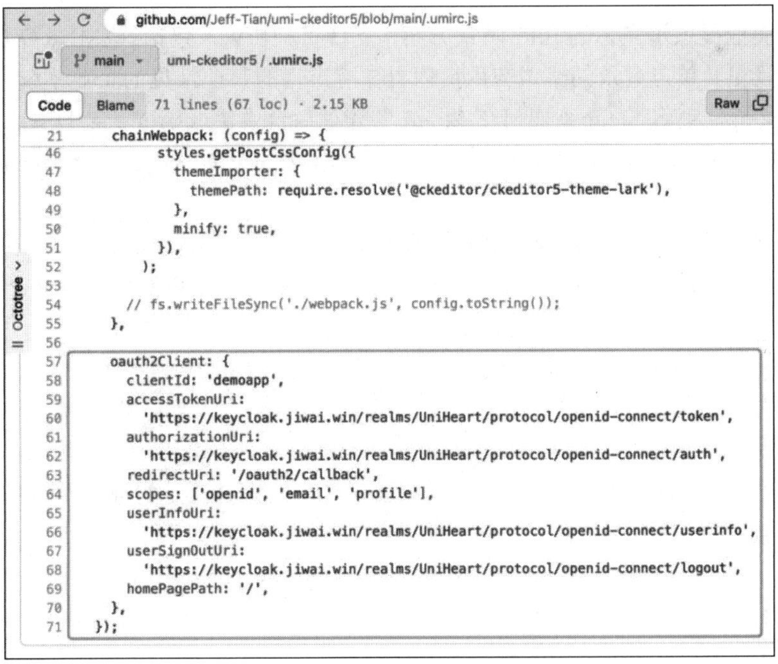

图 12-8　umi-ckeditor5 的配置

2）B 系统的配置

源码见 https://github.com/Jeff-Tian/alpha/blob/master/keycloak.json，关键代码截图如图 12-9 所示。

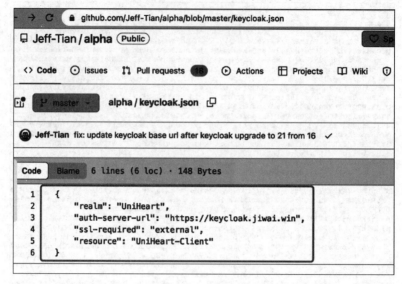

图 12-9　alpha 的配置

5. 总结

通过以上配置就可以实现单点登录了。

12.2.2　在 Strapi 中接入单点登录

Authing 为企业提供了完善的 SSO 解决方案，支持多种协议，包括 SAML、OAuth 2.0、OpenID Connect 等，并且在其单点登录的集成应用侧内置支持丰富的其他常见的企业系统。

本节将以 Strapi 为例，先介绍如何在 Strapi 的管理后台中集成 Authing 的单点登录，然后适当扩展一下，在 Strapi 的管理后台中集成任一 OIDC 身份服务（比如 Keycloak、Duende IdentityServer 等）。

Strapi 是一个无头内容管理系统，其管理界面默认提供了邮箱登录的方式。不过，其邮箱密码账户是其单独的用户系统，需要单独维护。对于一个组织来说，很可能已经有一个甚至多个现有的用户系统了，再额外增加一套用户系统，不仅增加了管理成本，对于终端用户使用也极为不便。所以，非常有必要为 Strapi 的管理界面提供一种单点登录的方式。

Strapi 系统其实已经支持单点登录的特性，不过该功能并非免费，需要联系销售购买许可证，如图 12-10 所示。

假设你已经有了 Strapi 的企业级许可证，那么现在可以为 Strapi 的管理界面开启单点登录功能了，如图 12-11 所示。

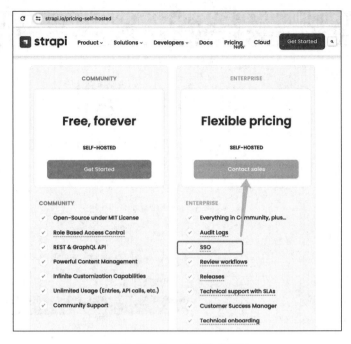

图 12-10 Strapi 的单点登录

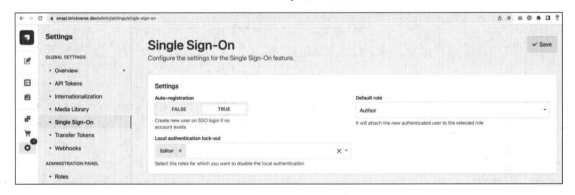

图 12-11 Strapi 的单点登录

不过这还不够，在适配身份源时，还需要做更多工作。如果你的身份源不在 Strapi 默认的身份提供者列表中，就还需要编写少量代码来完成适配工作。这里正是针对这个场景，为在这方面碰到困难的读者提供指引。

> **提　示**
>
> 联系 Strapi 的销售购买许可证，不是一件能够立即完成的事情。如果只想在测试环境快速验证一下该功能，也可以通过修改 node_modules 的方式在测试场景中使用 Strapi 完整的企业版功能（请自觉不要正式使用）。

1. 最终效果

我们实现的最终效果是可以在 Strapi 的管理界面上，在默认的邮箱登录方式之外增加两个额外的选项，如图 12-12 所示。

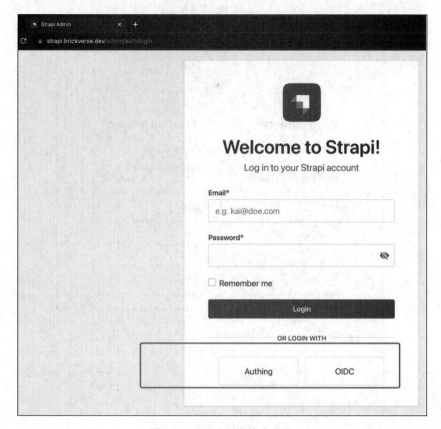

图 12-12　Strapi 的单点登录

我们还设想了一种场景，即接入公司内网环境下的身份提供者（因为 Strapi 管理后台很可能更多的是供公司内部人员使用的），因此还将展示如何为 OIDC 登录方式添加 IP 白名单限制的功能选项。

2. Passport

首先要知道 Strapi 的管理后台的身份认证系统是基于 Passport 库的，Passport 是一个个人开发者开发的 Node.js 库，基于策略模式可以非常方便地适配各种不同的身份源，所以其生态特别丰富，基本上主流的身份平台都有对应的策略。

3. 集成 Authing 单点登录

在 Authing 的控制台中，通过添加集成应用到单点登录 SSO，可以直接选择 Strapi，就能看见一个非常棒的接入教程，如图 12-13 所示。

该教程是基于 Passport 和 OAuth 2 策略自行编写了一个适配 Authing 的 OIDC 策略来实现的。在此我们进行了补充，即通过开源的 Authing 策略用更少的代码接入。这个开源的 Authing Passport 策略库是 passport-authing。

图 12-13　Authing 的 Strapi 接入教程

通过在 Strapi 项目的 config/admin.js 中添加一些代码，即可完成 Strapi 与 Authing 的对接，代码如下：

```js
const AuthingStrategy = require('passport-authing').Strategy;

module.exports = ({env}) => {
    const authing = {
        uid: 'authing',
        displayName: 'Authing',
        icon: '',
        createStrategy: (strapi) => {
            return new AuthingStrategy({
                // 从 Authing 的控制面板复制过来
                domain: 'xt1o6lgf.authing.cn',
                // 从 Authing 的控制面板复制具体的值，建议存储在环境变量中
                clientID: env("AUTHING_CLIENT_ID"),
                clientSecret: env("AUTHING_CLIENT_SECRET"),
                scope: [
                    "email",
                    "profile",
                    "openid"
                ],
                callbackURL: strapi.admin.services.passport.getStrategyCallbackURL(
                    'authing' // 需要与上面的 provider 一致
                ),
            }, (request, accessToken, refreshToken, profile, done) => {
                done(null, {
                    email: profile.emails[0].value,
                    firstname: profile.givenName ?? profile.displayName ?? profile.emails[0].value,
                    lastname: profile.familyName ?? profile.nickname ?? profile.emails[0].value
                })
            });
        }
```

```
    };

    return ({
        auth: {
            secret: env('ADMIN_JWT_SECRET'),
            providers: [
                oidc
            ]
        },
        apiToken: {
            salt: env('API_TOKEN_SALT'),
        },
        transfer: {
            token: {
                salt: env('TRANSFER_TOKEN_SALT'),
            },
        },
        flags: {
            nps: env.bool('FLAG_NPS', true),
            promoteEE: env.bool('FLAG_PROMOTE_EE', true),
        },
    });
}
)
;
```

4. 集成任一 OIDC 身份服务

其实和对接 Authing 很像，但是为了展示如何做更多的定制化，我们先自己写一个 Passport OIDC 策略。更多的定制化功能，我们以 IP 白名单举例说明。这需要重载默认的授权方法，检测到用户的 IP 地址不在白名单中时，就拒绝进行授权。完整代码如下，注意获取用户的 IP 地址时，需要从 x-forwarded-for HTTP 头中获取，而不能使用 request.socket.remoteAddress 的方式。因为请求从用户的出口 IP 到达 Strapi 的服务，中间可能会经过多个代理服务器的跳转，所以只有使用 x-forwarded-for 才能获取到用户的稳定出口 IP，而 request.socket.remoteAddress 的值可能每次都不一样。除非用户的机器到 Strapi 的服务只经过一跳，否则它们的值是不相等的。

```
const util = require('util')
// passport-oauth2 需要 npm/yarn 等安装
const OAuth2Strategy = require('passport-oauth2')
const InternalOAuthError = OAuth2Strategy.InternalOAuthError
const request = require('request');


function Strategy(options, verify) {
    options = options || {}

    options.scope = options.scope || 'openid profile email'

    this.userInfoURL = options.userInfoURL;
    // 从选项中读取 IP 白名单列表
```

```javascript
    this.ipWhitelist = options.ipWhitelist ?? [];

    OAuth2Strategy.call(this, options, verify)

    this.name = options.provider || 'oidc'
}

// 从 OAuth2Strategy 继承出 Strategy
util.inherits(Strategy, OAuth2Strategy)

// 记住原有的授权方法
const authenticate = Strategy.prototype.authenticate;

// 改造授权方法，以检测 IP 是否在白名单中
Strategy.prototype.authenticate = function (req, options) {
    const clientIp = req.get('x-forwarded-for');

    if (this.ipWhitelist.indexOf(clientIp) < 0) {
        throw this.fail({message: 'IP 地址 ${clientIp} 不在白名单中！'});
    }

    return authenticate.call(this, req, options);
};

// 获取用户信息
Strategy.prototype.userProfile = function (accessToken, done) {
    const self = this

    const options = {
        'method': 'GET',
        'url': self.userInfoURL,
        'headers': {
            'Authorization': 'Bearer ' + accessToken
        }
    };

    request(options, function (err, response) {
        if (err) {
            return done(new InternalOAuthError('Failed to fetch user profile', err))
        }

        try {
            const json = JSON.parse(response.body)

            done(null, json);
        } catch (ex) {
            return done(new Error('Failed to parse user profile'))
        }
    });
}
```

```
// 对外暴露策略
module.exports = {
    Strategy,
}
```

有了以上策略，我们就可以在 admin.js 中添加 OIDC 登录方式了，这里以对接笔者部署好的 Duende IdentityServer 为例：

```
  const AuthingStrategy = require('passport-authing').Strategy;
+ const OIDCStrategy = require('./passport-oidc').Strategy;

  module.exports = ({env}) => {
+   const oidc = {
+     uid: 'oidc',
+     displayName: 'OIDC',
+     icon: '',
+     createStrategy: (strapi) => {
+       return new OIDCStrategy({
+
+         issuer: 'https://id6.azurewebsites.net/',
+         authorizationURL: 'https://id6.azurewebsites.net/connect/authorize',
+         tokenURL: 'https://id6.azurewebsites.net/connect/token',
+         userInfoURL: 'https://id6.azurewebsites.net/connect/userinfo',
+
+         provider: 'oidc',
+
+         clientID: 'strapi',
+         clientSecret: 'strapi',
+         callbackURL: strapi.admin.services.passport.getStrategyCallbackURL(
+           'oidc' // 需要与上面的 provider 一致
+         ),
+
+         ipWhitelist: env('IP_WHITE_LIST', '').split(',').map(ip => ip.trim()).filter(ip => ip.length > 0),
+       }, (request, accessToken, refreshToken, profile, done) => {
+         done(null, {
+           email: profile.email,
+           firstname: profile.givenName ?? profile.displayName ?? profile.email,
+           lastname: profile.familyName ?? profile.nickname ?? profile.email
+         })
+       });
+     }
+   };

    return ({
      auth: {
        secret: env('ADMIN_JWT_SECRET'),
        providers: [
          authing,
+         oidc
```

```
            ]
        },
```

5. 总结

本节详细说明了如何使用 Passport 策略给 Strapi 管理界面添加新的单点登录方式。

12.3 用户联邦实战

在前言中提到，对于笔者来说，标准的身份认证协议让笔者感到非常振奋。因为它们像 Webhook 一样，可以将不同的系统进行安全地开放互联，使得系统集成可以像搭积木一样，将效率提升一个层次。而用户联邦是指将用户的身份信息分布在多个身份提供者之间，通过信任关系和协议来实现用户的单一身份登录和访问授权。本章将使用一些实际的案例来说明这一点。

12.3.1 在 Keycloak 中联邦 LDAP 用户源

在身份认证和访问控制系统中，将不同的用户源（如 LDAP、Active Directory）与身份提供者集成是一项常见的任务。Keycloak 作为一个开源的身份和访问管理解决方案，提供了丰富的功能来实现用户联邦。图 12-14 展示了 Keycloak 中的用户联邦设置页面。

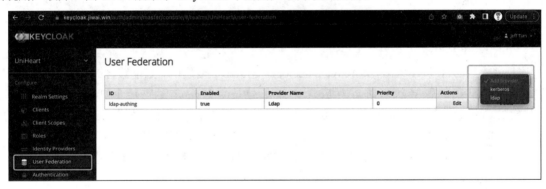

图 12-14　Keycloak 中的用户联邦

接下来将介绍如何在 Keycloak 中联邦 LDAP 用户源，使得 Keycloak 可以与现有的 LDAP 服务器集成，从而实现 LDAP 用户的认证和授权。

1. LDAP

LDAP（Light Weight Directory Access Protocol，轻型目录访问协议）是一种软件协议，使任何人都可以在公共互联网或公司内网查找网络中的组织、个人和其他资源（例如文件和设备）的数据。LDAP 是目录访问协议（Directory Access Protocol，DAP）的"轻量级"版本，它是 X.500（网络中目录服务的标准）的一部分。更多介绍可以参考 LDAP。

一般来说，企业都会有 LDAP 服务，员工的元信息都能在 LDAP 服务中查询到，以及密码等安全凭据都保存于此。联邦 LDAP 用户后，就可以允许企业员工使用域账号登录 Keycloak。

Keycloak 内置了 LDAP 提供商，在同一个 Keycloak Realm 中，可以联邦多个不同的 LDAP 服务。

2. LDAP 映射器

我们可以将 LDAP 用户的属性映射到 Keycloak 的通用用户模型中，默认是映射用户名、邮箱、姓氏和名字，但也可以通过 LDAP 映射器配置额外的映射。

1）用户属性映射器

通过该映射器，你可以指定将哪个 LDAP 属性映射为哪个 Keycloak 用户属性，比如将 LDAP 中的 Mail 映射为 Keycloak 中的 Email 等。这必须是一对一的映射。

2）全名映射器

通过它可以指定用户的全名。在 LDAP 中，这通常被存储为 cn，而在 Keycloak 数据库中，这通常是 firstName 和 lastName。

3）角色映射器

同一个 LDAP 提供商可以配置多个角色映射器。

4）硬编码角色映射器

它可以为所有链接到 Keycloak 用户的 LDAP 用户分配一个固定的 Keycloak 角色。

5）用户组映射器

它可以用来将处于 LDAP 树中某个分支下的 LDAP 组同步到 Keycloak 中的指定用户组。

6）微软活动目录账号映射器

这是微软活动目录（Microsoft Active Directory，MSAD）专用的。它能够将 MSAD 中的用户状态和 Keycloak 中的账号状态进行对应，比如账号是否禁用、密码是否过期等。它使用了 userAccountControl 和 pwdLastSet 属性，这两者都是 MSAD 专有的属性，而非 LDAP 标准属性。如果 pwdLastSet 属性值是 0，Keycloak 将要求用户执行 UPDATE_PASSWORD 动作以强制用户更新密码。如果 userAccountControl 属性值是 514（表示禁用的账号），Keycloak 将禁用该用户。

3. 存储模式

Keycloak 默认会将 LDAP 用户导入本地用户存储。被导入的用户副本要么按需同步，要么通过定期后台任务同步。图 12-15 展示了 Keycloak 中的用户联邦同步设置。

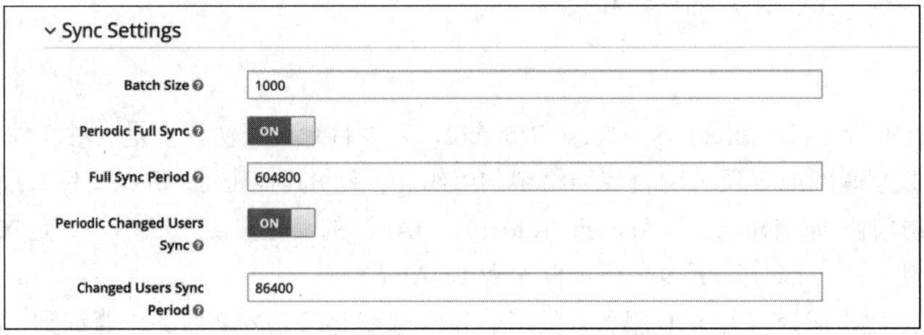

图 12-15　Keycloak 用户联邦同步设置

但密码是个例外，密码不会被导入，密码验证会委托给 LDAP 服务器。图 12-16 展示了 Keycloak 中的用户联邦的密码验证委托设置。

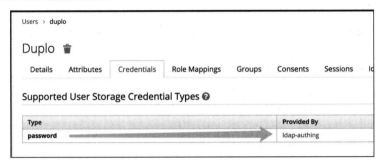

图 12-16　Keycloak 用户联邦的密码验证委托

也可以选择不将用户导入 Keycloak 数据库，这样的话，Keycloak 的通用用户模型就在运行时依赖 LDAP 服务器。

存储模式通过 Import Users 开关来控制，如果要导入，就将它设置为开启，如图 12-17 所示。

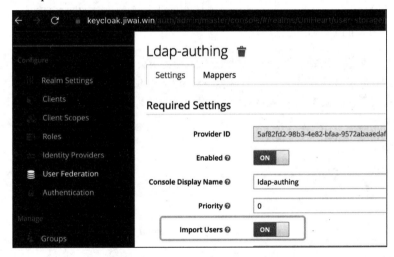

图 12-17　在 Keycloak 的用户联邦设置中开启用户导入

4．编辑模式

1）只读

用户名、邮箱、姓氏和名字以及其他的映射属性一旦导入就不能更改。这时，任何修改尝试都会触发 Keycloak 的报错。而且，在这种模式下也不支持修改密码。

2）可写

用户名、邮箱、姓氏和名字以及其他的映射属性甚至密码都允许更新，并且会自动同步到 LDAP 服务器。

3）不同步

用户名、邮箱、姓氏和名字以及其他的映射属性甚至密码都会被存储在 Keycloak 本地，如何同步到 LDAP 取决于用户本身。

5. 实战操作

接下来，我们使用 Keycloak 和 LDAP 服务来做一个实验，Keycloak 的部署有多种方式，比如通过 Docker 本地启动，或者部署到 Okteto、Heroku 这样的 PaaS 平台。这里再次以笔者部署的 https://keycloak.jiwai.win 为例进行介绍。

LDAP 服务也有多种方式，这里先列举几个，然后以 Authing 为例详细介绍在 Keycloak 中联邦 LDAP 的过程。

1）OpenLDAP 容器

详见 https://hub.docker.com/r/rroemhild/test-openldap/，它自带测试数据，可以使用以下命令运行：

```
docker pull rroemhild/test-openldap
docker run --privileged -d -p 389:389 -p 636:636 rroemhild/test-openldap
```

2）使用公司的 LDAP 服务

如果使用公司的 LDAP 服务，就需要知道连接它的账号和密码。图 12-18 展示了使用 Directory Utility 来查看一个员工的 LDAP 信息。

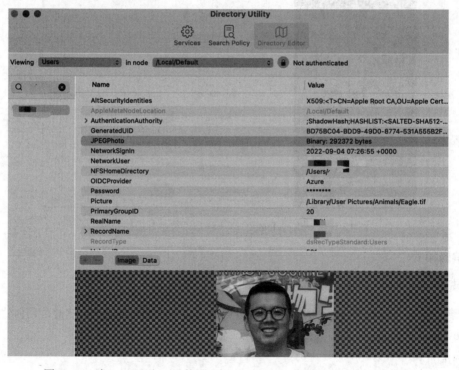

图 12-18　在 macOS 上可以使用 Directory Utility 查看员工的 LDAP 信息

3）Authing 的 LDAP 服务

如果不知道公司 LDAP 服务的账号和密码，又不想使用容器方案（不够真实，也不能在线上服务中使用它），那么强烈推荐 Authing 提供的 LDAP 服务。

首先，你需要创建一个用户池（authing.cn 中的用户池，可以类比为 Keycloak 中的安全领域 Realm），如图 12-19 所示。

图 12-19　在 Authing 控制台创建用户池

可以选择 To E，为企业员工管理身份，如图 12-20 所示。

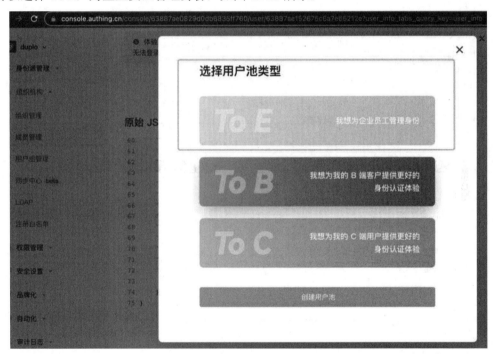

图 12-20　选择 To E

给这个用户池取个名字，即可完成创建，如图 12-21 所示。

这时，在组织机构菜单下可以看到 LDAP 子菜单项，它默认是关闭的，需要单击开启，如图 12-22 所示。

随后，在设置、基础设置、密钥管理中分别记录下"用户池 ID"和"当前密钥"。它们是登录 LDAP 服务的凭证，如图 12-23 所示。

图 12-21　为用户池命名

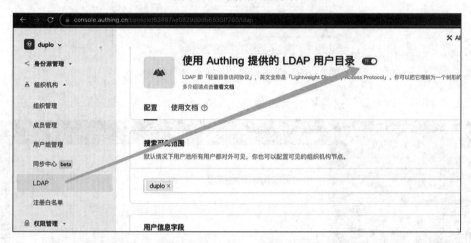

图 12-22　开启 LDAP 服务

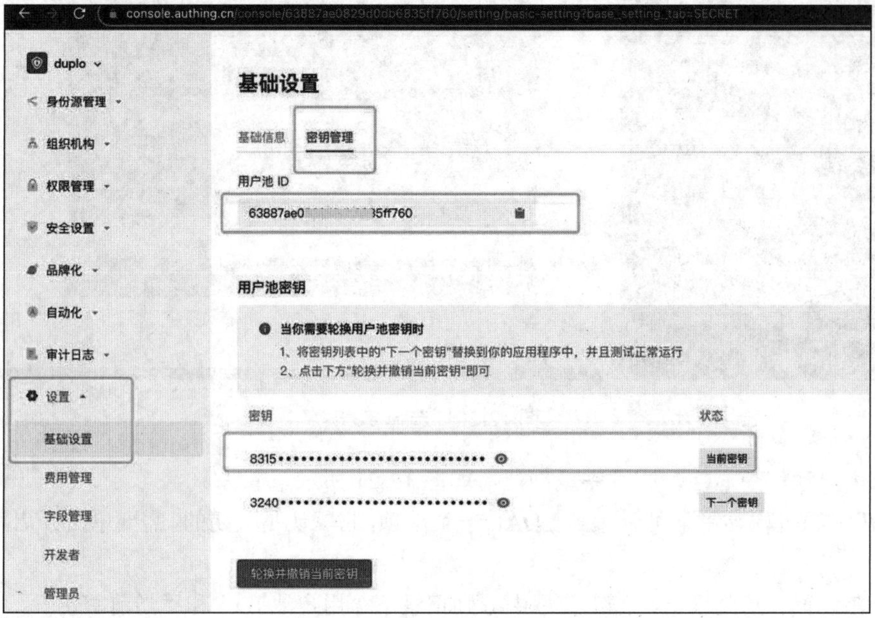

图 12-23　记录用户池 ID 和当前密钥

4)命令行测试

运行一下 whoami，得到了 user@authing.cn 的结果，说明一切正常。

```
ldapwhoami -H ldap://ldap.authing.cn:1389 -x -D
"ou=users,o=63887ae0829d0db6835ff760,dc=authing,dc=cn" -w "8315***********"

user@authing.cn
```

如果使用没有开启 LDAP 的用户池和密钥，可能得到 NoSuchObjectError 错误：

```
ldapwhoami -H ldap://ldap.authing.cn:1389 -x -D
"ou=users,o=620097b69a9dab5e967d0c44,dc=authing,dc=cn" -w "ff5a******"

ldap_bind: No such object (32)
    matched DN: dc=authing,dc=cn
    additional info: NoSuchObjectError
```

运行 ldapsearch 命令查询用户，可以得到如下结果：

```
ldapsearch -H ldap://ldap.authing.cn:1389 -x -D
"ou=users,o=63887ae0829d0db6835ff760,dc=authing,dc=cn" -w "8315********" -LLL -b
"ou=users,o=63887ae0829d0db6835ff760,dc=authing,dc=cn"
    dn: ou=users,o=63887ae0829d0db6835ff760,dc=authing,dc=cn
    o: 63887ae0829d0db6835ff760
    name: duplo
    cn: duplo
    description: duplo
    gidNumber: 63328
    objectGUID: 63887ae0829d0db6
    objectclass: organization
    objectclass: top
    objectclass: posixgroup

    dn: uid=63887ae152675c6a7e65212e,ou=users,o=63887ae0829d0db6835ff760,dc=authin
     g,dc=cn
    id: 63887ae152675c6a7e65212e
    createdAt: Thu Dec 01 2022 17:58:57 GMT+0800 (China Standard Time)
    updatedAt: Thu Dec 01 2022 17:58:57 GMT+0800 (China Standard Time)
    userPoolId: 63887ae0829d0db6835ff760
    username: test
    photo: https://files.authing.co/authing-console/default-user-avatar.png
    gender: U
    registerSource: unknown
    emailVerified: false
    phoneVerified: false
    signedUp: Thu Dec 01 2022 17:58:57 GMT+0800 (China Standard Time)
    blocked: false
    uid: 63887ae152675c6a7e65212e
    objectclass: users
    objectclass: posixAccount
    cn: test
```

```
uidNumber: 8494
homeDirectory: /home/users/test
entryuuid: 63887ae152675c6a7e65212e
gidNumber: 63328
objectGUID: 63887ae152675c6a
distinguishedName: uid=63887ae152675c6a7e65212e,ou=users,o=63887ae0829d0db6835
 ff760,dc=authing,dc=cn

dn: o=63887ae1f22f9b1387548e97,ou=users,o=63887ae0829d0db6835ff760,dc=authing,
 dc=cn
id: 63887ae1f22f9b1387548e97
createdAt: Thu Dec 01 2022 17:58:57 GMT+0800 (China Standard Time)
updatedAt: Thu Dec 01 2022 17:58:57 GMT+0800 (China Standard Time)
userPoolId: 63887ae0829d0db6835ff760
orgId: 63887ae1dde6eb1865bb7f11
name: duplo
sort: 100000000
i18n: [object Object]
code: ohMSBNiUiYXu2QGLApCyiBN8VmjzxA
isVirtualNode: false
gidNumber: 36503
objectGUID: 63887ae1f22f9b13
entryuuid: 63887ae1f22f9b1387548e97
distinguishedName: o=63887ae1f22f9b1387548e97,ou=users,o=63887ae0829d0db6835ff
 760,dc=authing,dc=cn
o: 63887ae1f22f9b1387548e97
ou: 63887ae1f22f9b1387548e97
objectClass: top
objectClass: organization
objectClass: group
objectClass: domaindns
objectClass: posixgroup
cn: duplo
path: duplo
parent: Root
parentId: 0
parentCode: root
```

5）图形界面工具

推荐使用 Apache Directory Studio，如果是 macOS，可以通过 brew install apache-directory-studio 安装。安装后如果打不开，并且单击了设置中的 Open Anyway 还是被阻止的话，就需要在命令行输入 sudo spctl--master-disable，再次单击 Open Anyway 即可打开，如图 12-24 所示。

打开后，新建连接，输入 Authing 的 LDAP 服务器信息，如图 12-25 所示。

第 12 章　如何实现单点登录和用户联邦 | 283

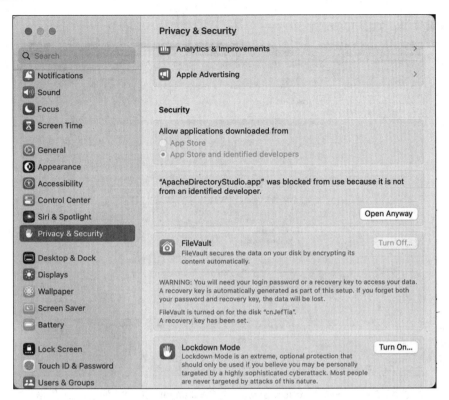

图 12-24　macOS 隐私设置

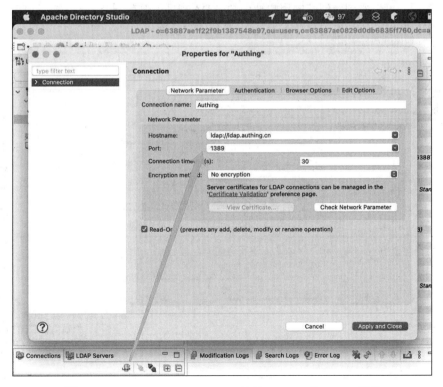

图 12-25　Apache Directory Studio 连接 Authing 的 LDAP 服务

输入登录凭据，如图 12-26 所示。

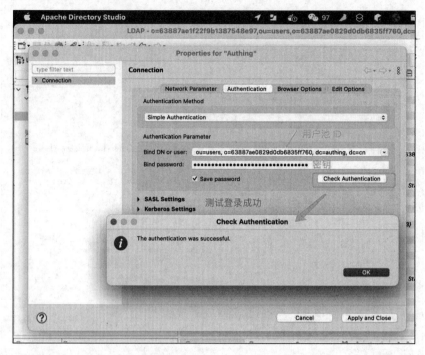

图 12-26　Apache Directory Studio 连接 Authing 的 LDAP 服务的登录凭据

连接成功后，可以看到新创建的用户池中的 LDAP 目录中有一个 test 用户，接下来可以使用 Keycloak 的用户联邦功能把该用户导入 Keycloak 的用户数据库中，如图 12-27 所示。

图 12-27　Apache Directory Studio 连接 Authing 的 LDAP 服务成功

6）实验步骤

（1）在 Keycloak 中添加 LDAP 提供商。

在 Vendor 栏选择 Active Directory 后，会默认填入多数选项。在输入 Authing 的 LDAP 服务地址后，单击 Test connection，可以看到连接成功的消息，如图 12-28 所示。

图 12-28　在 Keycloak 中添加 LDAP 提供商

然后，输入 Bind DN 和 Bind Credential 后，单击测试登录（Test connection），可以看到登录成功的反馈，如图 12-29 所示。

图 12-29　在 Keycloak 的 LDAP 提供商中输入凭据

接着，将 User Object Classes 从自己填充的"person, organizationalPerson, user"修改为"top"。单击保存（Save），就将该 LDAP 连接保存下来了。

（2）同步所有用户。

随后，可以单击"同步所有用户"（Synchronize all user）按钮，稍等一会儿，就能看到反馈信息，比如成功同步了一个用户，如图 12-30 所示。

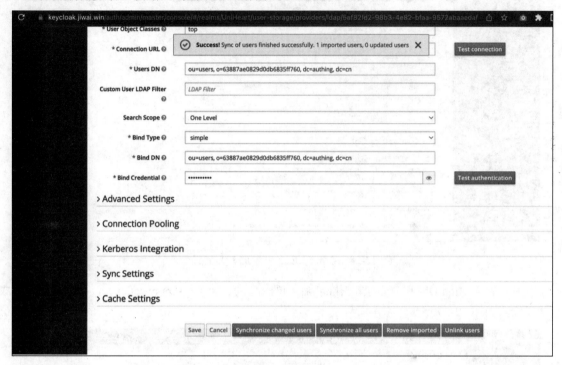

图 12-30　同步用户

（3）验证同步过来的用户。

在用户页面，可以找到从 LDAP 同步过来的用户，会发现用户名被映射成了 duplo，即用户池的名字，而不是测试用户的名字，如图 12-31 和图 12-32 所示。

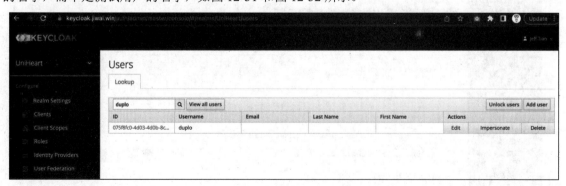

图 12-31　验证同步过来的用户

第 12 章　如何实现单点登录和用户联邦 | 287

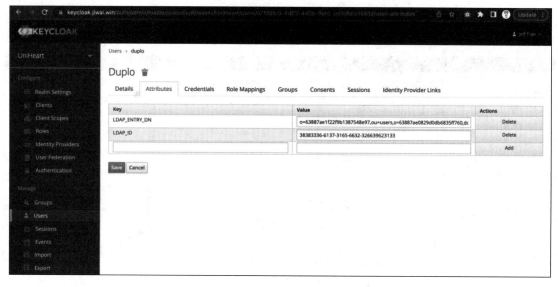

图 12-32　Keycloak 中的用户详情

这是默认行为导致的，它将 LDAP 中的 cn 映射成了 Keycloak 中的 username，如图 12-33 所示。

图 12-33　使用 ldapsearch 排查问题

对于 Authing 的 LDAP 设置，它其实是有 username 字段的，如图 12-34 所示。所以应该修改一下映射器。

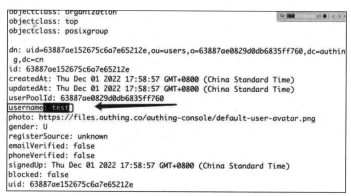

图 12-34　验证用户名应为 test

以上是用 ldapsearch 查询的结果，通过 Authing 的网页控制台也可以看到 username 字段，如图 12-35 和图 12-36 所示。

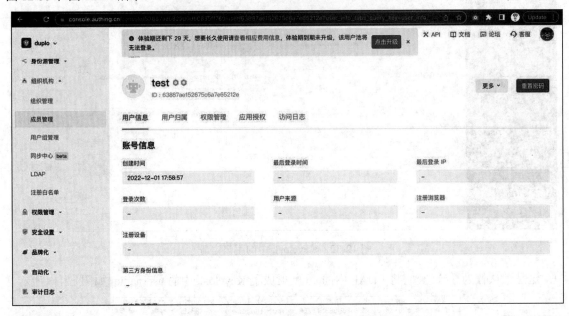

图 12-35　使用 Authing Web 控制台检查用户信息

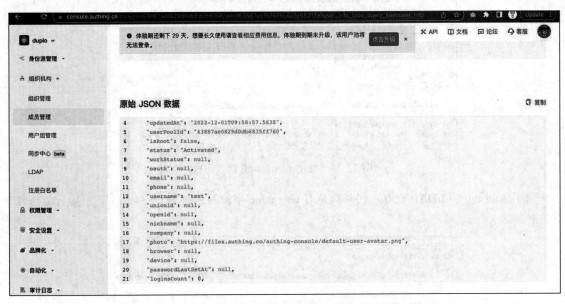

图 12-36　Authing Web 控制台展示的用户 JSON 数据

要修改 username 映射器，可以在 Keycloak LDAP 的映射器标签页找到 username，如图 12-37 所示。

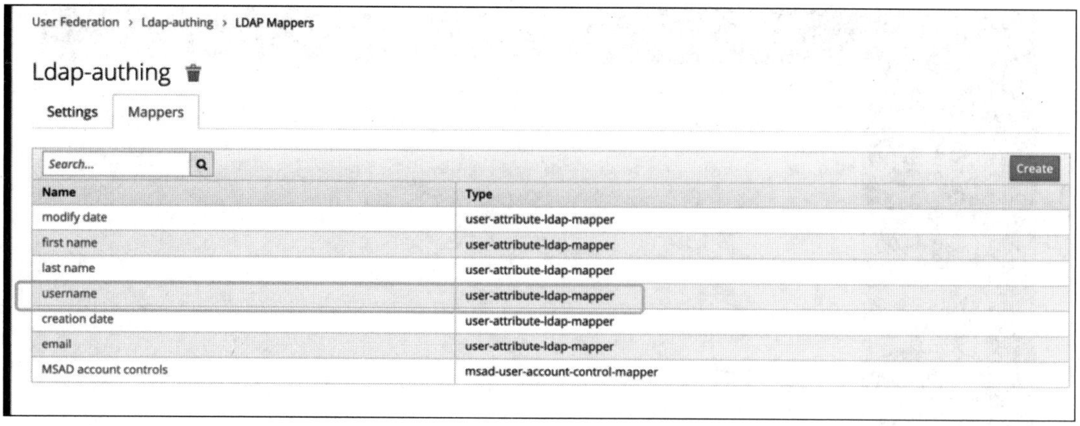

第 12 章 如何实现单点登录和用户联邦 | 289

图 12-37　在映射器中找到 username

单击进入后，我们会发现果然是将 cn 映射成了 username，如图 12-38 所示。修改成 username 并保存，再重新同步。

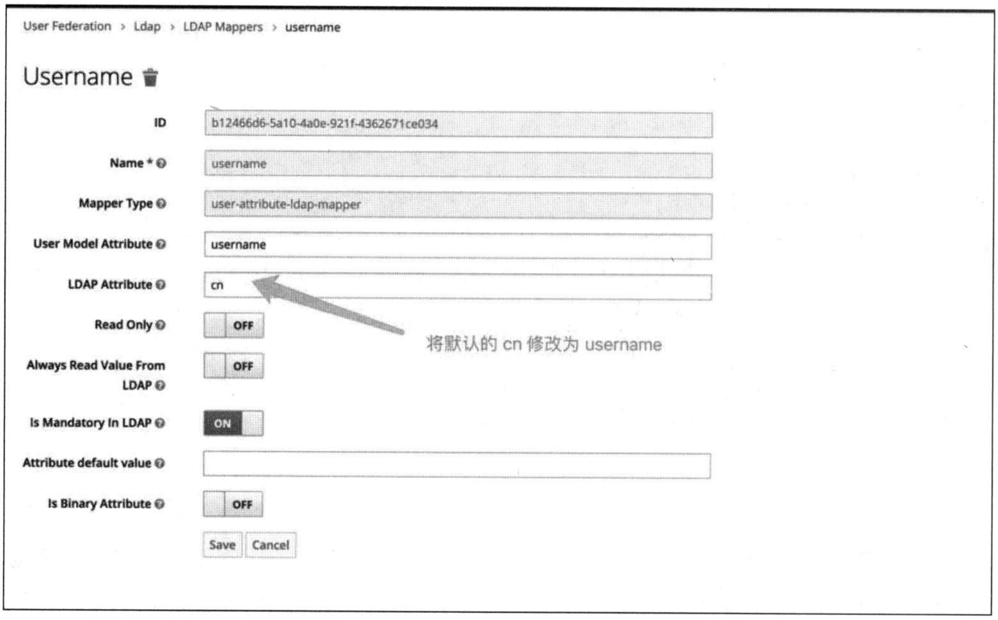

图 12-38　发现 LDAP 属性为 cn

如果这样同步的还是不对，可以再检查一下对用户的选择器，userObject 是否正确。前面我们配置了 top，这样有问题。通过仔细检查 ldapsearch 的输出，我们发现 Authing 配置的 userobject 是 users，在 LDAP 的配置中更正后，重新同步，可以看到 Keycloak 中的 LDAP 用户的用户名已经更正为 test，如图 12-39 所示。

（4）查看 Keycloak 的日志输出。

如图 12-40 显示，可以通过日志输出清楚地看到同步过来的过程以及属性映射的过程。

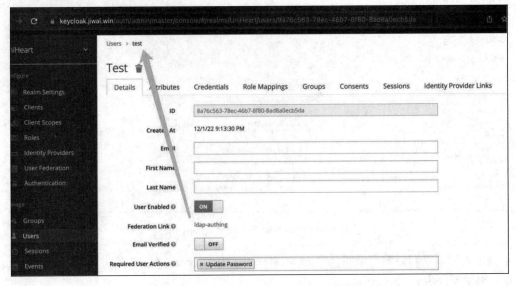

图 12-39　再次验证用户名已经正确映射

图 12-40　查看 Keycloak 的日志输出

如果有导入用户失败的情况，也可以通过 Keycloak 的日志排查原因，如果日志不够详细，可以用 Debug 日志级别来排查。比如输入了错误的 UUID LDAP attribute 值（将 ObjectGUID 输入成了 uuid），如图 12-41 所示。

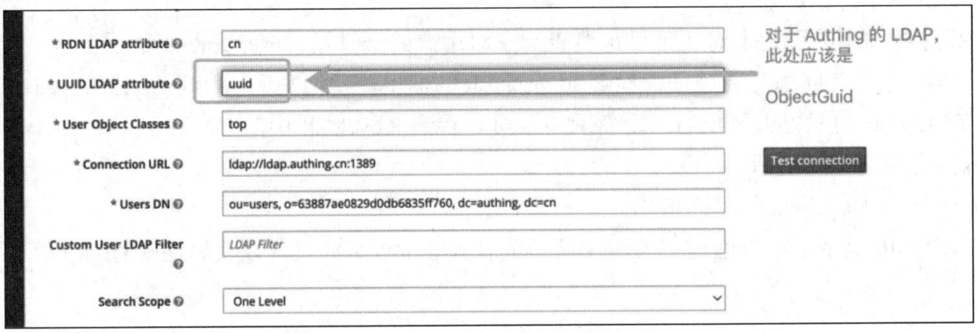

图 12-41　检查映射的 LDAP 属性

会导致如图 12-42 所示的错误日志输出。

图 12-42　Keycloak 的错误日志输出示例

又比如，如果将 username 映射配置错误，就会得到如图 12-43 所示的"User returned from LDAP has null username!"错误。

图 12-43　用户名映射配置错误的日志输出示例

如果有其他问题，建议结合 ldapsearch 来逐一排查。

以上实验详细地介绍了如何不写一行代码，使用 Keycloak 联邦 LDAP 身份源，接下来，我们再以一个示例来展示 Keycloak 联邦自定义身份源的能力，所以除自带的 LDAP 和 Kerberos 外，其他的身份源也可以被 Keycloak 联邦，只是需要一些代码开发。

12.3.2　基于 Keycloak 实现自定义的联邦源

Keycloak 提供了丰富的身份认证和授权功能，但有时可能需要与其他自定义的身份提供者进行集成，以满足特定的需求。在这种情况下，我们可以基于 Keycloak 实现自定义的联邦源。

自定义联邦源允许通过编写自定义代码来集成 Keycloak 与特定身份提供者或认证系统。这样，用户可以在 Keycloak 中使用自定义的联邦源来验证和授权用户。

在基于 Keycloak 实现自定义的联邦源时，需要完成以下主要步骤：

步骤01 实现自定义的联邦源：编写代码实现与身份提供者或认证系统的集成逻辑。这包括与外部系统的通信、处理身份验证请求和验证用户等功能。

步骤02 配置 Keycloak：在 Keycloak 中配置自定义的联邦源。需要指定联邦源的名称、描述以及关联的身份提供者类型和配置参数。

步骤03 测试和部署：测试自定义的联邦源是否正常工作，并根据需要进行部署。

通过基于 Keycloak 实现自定义的联邦源，可以灵活地与各种身份提供者和认证系统进行集成，这使得 Keycloak 成为一个强大且可扩展的身份认证和访问控制解决方案。接下来，我们通过 Keycloak 提供的 User Storage SPI 来自定义一个用户联邦提供程序，最终可以在 Keycloak 中添加 LDAP 和 Kerberos 之外的用户身份源，如图 12-44 所示。

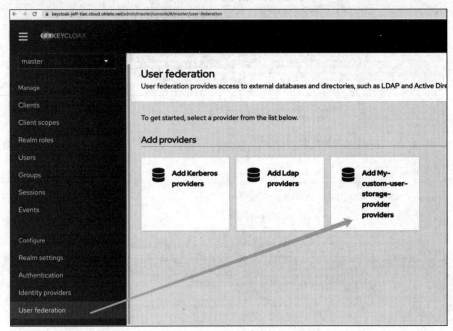

图 12-44　custom-storage-provider

1. User Storage SPI

如官方文档[1]所述，User Storage SPI 用来扩展 Keycloak，以连接到外部的用户数据库和凭据存储。前面提到的 Keycloak 内置的 LDAP 以及 ActiveDirectory 支持就实现了该 SPI 接口。Keycloak 提供了开箱即用的本地数据库来创建、更新和查找用户以及验证其凭据。但是，对于企业来说，经常存在一些外部专用的用户数据库，并且出于各种原因，这些数据库不能迁移到 Keycloak 的数据模型中。在这种情况下，应用开发者就需要写一个专门的 User Storage SPI 具体实现来桥接外部用户存储和 Keycloak 内部所使用的用户对象，从而能够在 Keycloak 中登录这些用户，以及在 Keycloak 中管理他们。

当 Keycloak 运行时需要查找一个用户时（比如当用户登录时），它会执行一系列的步骤来定位用户。首先看用户缓存中是否能找到该用户，如果找到了，就使用该缓存中的用户内存表示。然后

---

[1] https://www.keycloak.org/docs/latest/server_development/index.html#_user-storage-spi

在 Keycloak 的本地数据库中查找，没有找到的话，就循环遍历 User Storage SPI 提供者程序来执行用户查询，直到某一个 SPI 提供者程序返回该用户。返回该用户的提供者程序需要查询外部用户存储，并且负责将外部数据表示映射成 Keycloak 的用户元模型。

User Storage SPI 提供者程序实现还能执行复杂的条件查询、向用户执行增删改查操作、验证和管理凭据以及对多个用户执行批量更新。这些都取决于外部存储的能力。

User Storage SPI 提供者程序实现的打包和部署方式与 Jakarta EE 组件非常相似，很多时候甚至可以将 User Storage SPI 直接等同于 Jakarta EE 组件。不过，在打包和发布之后，它们并不会默认就开启，而是要在管理控制台中从领域的"用户联邦"选项卡中手动开启，如图 12-45 和图 12-46 所示。

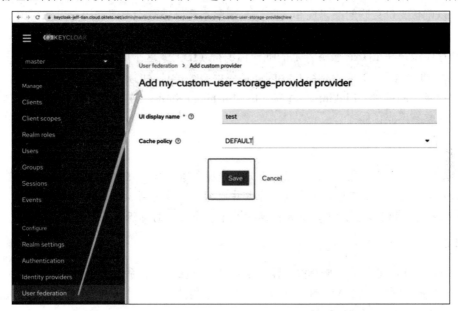

图 12-45　在用户联邦选项卡中添加自定义的联邦源

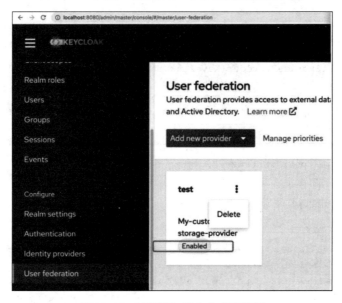

图 12-46　开启添加的自定义联邦源

需要注意的是，如果提供者程序实现了使用用户属性作为"链接/建立"用户身份的元数据属性，那么就得保证用户不能编辑这些属性，并且需要将相关的属性都设置为只读。比如 LDAP_ID 属性被 Keycloak 内置的 LDAP 提供者用作存储用户在 LDAP 服务器侧的 ID。这里的"链接/建立"是 Keycloak 中的一个选项，指的是当 Keycloak 从外部身份源中联邦过来一个用户时，如果该用户在 Keycloak 不存在，就创建该用户并将预先选择好的用户属性作为用户身份的元数据属性；如果该用户在Keycloak已经存在，那么直接将预先选择好的用户属性链接到已有用户的身份元数据属性之中。在这个上下文中，用户属性被用作元数据属性，这些属性作为识别标志，帮助系统识别并关联用户的身份。当提供者程序（如身份验证服务）依赖特定的用户属性来关联用户身份时，这些属性必须保持不变，以确保身份关联的准确性和一致性。因此，需要采取措施保证用户无法更改这些关键属性，这通常通过将这些属性设置为只读来实现。以 LDAP_ID 属性为例，它被 Keycloak 的内置 LDAP 提供者用来存储用户在 LDAP 服务器上的唯一标识符（ID）。这个 ID 是用户在 LDAP 中的身份标识，Keycloak 通过这个 ID 来识别用户，因此该属性必须是只读的，以防止用户更改它，这样可以避免破坏用户身份的链接（Linking）/建立（Establishing）过程。链接和建立在这里虽然紧密相关，但它们的含义略有不同：

1）链接

- 指的是将已存在的用户身份或账号与另一个服务或系统中的身份或账号进行关联。
- 在这种情况下，用户在两个不同的系统中已经有了账号或身份，而"链接"就是确保这两个账号可以相互识别对方，通常是通过共享一个唯一的标识符或属性来实现。

2）建立

- 指的是创建或定义用户身份的过程，这可能涉及在一个新系统中创建一个新的用户记录。
- 在身份管理中，"建立"用户身份可能意味着创建新的用户属性或凭据，这些属性或凭据随后可以用来"链接"到其他系统。

2. 效果演示

出于简单性考虑，我们添加一个外部用户，用户名是 test-user，密码是 test-password。

```java
public CustomUserStorageProvider(KeycloakSession session, ComponentModel model, Properties properties) {
    this.session = session;
    this.model = model;
    this.properties = new Properties();

    this.properties.put("test-user", "test-password");
}
```

用户登录时，我们在校验密码处打印一行日志：

```java
@Override
public boolean isValid(RealmModel realmModel, UserModel userModel, CredentialInput input) {
    logger.info("CredentialInputValidator.isValid");
    if (!supportsCredentialType(input.getType())) return false;
    String password = properties.getProperty(userModel.getUsername());
    if (password == null) return false;
```

```
    return password.equals(input.getChallengeResponse());
}
```

当使用 test-user 和 test-password 登录 Keycloak 时（登录链接形如 https://keycloak.jiwai.win/auth/realms/UniHeart/protocol/openid-connect/auth?client_id=UniHeart-Client&state=d70e525d-c59e-4e49-8240-240df9bb910d&redirect_uri=http%3A%2F%2Falpha-jeff-tian.cloud.okteto.net%2Fkeycloak%2Flogin%3Fauth_callback%3D1&scope=openid&response_type=code），控制台相关的日志输出如图 12-47 所示。

```
teasy, resteasy-jackson, smallrye-context-propagation, smallrye-health, vertx]
keycloak-heroku-keycloak-1  | 2023-03-28 12:13:50,835 INFO  [org.keycloak.services] (main) K
C-SERVICES0009: Added user 'admin' to realm 'master'
keycloak-heroku-keycloak-1  | 2023-03-28 12:13:50,837 WARN  [org.keycloak.quarkus.runtime.Ke
ycloakMain] (main) Running the server in development mode. DO NOT use this configuration in
production.
keycloak-heroku-keycloak-1  | 2023-03-28 12:14:02,586 WARN  [org.keycloak.events] (executor-
thread-0) type=LOGIN_ERROR, realmId=a8f345f1-06f8-4638-8d86-205e5bb1d679, clientId=null, use
rId=null, ipAddress=172.23.0.1, error=invalid_code
keycloak-heroku-keycloak-1  | 2023-03-28 12:14:08,683 WARN  [org.keycloak.events] (executor-
thread-6) type=LOGIN_ERROR, realmId=a8f345f1-06f8-4638-8d86-205e5bb1d679, clientId=security-
admin-console, userId=null, ipAddress=172.23.0.1, error=user_not_found, auth_method=openid-c
onnect, auth_type=code, redirect_uri=http://localhost:8080/admin/master/console/, code_id=83
bd54c2-6155-49d5-bd6d-6d916fe41b44, username=test-user, authSessionParentId=83bd54c2-6155-49
d5-bd6d-6d916fe41b44, authSessionTabId=sqrHYBNCPK4
keycloak-heroku-keycloak-1  | 2023-03-28 12:15:15,273 INFO  [net.brickverse.test.CustomUserS
torageProvider] (executor-thread-6) CredentialInputValidator.isValid
```

图 12-47　控制台日志输出

以上仅展示了关键代码，完整代码可以从 GitHub[1]获取。

注意，本次演示使用了 21.0 版本的 Keycloak，要注意相关的 SPI 依赖，需要至少升级到 13.0.1 版本。

```
<dependency>
    <groupId>org.keycloak</groupId>
    <artifactId>keycloak-server-spi</artifactId>
    <scope>provided</scope>
    <version>13.0.1</version>
</dependency>
```

否则，在运行时可能会报错：

```
does not define or inherit an implementation of the resolved method 'abstract
org.keycloak.models.UserModel getUserByUsername(org.keycloak.models.RealmModel,
java.lang.String)' of interface org.keycloak.storage.user.UserLookupProvider.
```

原因是 SPI 中 getUserByUsername 方法的参数顺序有了调整。详见官方 API 文档[2]说明，如图 12-48 所示。

---

1 https://github.com/Jeff-Tian/keycloak-heroku/commit/bbf30f6ecdeba8fec0f3a612893f77eef083604a

2 https://www.keycloak.org/docs-api/13.0/javadocs/org/keycloak/storage/user/UserLookupProvider.html

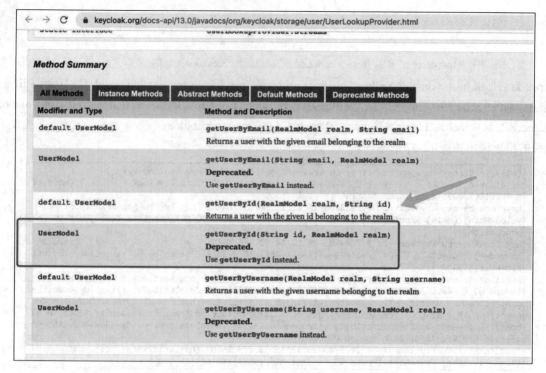

图 12-48　Keycloak 官方文档对 UserModel 的说明

出于兼容性考虑，需要同时添加以下方法：

```
@Override
public UserModel getUserByUsername(RealmModel realm, String username) {
    return this.getUserByUsername(username, realm);
}
```

另外，在添加 SPI 依赖时，provided 这一行非常重要，否则会报一个编译错误：

```
Build step org.keycloak.quarkus.deployment.KeycloakProcessor#configureProviders threw an exception: java.util.ServiceConfigurationError: org.keycloak.provider.Spi: org.keycloak.locale.LocaleSelectorSPI not a subtype
```

以上问题在 Keycloak 官方 GitHub 仓库[1]有人提过。

12.4　在 Duende IdentityServer 中实现用户联邦

Keycloak 是使用 Java 编写的开源身份认证系统，而 Duende IdentityServer 是使用 .NET Core 编写的身份认证系统。它们都对外提供 OAuth 2.0 和 OIDC 的标准协议，所以说是标准产品。其他系统要对接，只需要使用一个成熟的客户端，进行一些配置即可。

但是，Keycloak 和 Duende IdentityServer 的区别不仅在于其开发语言，产品形态也有很大的区

---

[1] https://github.com/keycloak/keycloak/issues/10230#issuecomment-1047695223

别。首先，Keycloak 自带管理控制台，免费开箱即用，可以完全不写代码，但同时也提供了丰富的扩展方式（以前也多次撰文举例）。而 Duende IdentityServer 更接近一个身份认证中间件，虽然代码开源，但商用的话需要购买许可证。管理控制台有付费版。要使用 Duende IdentityServer，需要写代码，而且代码量不小。它非常灵活，可以和业务代码嵌在一起，为用户的自定义业务系统提供 OIDC 能力。

Keycloak 的扩展方式很丰富，但是要扩展，有一些例行事项，比如要实现它指定的接口，要将打包的 JAR 放到指定目录，要在 META-INF/services 中注册自定义提供者程序等；而扩展 Duende IdentityServer 则没有那么多约束，因为它只是嵌在你的业务代码里的一部分，你想怎么写代码，仍然由你决定。

12.3 节以 Keycloak 为例讲述了如何实现用户联邦。本节将以 Duende IdentityServer 为例讲述如何实现用户联邦，并对比在 Keycloak 中实现用户联邦时的一些区别。

这里假设公司有另一个自研系统，该系统的用户是公司的合作伙伴。即他们既不是公司员工，也不是公司的终端消费者，而是帮助公司一起运营的其他公司员工。这个系统并不是标准产品，所以没有办法直接和其他系统对接，在其他系统供合作伙伴使用时，就遇到了难题。自己开发不仅有开发工作量，还增加了用户的负担以及管理人员的负担。这时，自然希望直接对接身份认证服务，而让身份认证服务去联邦这个自研系统的用户。

首先，在登录页面的逻辑中添加联邦登录的逻辑（具体 API 可由这个自研系统提供）：

```
try
{
    var res = await _federation.Login(new LoginCredentials
    {
        email = userInput.Username,
        password = userInput.Password
    });

    if (!res.success || res.data is null)
    {
        return SignInResult.Failed;
    }

    AuthenticationProperties props = null;

    if (LoginOptions.AllowRememberLogin && userInput.RememberLogin)
    {
        props = new AuthenticationProperties
        {
            IsPersistent = true,
            ExpiresUtc = DateTimeOffset.UtcNow.Add(LoginOptions.RememberMeLoginDuration)
        };
    }

    var identityServerUser = new IdentityServerUser(res.data.id.ToString())
    {
        DisplayName = res.data.name + " (Federated)",
        IdentityProvider = "Federated"
```

```
    };

    await httpContext.SignInAsync(identityServerUser, props);

    return SignInResult.Success;
}
catch (Exception ex)
{
    _logger.LogError("Federation Logging in error: {0}", ex);

    return SignInResult.Failed;
}
```

添加以上代码后，就可以使用自研系统的账号直接登录基于 Duende IdentityServer 开发的系统本身，这没有任何问题。

其次，还需要验证其他客户端是否能使用该自研系统的账号登录。这是一个特别需要注意的地方，如果在完成以上代码修改后，直接用其他接入了基于 Duende IdentityServer 的身份认证系统的第三方应用登录，会发现一旦使用了自研系统的账号，就会进入跳转循环，如图 12-49 所示。

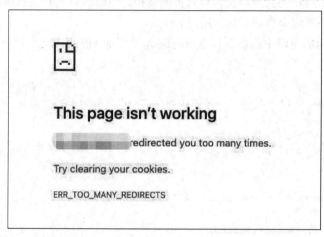

图 12-49　Duende IdentityServer 的联邦登录跳转循环

笔者观察了一下，是业务子系统跳转到了身份认证服务，在登录完成后，跳转回业务子系统后，被认为未登录，又跳转回身份认证服务了。身份认证服务认为已登录，又跳回子系统，如此循环。为什么身份认证服务认为登录过了，而子业务却查询不到登录状态呢？最终意识到，身份认证服务在登录完成后会调用 /connect/authorize/callback 并将授权码返回给业务子系统。而业务子系统随后用授权码来换取用户信息时，用的是 /connect/token 端点。问题就在于，这个端点告诉业务子系统，当前并非登录态（后来知道是没有查询到用户）。即对业务子系统来说，这两个端点进入了脑裂状态。/connect/authorize/callback 告诉它已经登录了，可以换取用户信息了，而在用 /connect/token 换取用户信息时却又拿不到用户信息。

再次查看之前的代码，可以发现我们手动创建了一个 IdentityServerUser 对象，并将其用户编号（SubjectId）设置为第三方自研系统的用户编号，再调用 httpContext.SignInAsync 方法进入登录状态。这样从身份认证服务站点上看，的确进入了登录状态，但是 /connect/token 端点会尝试使用 SubjectId

（即第三方自研系统的用户编号）来查询用户信息。不过，笔者并没有编写相关的代码，这就导致 /connect/token 会报错，查询服务器相关的日志，的确发现了该用户在系统中不存在的日志。

找到了原因，修复方向也就有了。问题的原因是，笔者只实现了使用第三方自研系统账号登录的方法，却没有实现查询第三方自研系统账号信息的方法，即这个联邦其实并不彻底。

笔者这时才回想起在 Keycloak 中做同样的事情时，需要实现指定的接口，当时就有点不耐烦，为什么要重载（Override）这么多方法？当时就感觉 Keycloak 很啰唆，喋喋不休。现在才明白，其实在运行时，整个系统就有那么多环节，Keycloak 帮我们做了梳理，整理了一些步骤，只需要按着做就行了。但如果不理解这些背后的环节，就像办个签证时，要填写很多表格一样，让人觉得费事。

对于这个具体问题，就是少了查询用户的环节。这时有两个选择，重载默认的查询用户方法，就像上面重载默认的登录方法一样。如果不想重载默认的查询用户方法，可以在第三方用户登录时将用户保存到本地数据库。这样默认的查询用户方法在查询数据库时就会查询到用户信息，从而正常在/connect/token 接口中返回用户的信息。

```
var appUser = await _userManager.FindByEmailAsync(res.data.email);
if (appUser is null)
{
    var createUserRes = await _userManager.CreateAsync(new ApplicationUser()
    {
        UserName = res.data.name, Email = res.data.email, EmailConfirmed = true,
    });

    if (!createUserRes.Succeeded)
    {
        return SignInResult.Failed;
    }

    appUser = await _userManager.FindByEmailAsync(res.data.email);

    if (appUser is null)
    {
        return SignInResult.Failed;
    }
}

var identityServerUser = new IdentityServerUser(appUser.Id)
{
    DisplayName = res.data.name + " (Federated)", IdentityProvider = "Federated"
};

await httpContext.SignInAsync(identityServerUser, props);
return SignInResult.Success;
```

这样，在登录成功后，使用该用户的 Email 查询本地数据库，会发现没有查询到（第一次登录），即创建该用户。并且在最后调用 SignInAsync 时，传递的 IdentityServerUser 的 SubjectId 设置为在本地数据库能够查询到的用户的 ID。这样就解决了这个问题。

总结

Keycloak 就像严谨的强类型编程语言，写起来烦琐一点，写不对，就不能编译成功和运行。而 Duende IdentityServer 有点像弱类型语言，随便怎么写都可以运行起来，没有编译过程，所以有些错误只能在运行时发现。但是，如果理解了它的运行时机制，就会发现它的灵活性以及它的强大之处。

12.5 小　　结

本章深入探讨了用户联邦的概念、原理和实践。用户联邦是指将用户的身份信息分布在多个身份提供者之间，通过信任关系和协议来实现用户的单一身份登录和访问授权。用户联邦的实现通常涉及身份提供者和服务提供者之间的协作。身份提供者负责验证用户身份，并颁发令牌或凭据，而服务提供者则使用这些凭据来识别和授权用户访问资源。通过实现用户联邦，可以简化用户的登录过程，提高用户体验，并提供集中的身份管理和访问控制。

有登录，就有登出。下一章将探讨如何实现统一登出，分别介绍前通道与后通道两种方式。

第 13 章

如何实现统一登出

在多个应用程序或系统中实现统一登录是提供一致的用户体验和简化用户凭据管理的重要目标。统一登录允许用户在一次身份验证后访问多个应用程序,而无须在每个应用程序中单独进行身份验证。

第 12 章讨论了如何实现单点登录或者说统一登录。统一登录的实现通常涉及身份提供者和服务提供者之间的协作。身份提供者负责验证用户身份,并颁发令牌或凭据,而服务提供者则使用这些凭据来识别和授权用户访问资源。通过实现统一登录,可以简化用户的登录过程,提高用户体验,并提供集中的身份管理和访问控制。接下来,让我们深入探讨如何实现统一登出以及相关的技术和概念。

在单点登录的场景中,多个应用都使用统一的登录平台进行用户身份认证。当用户在其中一个应用登录后,其他应用可以直接使用该用户的身份信息,而无须再次登录。而当用户已经登录了一个应用,想要退出时,一般来说,有 3 种做法(如果考虑到外部身份源,情况会更复杂,这里略过):

(1)退出当前应用,但不退出其他应用,也不退出登录平台。

(2)退出当前应用时同时退出登录平台,但是其他应用不会自动退出,而是其他应用自行管理的会话过期或者之前获取的用户令牌过期后,再次访问时,会被重定向到登录平台,要求用户重新登录。

(3)退出当前应用时同时退出登录平台,同时其他应用也会自动退出。

13.1 仅退出当前应用

这种情况下,用户在退出当前应用后,其他应用仍然可以继续使用用户的身份信息。这种情况下,用户在其他应用中的会话仍然有效,用户可以继续访问其他应用,而无须重新登录。

做法是,当用户在当前应用退出时,只清除当前应用的会话信息(一般通过清除 Cookie 和 Local Storage 实现),而不清除登录平台的会话信息。这样,其他应用的会话信息仍然有效,用户可以继续访问其他应用。选择这种方式实现起来最简单,不需要和统一登录平台进行交互,也不需要和其他应用进行交互。

13.2 退出当前应用和登录平台

这种情况下，不仅需要清除本地应用的会话信息，还需要通知登录平台，让登录平台也清除用户的会话信息。通知登录平台退出登录有两种方式，即前通道和后通道。在 Keycloak 的客户端设置中，在退出设置（见图 13-1）中专门为这两种方式提供了配置项。

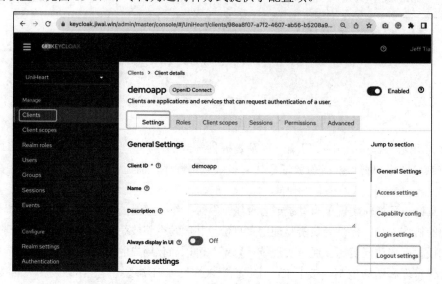

图 13-1　Keycloak 的退出登录设置

相关配置项如图 13-2 所示。

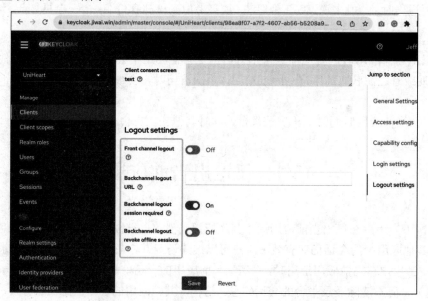

图 13-2　Keycloak 的前通道与后通道退出设置

13.2.1 前通道

按照标准[1]，登录平台会通过发现端点（Discovery Endpoint）来公布自己的结束会话端点，比如图 13-3 展示了基于 Duende IdentityServer 部署的服务 id6.azurewebsites.net 的发现端点。

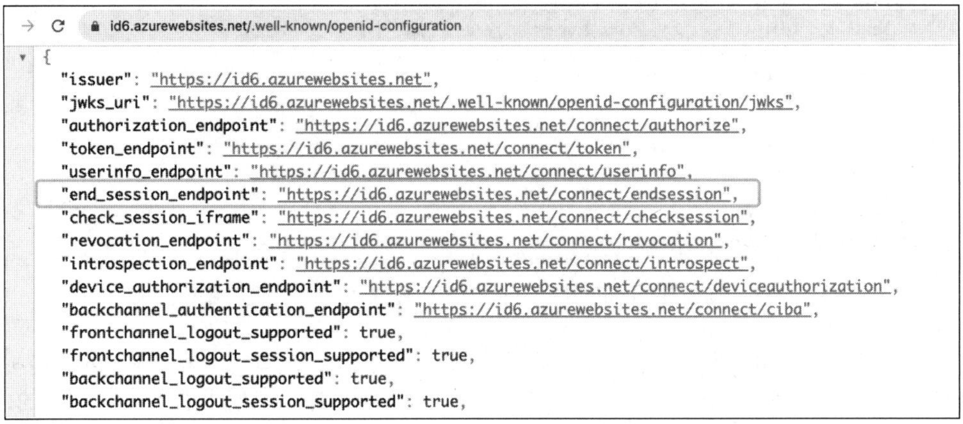

图 13-3 登录平台的发现端点

当用户在退出当前应用时，当前应用会将用户重定向到登录平台的结束会话端点，同时带上以下 3 个参数。

- id_token_hint：用户的身份令牌。登录平台会校验该令牌是否有效，如果有效，则会清除该用户的会话信息；如果该参数缺失，则登录平台会展示一个页面，让用户确认是否退出登录。这是为了防止 CSRF 攻击，即攻击者通过一个链接，让用户在不知情的情况下退出登录。
- post_logout_redirect_uri：用户退出登录后，登录平台会将用户重定向到该 URL。该参数是可选的，如果缺失，则登录平台会将用户重定向到登录平台的主页。如果该参数存在，则必须是登录平台已经注册过的 URL。
- state：如果客户端在重定向到登录平台的结束会话端点时传递了有效的 post_logout_redirect_uri 参数，则可以选择同时传递这个 state 参数。当用户退出登录后，登录平台会将用户重定向到 post_logout_redirect_uri 参数指定的 URL，并在 URL 中带上 state 参数。这可以帮助客户端在多次跳转中不丢失状态信息。

一般请求格式是这样的：

```
GET /connect/endsession?id_token_hint=...&post_logout_redirect_uri=http%3A%2F%2Flocalhost%3A7017%2Findex.html
```

13.2.2 后通道

类似地，登录平台也会通过发现端点来公布自己的后通道结束会话端点，如图 13-4 所示。

---

[1] https://openid.net/specs/openid-connect-rpinitiated-1_0.html

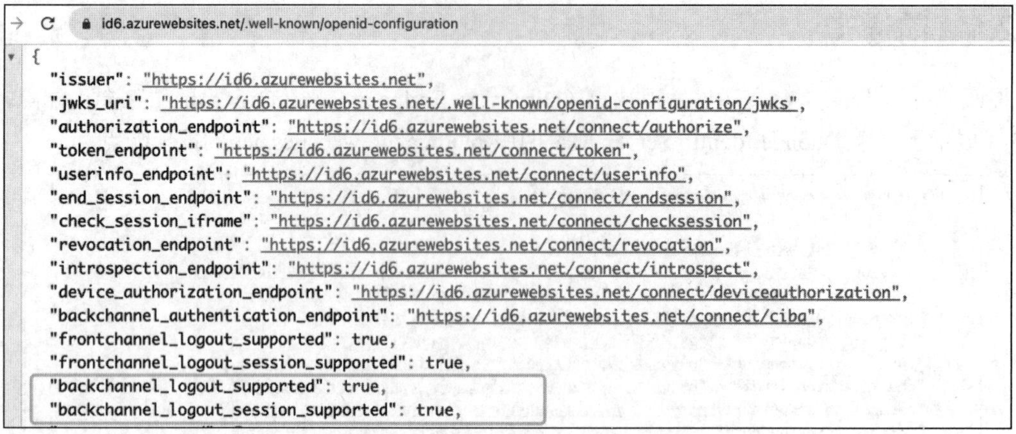

```
→  C    🔒 id6.azurewebsites.net/.well-known/openid-configuration
{
    "issuer": "https://id6.azurewebsites.net",
    "jwks_uri": "https://id6.azurewebsites.net/.well-known/openid-configuration/jwks",
    "authorization_endpoint": "https://id6.azurewebsites.net/connect/authorize",
    "token_endpoint": "https://id6.azurewebsites.net/connect/token",
    "userinfo_endpoint": "https://id6.azurewebsites.net/connect/userinfo",
    "end_session_endpoint": "https://id6.azurewebsites.net/connect/endsession",
    "check_session_iframe": "https://id6.azurewebsites.net/connect/checksession",
    "revocation_endpoint": "https://id6.azurewebsites.net/connect/revocation",
    "introspection_endpoint": "https://id6.azurewebsites.net/connect/introspect",
    "device_authorization_endpoint": "https://id6.azurewebsites.net/connect/deviceauthorization",
    "backchannel_authentication_endpoint": "https://id6.azurewebsites.net/connect/ciba",
    "frontchannel_logout_supported": true,
    "frontchannel_logout_session_supported": true,
    "backchannel_logout_supported": true,
    "backchannel_logout_session_supported": true,
```

图 13-4　Duende IdentityServer 的后通道设置通过发现端点暴露出来

要使用后通道模式退出用户，需要在当前应用中向登录平台发送一个 HTTP POST 请求[1]，同时带上一个 logout_token 参数，该参数是一个 JWT 格式的身份令牌。该请求看上去是这样的：

```
POST /backchannel_logout HTTP/1.1
Host: rp.example.org
Content-Type: application/x-www-form-urlencoded

logout_token=eyJhbGci ... .eyJpc3Mi ... .T3BlbklE ...
```

如上所示，该 POST 请求的请求体使用了 application/x-www-form-urlencoded 编码的格式，而不是 application/json 格式。

支持后通道模式退出的身份认证平台或者说登录平台在收到这样的请求后，需要校验 logout_token 参数是否有效。如果有效，则清除该用户的会话信息。如果 logout_token 参数无效，则登录平台会返回一个 HTTP 400 错误码。

检验规则如下：

（1）如果 logout_token 被加密了，则登录平台需要使用客户端在注册时指定的身份令牌加密算法和密钥来解密该令牌。如果在客户端注册阶段商定了身份令牌的加密，但是在退出登录时传入的 logout_token 没有被加密，则登录平台应该拒绝该请求，返回 HTTP 400 错误码。

（2）验证 logout_token 的签名是否有效，并且满足接下来的每一条规则。

（3）验证 alg（算法）头部参数。和身份令牌一样，算法的选择在发现端点中由 id_token_signing_alg_values_supported 和 id_token_signed_response_alg 参数指定，如果没有指定，则默认为 RS256。要注意的是，在 logout_token 中绝不允许使用 alg=none 的算法。

（4）验证 iss（签发者）头部参数。该参数必须是登录平台的 URL，或者是登录平台的 URL 的子域名。

（5）验证 aud（受众）头部参数。该参数必须是当前应用的客户端 ID，或者是当前应用的客户端 ID 的子域名。

（6）验证 iat（签发时间）头部参数。该参数必须是一个有效的 UNIX 时间戳，且必须早于当

---

[1] https://openid.net/specs/openid-connect-backchannel-1_0.html#BCRequest

前时间。

（7）验证 logout_token 中必须包含 sub（主题）声明或者 sid（会话 ID）声明，或者同时包含这两个声明。

（8）验证 logout_token 中必须包含 events（事件）声明，且该声明必须是一个 JSON 对象，并且必须包含一个成员，其值是 http://schemas.openid.net/event/backchannel-logout。

（9）确认 logout_token 中一定没有 nonce（随机数）声明。

（10）可以验证最近没有收到过同样的 jti 值的 logout_token（该规则不是强制的）。

（11）可以验证 logout_token 中的 iss 声明和当前会话或者最近的会话中的身份令牌中的 iss 声明一致（该规则不是强制的）。

（12）可以验证 logout_token 中的 sub 声明和当前会话或者最近会话中的身份令牌内的 sub 声明一致（该规则不是强制的）。

（13）可以验证 logout_token 中的 sid 声明和当前会话或者最近会话中的身份令牌内的 sid 声明一致（该规则不是强制的）。

以上验证步骤只要有一个失败，就应该拒绝该请求，返回 HTTP 400 错误码。如果全部通过，就执行退出登录操作。

13.3 小　　结

本章介绍了如何实现统一登出，包括前通道和后通道两种方式。前通道是指在用户退出当前应用时，将用户重定向到登录平台的结束会话端点，让登录平台清除用户的会话信息。后通道是指在用户退出当前应用时，向登录平台发送一个 HTTP POST 请求，让登录平台清除用户的会话信息。

后面两章我们将进行两个专题讨论。

第 14 章

灵活实现扫码登录

随着微信的普及，基于微信开发的应用也越来越多，其中扫码登录是一个很常见的功能。尽管微信的开放平台提供了基于 OAuth 2.0 的扫码登录方案，但除此之外，我们还可以通过其他方式来实现扫码登录。

比如，微信除开放平台外，还有公众平台，公众平台提供了一些接口，比如带参数的二维码接口，我们可以通过这个接口来实现扫码登录。

本章将详细介绍几种具体应用。

14.1 基于 Spring Security 实现公众号关注即登录

本节将以 API 优先的开发方法来实现一个具有一定商业价值的项目，并利用 Heroku 平台展示如何利用开放云平台快速部署原型应用。

提　　示
在线演示：https://wechat-mp.herokuapp.com/login。

14.1.1 背景和价值

通过微信公众号积累粉丝并进行商业活动宣传是新媒体运营的常见方式。而系统对接微信登录既能给用户带来便利，同时也能够给系统引流。但是传统或者标准的 PC 网页端微信扫码登录，用户扫码只需要做 OAuth 授权，不必关注公众号。但是对于运营者来说，更希望通过微信登录的用户自动成为微信粉丝，实现系统中微信用户和公众号粉丝的一一对应。

所以，关注公众号即登录，将系统的微信用户和公众号粉丝等同起来，方便了运营人员。

另外，传统的微信扫码登录需要在公众平台之外额外在开发平台申请一个应用，再和公众号做绑定，多了一个账号，就多了一份维护工作，增加了管理者的心理负担，还要多花钱，毕竟两个不同的账号需要单独缴费和认证。

并且开发平台和公众平台的 OpenID 不一样，还需要通过 UnionID 的机制做关联，增加了开发的心理负担和开发成本。

以上提及的种种不便之处，通过关注公众号即登录的方案都可以避免，和微信打交道的全程只需要 OpenID 即可。

14.1.2 Java Spring-Security

Spring Security 是一个专注在 Java 应用中提供认证和授权的框架。和所有 Spring 项目一样，Spring Security 的真正威力在于其极易扩展以满足定制化的需求，从而为认证和授权提供完整的和可扩展的支持。

14.1.3 Open API

Open API 即开放 API，也称为开放平台。它是服务型网站常见的一种应用，网站的服务商将自己的网站服务封装成一系列 API 开放出去，供第三方开发者使用，这种行为就叫作开放网站的 API，所开放的 API 就被称作 Open API。

Open API 规范始于 Swagger 规范，经过 Reverb Technologies 和 SmartBear 等公司多年的发展，Open API 计划拥有该规范。规范是一种与语言无关的格式，用于描述 Web 服务，应用程序可以解释生成的文件，这样才能生成代码、生成文档并根据其描述的服务创建模拟应用。

Swagger 的目标是为 API 定义一个标准的与语言无关的接口，使人和计算机在看不到源码、看不到文档或者不能通过网络流量检测的情况下能够发现和理解各种服务的功能。当服务通过 Swagger 定义，消费者通过少量的实现逻辑就能与远程服务互动。类似于低级编程接口，Swagger 去掉了调用服务时的很多猜测。

14.1.4 关注公众号即登录的流程设计

PC 网页站点实现微信登录时，需要用户使用微信扫描网页上展示的二维码，然后在手机上的微信授权登录。如何实现二维码的展示，并"感知"用户扫描事件，是需要解决的关键问题。传统的 OAuth 微信扫码登录本质上打开了一个微信官方的页面，因此不需要关注这其中的细节，但是打开微信官方的页面，就需要自行设计这个展示和感知的能力。

常规 PC 网页端微信扫码登录，PC 打开了微信官方的页面，由微信官方展示二维码，而手机扫描后，会在微信端跳出授权页面，用户确认后，微信官方二维码页面会重定向至开发者在开放平台设置好的回调页面，并将临时授权码作为查询字符串；而关注公众号即登录，则利用了微信的带参二维码功能，用户扫描这种二维码后，手机微信会展示开发者的微信公众号，同时将用户信息（主要是 OpenID）通过服务器端 API 调用发送给开发者服务器。该过程没有二次确认，对于已关注过公众号的用户，直接发送扫描事件；对于新用户，需要新用户点击关注，才会发送该事件。这里的难点在于如何感知用户的扫描事件，以及保证服务器端 API 调用的安全（主要是确认调用者真的是来自微信而不是伪造的请求）。

下面通过阐述利用微信的带参二维码，通过接收微信服务器发送的消息来"感知"用户的扫描事件。首先是带参二维码的生成，它是通过调用微信官方的接口完成的。微信公众平台提供了两种生成带参数二维码的接口，分别是：①临时二维码，有过期时间，数量没有明确的上限；②永久二维码，没有过期时间，但是最多只能生成 10 万个。显然，对于登录场景，适合采用临时二维码。本小节的方案中，过期时间设置为 1 分钟。如果用户在打开登录页面的 1 分钟内都没有扫码，或者因为网络等原因扫码失败，那么就展示二维码过期，提示用户刷新二维码，这个体验和用户登录网页版微信相似。其中调用生成二维码接口的关键是需要传递场景值，每个场景值和一个尝试登录的请求相关，因此必须做到唯一。本小节选择使用 UUID（或者称为 GUID）。UUID 由 128 位数字组成，其生成算法保证了其极低的重复率，具体来说，如果以一秒钟生成十亿个 UUID 的速度连续生成一年，才会有 50% 的机会产生一个重复 ID。图 14-1 为未登录用户成功扫码登录系统的流程图。

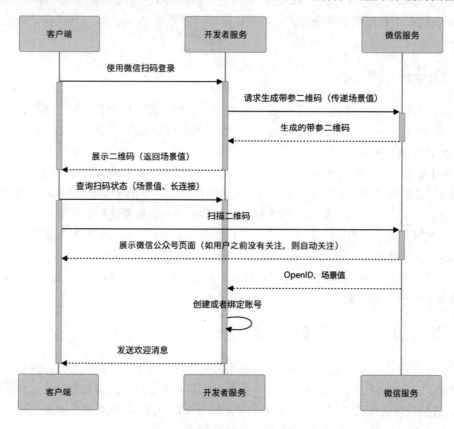

图 14-1　未登录用户成功扫码登录系统的流程图

由图 14-1 可以看出，开发者服务为尝试登录请求生成场景值后，会同时传递给微信服务和浏览器。这个场景值还会在后续查询用户扫描状态时被使用。如果用户不扫描，致使二维码过期，那么这个场景值将会被丢弃，被认为该尝试登录失败。从图 14-1 还可以看出，当用户扫描后，微信会自动进入开发者公众号页面，这为运营提供了很大的好处，因为公众号页面会展示历史图文信息，相比传统的用户扫码后，展示的信息要丰富得多。另外可以看到，无论用户是否关注过公众号，扫码后，微信服务都会向开发者服务推送用户的 OpenID 以及场景值。而且对于没有关注过公众号的新用户，还会自动关注，成为公众号新粉丝。这样就把系统的微信用户账号和微信公众号分析的属性关联了起来。场景值被系统用来更新扫码状态，而 OpenID 用来关联或者创建账号。这一系列动作完成后，系统还可以通过微信渠道向用户发送自定义的欢迎信息，这是传统微信登录方式很难做到的（需要实现模板消息功能，但是模板消息的使用是受到严格监控和限制的，而在扫码后的消息回复则不受此限制）。

其次是扫码状态的更新，当开发者服务器收到微信服务生成的二维码后，就处于等待用户扫码的阶段，当收到微信服务通知用户扫码成功或者超时时，开发者服务器应该通知用户端。因此，这里需要一个即时消息服务。其状态转移如图 14-2 所示，一共有三种状态：①扫码成功，收到微信服务通知的用户 OpenID，场景值；②扫码失败，收到微信服务通知的失败原因；③扫码超时，一段时间没有收到微信服务的通知。

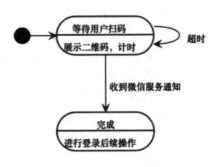

图 14-2　扫码状态流转图

开发者服务器端接收到微信服务通知或者超时后，需要通知客户端，一般有三种技术方案，即轮询、长连接以及 Socket IO。由于普通轮询为了保持实时性，会在短时间内发送大量的 HTTP 请求，不可取。而 Socket IO 实现较复杂，并且对服务器资源消耗过大，因此长连接方案是最适合的。在这种方案下，客户端向服务器端发送请求询问扫码状态，服务器只在扫码成功或者超时的情况下给予回应，其他情况会挂起连接。因此，在超时前，一个客户端只会向服务器端发送一个查询请求，有效地减轻了服务器端的连接压力。这里开发者服务会接收到客户端查询扫码状态和微信服务通知扫码结果的 HTTP 请求，两个请求到达的次序有可能不同，在实现时需要注意。其时序图如图 14-3 所示。

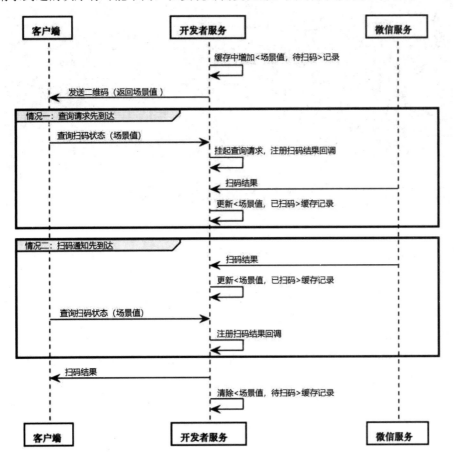

图 14-3　扫码状态查询时序图

从图 14-3 可以看出，只需要对情况一的查询请求进行挂起。另外，向客户端返回扫码结果后，一定要将缓存记录清除，一方面更加安全，对重放的请求，因为查询不到扫码记录会直接回复超时；另一方面，可以及时释放内存，节省不必要的资源开销。由于生产环境往往不止单个应用实例，扫码状态需要缓存在独立于应用的缓存服务中，后续查询请求即使被其他应用实例处理，也能返回正确的状态。当开发者服务收到扫码成功的结果后，就可以将微信的 OpenID 作为第三方登录的 ID 与自己的用户数据库中的用户进行关联。由于采用了关注公众号即登录的流程，因此不再额外需要申请和维护微信开放平台账号，也不再需要处理 UnionID 的映射。

本小节通过仔细研究微信公众号的开放 API 能力，梳理了一套不太常见的微信扫码登录方案，通过严谨分析客户端、开发者服务和微信服务三者间的 HTTP 沟通时序，实现了对用户微信扫码的感知能力，为最终实现关注公众号即登录打下了可行性基础。

14.1.5 应用架构设计

演示应用（https://wechat-mp.herokuapp.com/login）的架构图如图 14-4 所示，可以在保证工作的前提下节省成本。

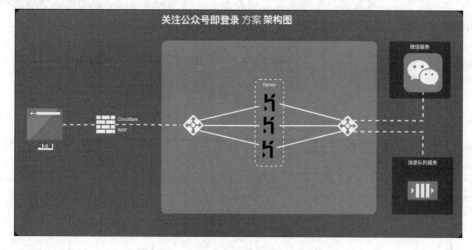

图 14-4 关注公众号即登录应用的架构

即通过 Cloudflare 使用免费的网络防火墙服务。对于要实现的 Java Spring-Security 应用，部署在 Heroku 这个 PaaS 平台上。对于微信服务，我们使用微信官方提供的测试号，也是免费的。但是对于测试公众号，有个限制是只能有 100 个关注者。但是对于演示来说足够用了，对于真实应用，需要注册一个真正的公众号。

在流程设计上提到对于扫码状态的查询，需要长链接以等待微信消息通知，至于微信发过来的消息存储，可以采用 Redis，也可以使用消息队列。对于 Redis 方案，也有对应的免费服务，但是本小节采用了消息队列来实现，消息队列使用了 Pulsar。Pulsar 号称是下一代的消息队列方案，比 Kafka 有过之而无不及。出于演示的目的，为了节省成本，采用了免费的 Pulsar as a Service：https://kesque.com/。

14.1.6 API First 开发方式

应用程序向云环境的演变趋势为更好地集成服务和增加代码重用提供了机会。只要拥有一个接口，其他服务的应用程序就可以通过该接口与你的应用程序进行交互，这是向其他人公开你的应用程序的功能，但开发 API 不应该是在开发后才公开功能。

API 文档应该是构建应用程序的基础，这正是 API First 开发原则的全部内容。我们需要设计和创建描述新服务与外部世界之间交互的文档，一旦建立了这些交互，就可以开发代码逻辑来支持这些交互。它的好处是：

- 团队在开发过程中更快地开始彼此交互。API 文档是应用程序与使用它的人之间的合同。
- 内部开发可以在 API 合同背后进行，而不会干扰使用它的人的努力，计划使用你的应用程序的团队可以使用 API 规范来了解如何与你的应用程序进行交互，甚至在开发前，还可以使用文档创建用于测试其他应用程序的虚拟服务。

14.1.7 基于 Spring Security 实现关注微信公众号即登录

促销服务企业基本都会通过微信公众平台与用户互动，但是微信公众平台的限制在于，公众号不能主动找到用户和向用户主动发消息，只有用户主动先关注公众号成为其粉丝，才能有互动的可能。用户扫码并关注微信公众号是在手机端完成的。如何从应用层面"感知"到用户的操作，是实现时的主要难点。同时，开发者服务层本身是无状态的，但是扫码流程又是有状态流转的，所以需要解决状态存储的问题。另外，开发者服务层需要同时与微信服务和前端页面打交道，这个过程中会涉及用户敏感信息的发送与接收，如何保证和验证数据来源的可信性和安全性就成为必须考虑的问题。在具体实现前，需要申请微信公众号，并配置好相关参数。由于存在开发者服务和微信服务之间的消息传送，因此还需要在公众号后台配置好开发者服务接收消息的 URL，并同时配置好密钥字符串。微信服务发送消息时会使用这个密钥字符串对消息加密，并且只会发送到开发者配置的 URL，该 URL 必须使用 HTTPS 协议。这样即使数据包被第三方截获，也无法进行任何改动。如果数据包被转发，接收方可以识别出消息已被篡改拒绝接收。由于采用了开发者配置的密钥加密消息，因此第三方基本无法破译，从而保证了消息的安全。同时，还需要将从公众号后台获取的 AppID 和 AppSecret 配置到开发者服务（即本系统）中。

整体来看，要实现微信登录就需要拿到用户在微信端的唯一标志符 OpenID，查找用户数据库看是否存在该用户，若有的话直接登录，否则注册后登录。而要拿到用户的 OpenID，一般做法是通过微信网页的 OAuth 授权，但是缺点是不能给公众号引流。关注公众号即登录功能在统一移动端和桌面端的微信登录用户体验、便利用户运营方面都起了非常重要的作用，可以增加微信粉丝、发送登录后消息等。要实现的功能目标是去除对微信开放平台的依赖，减少用户的二次点击。因为已经有微信公众平台，所以系统应该尽量利用公众平台完成一切和微信相关的交互，而用户主动扫码已经是一个确认的行为，减少一次额外的点击，使得登录行为更加流畅。有上述功能目标分析，再结合流程设计中介绍的浏览器、开发者服务以及微信服务的交互流程可知，要拿到用户的 OpenID，只需用户扫描带参二维码，用户扫码后会被导流到公众号。同时，如果用户关注公众号，或者已经关注过该公众号，那么微信服务器就会向开发者服务器发送用户的 OpenID 消息。所以要实现关注公众号即登录，就要实现参数场景值的生成、扫码状态存储、状态查询、消息收发的安全性等几个关键点。

1. 定义 API

使用 API 优先的方式开发，需要先定义一下接口。采用 Swagger 的 YAML 格式，在 https://app.swaggerhub.com/ 使用 GitHub 登录，即可免费使用 Swagger Hub 的服务，作为对外文档，又可以直接使用现成的模拟服务。定义好的文档见 https://app.swaggerhub.com/apis/UniHeart/wechat-mp/0.0.1。

从 paths 字段可以看到一共定义了 3 个接口。

- /mp-qr：用来展示二维码，并实现参数场景值的生成。
- /mp-qr-scan-status：用来查询二维码的扫码状态。
- /mp-message：用来接收微信服务发来的消息，将其保存至消息队列，存储扫码状态，并保证消息的确来自微信服务。

使用 Swagger 定义开放 API 的好处之一是 Schema 支持，这个定义在 components 字段的 schemas 下，完整的 Swagger 文档是：

```yaml
openapi: "3.0.0"
info:
  version: 0.0.1
  title: Authenticate with Wechat MP!
servers:
# Added by API Auto Mocking Plugin
- description: SwaggerHub API Auto Mocking
  url: https://virtserver.swaggerhub.com/UniHeart/wechat-mp/0.0.1
- url: http://localhost:8080
paths:
  /mp-qr:
    get:
      summary: Gets a temporary qr code with parameter
      operationId: mp-qr-url
      tags:
        - mp-qr
      responses:
        "200":
          description: Got the temporary qr code image link
          content:
            application/json:
              schema:
                $ref: "#/components/schemas/MpQR"
              example:
                expire_seconds: 60
                imageUrl: https://mp.weixin.qq.com/cgi-bin/showqrcode?ticket=gQGT7zwAAAAAAAAAS5odHRwOi8vd2VpeGluLnFxLmNvbS9xLzAycnE3QWw3b3JmJmazMxb2FMQnh3Y1UAAgTOrmVgAwQ8AAAA
                sceneId: 66afab27-c8fa-417d-a28a-95d5a977e1d3
                ticket: gQGT7zwAAAAAAAAAS5odHRwOi8vd2VpeGluLnFxLmNvbS9xLzAycnE3QWw3b3JmJmazMxb2FMQnh3Y1UAAgTOrmVgAwQ8AAAA
                url: http://weixin.qq.com/q/02rq7Al7orfk31oaLBxwc
  /mp-qr-scan-status:
```

```yaml
    get:
      summary: Get the scanning status of qr code
      operationId: mp-qr-scan-status
      tags:
        - mp-qr
      parameters:
        - in: query
          name: ticket
          required: true
          description: the ticket for the qr code to query scanning status
          schema:
            type: string
          example: gQE48DwAAAAAAAAAS5odHRwOi8vd2VpeGluLnFxLmNvbS9xLzAyb2U4U2wwb3JmazMxcS1kQ3h3YzgAAgSCjWZgAwQ8AAAA
      responses:
        "200":
          description: The scanning stqtus of qr code
          content:
            application/json:
              schema:
                $ref: "#/components/schemas/MpQRScanStatus"
              example:
                openId: oWFvUw5ryWycy8XoDCy1pV0SiB58
                status: SCANNED
  /mp-message:
    post:
      summary: Receive xml messages sent from wechat mp server
      operationId: mp-message
      tags:
        - mp-qr
      requestBody:
        description: wechat mp messages in xml format
        required: true
        content:
          application/xml:
            schema:
              $ref: "#/components/schemas/xml"
      responses:
        "200":
          description: the message was well received

components:
  schemas:
    MpQR:
      type: object
      properties:
        expire_seconds:
          type: integer
          format: int64
          example: 60
```

```
              imageUrl:
                type: string
                example:
https://mp.weixin.qq.com/cgi-bin/showqrcode?ticket=gQGT7zwAAAAAAAAAS5odHRwOi8vd2VpeGluLn
FxLmNvbS9xLzAycnE3QWw3b3JmazMxb2FMQnh3Y1UAAgTOrmVgAwQ8AAAA
              sceneId:
                type: string
                example: 66afab27-c8fa-417d-a28a-95d5a977e1d3
              ticket:
                type: string
                example:
gQGT7zwAAAAAAAAAS5odHRwOi8vd2VpeGluLnFxLmNvbS9xLzAycnE3QWw3b3JmazMxb2FMQnh3Y1UAAgTOrmVgA
wQ8AAAA
              url:
                type: string
                example: http://weixin.qq.com/q/02rq7Al7orfk31oaLBxwc
        MpQRScanStatus:
          type: object
          properties:
            openId:
              type: string
              example: oWFvUw5ryWycy8XoDCy1pV0SiB58
            status:
              type: string
              example: SCANNED
        xml:
          type: object
          properties:
            ToUserName:
              type: string
              example: oWfv
            FromUserName:
              type: string
              example: 1234
            CreateTime:
              type: number
              example: 1357290913
            MsgType:
              type: string
              example: Text
            Event:
              type: string
              example: subscribe
            EventKey:
              type: string
              example: qrscene_123123
            Ticket:
              type: string
              example: TICKET
```

2. 创建工程

通过官网的指引，即可创建出一个 Spring Security 模板工程，创建好后，在 build.gradle 文件中增加一些依赖，主要有：

- implementation "io.swagger.parser.v3:swagger-parser:2.0.20" 和 implementation 'org.springdoc:springdoc-openapi-ui: 1.5.2'用来对接预先定义好的 API 文档，并自动生成相关代码。
- implementation "org.openapitools:jackson-databind-nullable:0.2.1"用来处理 JSON 反序列化时的 null 值。
- implementation 'com.fasterxml.jackson.core:jackson-databind:2.10.0'和 implementation ' com.fasterxml.jackson.dataformat:jackson-dataformat-xml:2.10.1'用来处理 XML 文档，因为微信服务发送过来的消息是 XML 格式的，而 Spring 工程默认是不会解析 XML 文档的 payload 的。如果不加入这个依赖，会导致接收消息的 controller 报 415 方法不允许的错误。题外话，关于这个 415 错误，一定要往 Request Body 的解析上定位，否则会浪费不必要的时间来找原因。
- implementation 'org.apache.pulsar:pulsar-client:2.6.3'用来和 pulsar 打交道。

然后在 build.gradle 文件中添加一个任务，用来根据最新的 Swagger 文档生成相关的类型代码等：

```
// generates the spring controller interfaces from openapi spec in src/main/resources/service.yaml
openApiGenerate {
    generatorName = "spring"
    inputSpec = "$projectDir/swagger-output/swagger.yaml"
    outputDir = "$buildDir/generated"
    apiPackage = "com.uniheart.wechatmpservice.api"
    invokerPackage = "com.uniheart.wechatmpservice"
    modelPackage = "com.uniheart.wechatmpservice.models"
    configOptions = [
            dateLibrary: "java8",
            interfaceOnly: "true",
    ]
}
```

这样每次文档有更新，就只需要在项目目录下运行以下命令：

```
./gradlew openApiGenerate
```

注意，我们采用了 Swagger Hub 来更新 API 文档，它有个 SYNC 功能（见图 14-5），在每次文档改动后点击一下，就会自动提交一个改动推送到对应的 Git 仓库。

由于使用了 Swagger 相关的依赖，它自带了 Swagger UI，因此即使在不能访问 Swagger Hub 的情况下，也可以直接访问项目本身 Host 的 Swagger UI：https://wechat-mp.herokuapp.com/swagger-ui。通过 swagger.json，还可以将项目文档直接同步到 YAPI 或者 Backstage 等 API 管理工具或者 Dev Portal 上。这个 JSON 可以直接从项目中实时获得：https://wechat-mp.herokuapp.com/v3/api-docs。

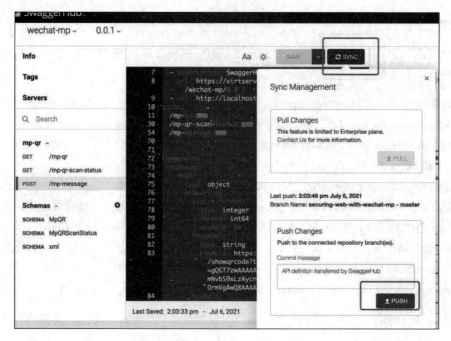

图 14-5 SYNC 功能

3. 配置路由

Spring-Security 项目模板默认进行了一些配置，我们需要额外添加几个，主要是放通我们的 API（即允许外界调用这些 API），以及 Swagger 相关的路由，这在 WebSecurityConfig 中完成，主要代码如下：

```
@Configuration
@EnableWebSecurity
public class WebSecurityConfig extends WebSecurityConfigurerAdapter {
   @Override
   protected void configure(HttpSecurity http) throws Exception {
      http
            .authorizeRequests()
            .antMatchers("/", "/home").permitAll()
            .antMatchers("/mp-qr", "/mp-qr").permitAll()
            .antMatchers("/mp-qr-scan-status", "/mp-qr-scan-status").permitAll()
            .antMatchers(HttpMethod.POST, "/mp-message").permitAll()
            .antMatchers("/v3/api-docs", "/v3/api-docs").permitAll()
            .antMatchers("/swagger-ui", "/swagger-ui").permitAll()
            .anyRequest().authenticated()
            .and()
            .formLogin()
            .loginPage("/login")
            .permitAll()
            .and()
            .logout()
            .permitAll();
```

```
        http.csrf().disable();
    }
}
```

4. 实现二维码的展示

本示例应用的效果是登录页面除可以输入用户名和密码登录外，还会显示一个二维码，扫码后即登录成功，并且在页面上显示欢迎信息，如图 14-6 所示。

图 14-6　查询扫码状态的 HTTP 请求

扫码登录成功后，可以看到 Cookie 多了一个 JSESSIONID 项，如图 14-7 所示。

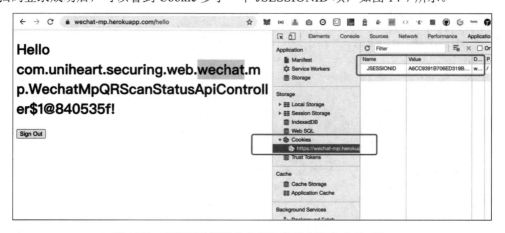

图 14-7　查询到已扫码状态后为当前会话生成 Cookies

要实现二维码的展示，由于采用了 Swagger 生成轮廓代码，因此这里只需要添加一个新的 Controller 来实现预先定义好的 MpQrApi 即可：

```
@RestController
public final class WechatMpApiController implements MpQrApi {
@Autowired
private MpServiceBean mpServiceBean;
```

```java
    @Override
    public ResponseEntity<MpQR> mpQrUrl() {
        return new ResponseEntity<>(this.mpServiceBean.getMpQrCode(), HttpStatus.OK);
    }
}
```

可见核心业务逻辑在 MpServiceBean 中，代码如下：

```java
@Component
public class MpServiceBean {
    private final HttpClient httpClient;

    @Value("${weixin-qr-code-creation-endpoint:default-test-value}")
    private String qrCodeCreateUrl;

    @Value("${weixin-token-endpoint:default-test-value}")
    private String weixinAccessTokenEndpoint;

    public String getQrCodeCreateUrl() {
        return this.qrCodeCreateUrl;
    }

    public MpServiceBean() {
        this.httpClient = HttpClient.newHttpClient();
    }

    public MpServiceBean(HttpClient client, String qrCodeCreateUrl, String tokenEndpoint) {
        this.httpClient = client;
        this.qrCodeCreateUrl = qrCodeCreateUrl;
        this.weixinAccessTokenEndpoint = tokenEndpoint;
    }

    public void setQrCodeCreateUrl(String url) {
        this.qrCodeCreateUrl = url;
    }

    public void setWeixinAccessTokenEndpoint(String url) {
        this.weixinAccessTokenEndpoint = url;
    }

    Logger logger = LoggerFactory.getLogger(MpServiceBean.class);

    public MpQR getMpQrCode() {
        var mpTokenManager = new MpTokenManager(this.weixinAccessTokenEndpoint);

        URI uri = URI.create(this.qrCodeCreateUrl + mpTokenManager.getAccessToken().accessToken);

        logger.info("Getting qr code with " + uri);
```

```java
            var payload = WeixinQrCodeRequestPayload.getRandomInstance();

            HttpRequest request =
                    HttpRequest.newBuilder().POST(HttpRequest.BodyPublishers.ofString(payload.toJson())).uri(uri).build();

            try {
                HttpResponse<String> response = this.httpClient.send(request, HttpResponse.BodyHandlers.ofString());
                WeixinErrorResponse errorResponse = new Gson().fromJson(response.body(), WeixinErrorResponse.class);
                WeixinTicketResponse ticketResponse = new Gson().fromJson(response.body(), WeixinTicketResponse.class);

                if (ticketResponse.ticket != null) {
                    return new MpQR().ticket(ticketResponse.ticket).imageUrl(ticketResponse.url).expireSeconds(ticketResponse.expiresInSeconds).url(ticketResponse.url).sceneId(String.valueOf(payload.action_info.scene.scene_id));
                }

                if (errorResponse.errcode == (40001)) {
                    return new MpQR().ticket("test").imageUrl(Constants.FALLBACK_QR_URL);
                }

                throw new UnknownFormatConversionException(response.body());
            } catch (InterruptedException ie) {
                System.err.println("Exception = " + ie);
                ie.printStackTrace();

                return new MpQR().ticket("interrupted").imageUrl(Constants.FALLBACK_QR_URL);
            } catch (Exception ex) {
                System.err.println("Exception = " + ex);
                ex.printStackTrace();
                return new MpQR().ticket("error").imageUrl(Constants.FALLBACK_QR_URL);
            }
        }
    }
```

代码比较长，不逐行解释了，建议对照项目中的测试代码一起看，主要是调用微信的 API，并根据响应执行不同的逻辑分支。关键在于 WeixinQrCodeRequestPayload.getRandomInstance()方法，它会生成场景值。场景值以及带参二维码。因为每个登录请求尝试都是独立发生的，所以应该是全局唯一的；为了防止恶意者攻击，这个场景值应该具有不可猜性。前面介绍其可以使用 UUID 来满足这两点，这里给出一种简便的实现，即根据当前时间来计算出一个场景值，由于精确到纳秒，因此很难重复。

```java
public class WeixinQrCodeRequestPayload {
    public String action_name;
    public ActionInfo action_info;
```

```
    public int expire_seconds;

    public String toJson() {
        return new Gson().toJson(this);
    }

    public static WeixinQrCodeRequestPayload getRandomInstance() {
        var timestamp = Now.instant();

        var ret = new WeixinQrCodeRequestPayload();
        ret.action_name = "QR_SCENE";
        ret.expire_seconds = 604800;
        ret.action_info = new ActionInfo();
        ret.action_info.scene = new Scene();
        ret.action_info.scene.scene_id = timestamp.getEpochSecond() + timestamp.getNano();

        return ret;
    }
}

class ActionInfo{
    public Scene scene;
}

class Scene {
    public long scene_id;
}
```

5. 实现微信消息的接收

消息接收后还需要存储起来,Redis 方案的实现另述,这里给出利用 Pulsar 的具体实现。

```
@Component
public class MpMessageService {
    Logger logger = LoggerFactory.getLogger(MpMessageService.class);

    private final String pulsarUrl;
    private final String pulsarToken;
    private final String pulsarTopic;

    public MpMessageService(@Value("${pulsar-service-url}") String pulsarUrl, @Value("${pulsar-auth-token}") String pulsarToken, @Value("${pulsar-producer-topic}") String pulsarTopic) {
        this.pulsarUrl = pulsarUrl;
        this.pulsarToken = pulsarToken;
        this.pulsarTopic = pulsarTopic;
    }

    public void saveMessageTo(Xml message) throws PulsarClientException {
        var client =
```

```java
PulsarClient.builder().serviceUrl(pulsarUrl).authentication(AuthenticationFactory.token(pulsarToken)).build();
        var producer = client.newProducer().topic(pulsarTopic).create();
        producer.send(new Gson().toJson(message).getBytes());
        producer.close();
        client.close();
    }

    public synchronized Xml getMessageFor(String ticket) throws PulsarClientException {
        var client = 
PulsarClient.builder().serviceUrl(pulsarUrl).authentication(AuthenticationFactory.token(pulsarToken)).build();
        var consumer = client.newConsumer().topic(pulsarTopic).subscriptionName("my-subscription").subscribe();
        var xml = new Xml().fromUserName("empty");

        var received = false;

        var count = 0;

        do {
            var msg = consumer.receive(1, TimeUnit.SECONDS);
            count++;
            if (msg != null) {
                var json = new String(msg.getData());

                try {
                    xml = new Gson().fromJson(json, Xml.class);

                    received = xml.getTicket().equals(ticket);

                    if(received){
                        consumer.acknowledge(msg);
                    }
                } catch (Exception ex) {
                    logger.error("Failed to parse json: " + json);
                    xml.fromUserName(json);

                    consumer.acknowledge(msg);
                }
            }
        } while (!received && count < 30);

        consumer.close();
        client.close();

        return xml;
    }
}
```

以上服务封装了消息的保存和获取功能，消息接收的 Controller 会调用保存消息的方法：

```
@RestController
public class WechatMessageController implements MpMessageApi {
    Logger logger = LoggerFactory.getLogger(WechatMessageController.class);

    private final MpMessageService mpMessageService;

    public WechatMessageController(MpMessageService mpMessageService) {
        this.mpMessageService = mpMessageService;
    }

    @Override
    public ResponseEntity<Void> mpMessage(@ApiParam(value = "wechat mp messages in xml format", required = true) @Valid @RequestBody Xml xml) {
        try {
            this.mpMessageService.saveMessageTo(xml);
            logger.info("saved info: " + xml);
            return new ResponseEntity<>(HttpStatus.OK);
        } catch (PulsarClientException e) {
            e.printStackTrace();
            return new ResponseEntity<>(HttpStatus.INTERNAL_SERVER_ERROR);
        }
    }
}
```

6. 实现扫码状态查询

从以上实现可以看出，接收到微信服务的消息通知后，会同时保存两个信息，即保存被扫描的二维码对应的用户标识 OpenID，以及更新该二维码的扫码状态为已扫描。这个消息很重要，如前所述，我们对客户端的扫码状态查询请求使用了长连接方案。查询扫码状态的部分比较复杂，因为这里把用户登录的逻辑也放在这里了，即查询到对应的二维码被扫描后，在返回扫码成功前，新建一个 HTTP 上下文，将登录的用户实例化出来：

```
@RestController
public final class WechatMpQRScanStatusApiController implements MpQrScanStatusApi {
    private final MpMessageService mpMessageService;

    public WechatMpQRScanStatusApiController(MpMessageService mpMessageService) {
        this.mpMessageService = mpMessageService;
    }

    @Override
    public ResponseEntity<MpQRScanStatus> mpQrScanStatus(String ticket) {
        try {
            var xml = this.mpMessageService.getMessageFor(ticket);

            if(xml.getFromUserName().equals("empty")){
                return new ResponseEntity<>(new MpQRScanStatus().openId(""), HttpStatus.REQUEST_TIMEOUT);
            }
```

```java
        var user = new Object() {};

        List<GrantedAuthority> authorities = new ArrayList<>();
        authorities.add(new SimpleGrantedAuthority("WechatMP"));

        Authentication authentication = new UsernamePasswordAuthenticationToken(user, null, authorities);
        SecurityContextHolder.getContext().setAuthentication(authentication);

        return new ResponseEntity<>(new MpQRScanStatus().openId(xml.getFromUserName()).status("SCANNED"), HttpStatus.OK);
        } catch (Exception ex) {
            ex.printStackTrace();
            return new ResponseEntity<>(new MpQRScanStatus().openId(ex.getMessage()), HttpStatus.INTERNAL_SERVER_ERROR);
        }
    }
}
```

这样就实现了服务器端的三个开放 API。服务器端还有些逻辑，比如对微信的 Access Token 的管理等，再次略过，详见 GitHub 仓库：https://github.com/Jeff-Tian/securing-web-with-wechat-mp/tree/master/src/main/java/com/uniheart/securing/web/wechat/mp/services。

7. 实现客户端逻辑

服务器端的 API 最终将由客户端调用。为了最小限度地修改代码，客户端逻辑直接以原生 JavaScript 的形式添加到了模板项目的 HTML 文件中（login.html）。没有使用任何前端工程框架，直接手写了两个 Ajax，代码如下：

```javascript
function queryScanStatus(ticket) {
    var req = new XMLHttpRequest();

    req.onreadystatechange = function () {
        if (req.readyState === 4 && req.status === 200) {
            const json = JSON.parse(req.responseText);

            if (json.status === "SCANNED") {
                location.href = "/hello";
            } else {
                alert("发生错误（也许是超时了）！");
            }
        }
    };

    req.open("GET", "/mp-qr-scan-status?ticket=" + ticket);
```

```
      req.send();
    }

    function showQRCodeImage() {
      var req = new XMLHttpRequest();
      req.onreadystatechange = function () {
        if (req.readyState === 4 && req.status === 200) {
          const json = JSON.parse(req.responseText);

          document
            .getElementById("wechat-mp-qr")
            .setAttribute(
              "src",
              "https://mp.weixin.qq.com/cgi-bin/showqrcode?ticket=" +
              encodeURIComponent(json.ticket)
            );

          queryScanStatus(json.ticket);
        }
      };

      req.open("GET", "/mp-qr", true);
      req.send();
    }

    showQRCodeImage();
```

14.1.8 总结

本节通过一个实际的具有商业价值的项目展示了 API 优先的开发方法。

14.2 基于 Keycloak 的关注微信公众号即登录方案

本节将通过开发一个实际的项目来讲解如何基于 Keycloak 进行二次开发。

Keycloak 是一个优秀的开源身份与访问管理系统,旨在为现代的应用程序和服务提供包身份管理和访问管理的功能。不少企业包含红帽公司都将其作为站点的单点登录工具,通过使用 Keycloak,只需要少量编码甚至不用编码,就很容易使应用程序和服务更安全。

在中国,企业往往通过微信公众号和粉丝进行互动,以及通过公众号进行微信营销等,因此如果能够将微信登录接入单点登录环节,不仅会方便用户,也会方便企业。但是微信官方的 OAuth 登录却是和公众号独立的,一个是开放平台,另一个是公众平台,虽然可以通过相互绑定之后使用 UnionID 关联两个平台中的同一个用户,但是在微信的 OAuth 登录环节,不需要公众号的参与,企业失去了一次和用户互动的机会。

更好的做法是，用户选择微信登录，扫码后手机被导流到企业公众号，一旦新用户关注公众号或者老用户进入公众号页面，便能够接收到一条定制化的欢迎信息，同时网页站点自动登录成功。

14.2.1 好处

基于 Keycloak 的关注公众号即登录方案有以下好处。

（1）用户体验更好：对于老用户扫码后即登录，不需要二次点击；对于新用户，只需要点击关注。无论新老用户都能收到欢迎信息，感觉很亲切。

（2）开发更便捷：不用对接开放平台，不用考虑 UnionID。

（3）运营更省心：不用额外每年认证一次开放平台，微信粉丝和网站用户一一对应。

14.2.2 实现效果预览

注意，由于测试公众号的限制，只能支持 100 名用户。如果由于用户超限导致预览不成功，可以放心跳过预览往下看实现细节。

点击下面的链接之一（手机端微信内网页打开或者从桌面网页打开都可以工作）：

- 登录后展示用户资料界面：https://keycloak.jiwai.win/auth/realms/UniHeart/account/。
- 登录后展示令牌：https://uniheart.pa-ca.me/keycloak/login。

打开登录界面，如图 14-8 所示。

图 14-8　选择微信登录

可以看到，在默认的 Keycloak 登录框下边有一个"微信"选项，点击它可以打开一个二维码，扫码后，会进入我的测试公众号界面，如果已经关注了这个公众号，那么会收到一条欢迎信息并成功登录系统；如果尚未关注这个公众号，则需要点击关注，然后在收到欢迎信息的同时成功登录系统，如表 14-1 中的截图所示。

表 14-1 成功登录系统后的截图展示

扫码后收到公众号通知	网页自动跳转进入登录态
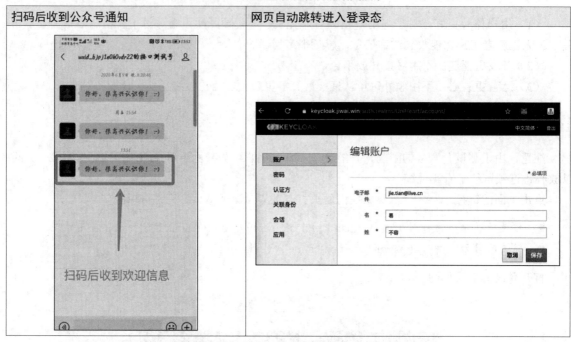	

以上是成功登录系统后进入个人账号页面的截图。注意，如果是第一次登录，那么需要验证电子邮件后才能进入这个页面（是否验证电子邮件可以在 Keycloak 中配置）。

14.2.3 基于 Keycloak 的关注微信公众号即登录方案的实施架构

没有完美的架构，只有适合业务场景的架构。由于本章的业务场景只是展示方案的可行性和实现细节，因此最重要的考量是省钱。

具体来说，能够静态化的部分都做到静态化，利用各种免费静态 host 方案；而需要服务器参与的部分，则一律采用免费的 PaaS 方案。

唯一支付了费用的部分，就是这个域名：jiwai.win。其实域名也可以使用各个 PaaS 平台提供的免费二级域名。

本方案使用的免费平台如下。

- Cloudflare：CDN 加速，HTTPS 证书。
- github pages：静态资源托管。
- Travis CI：持续集成。
- Okteto：免费 Kubernetes 集群。

14.2.4　具体设计与实现

接下来讲解如何一步一步实现基于 Keycloak 的关注微信公众号即登录的功能。

1. Keycloak 的部署

Keycloak 是免费、开源的，基于 Java 开发，支持多种数据库，这里采用了 PostgreSQL（PostgreSQL 是免费开源的关系数据库，有趣的是，据研究其性能超过了 NoSQL 数据库 Mongo DB[14]）。

1）部署到 Okteto

经过试验，可以将官方的 Keycloak 镜像直接部署到 Okteto。然而，麻烦的是，后来 Okteto 的免费政策发生了变化。要使用这个方案，就需要每天部署一次以确保它处于活动状态，可通过在 Travis CI 中设置 CronJob 来实现这一点。

Okteto 提供免费二级域名，但是使用自定义域名就需要付费。

具体部署代码见 Jeff-Tian/k8scloak，需要特别注意 deployment.yml 文件中对容器的资源申请，避免资源申请设置过低，如果资源申请设置过低，就会导致 Keycloak 启动失败，这说明 Keycloak 还是比较消耗资源的。

对于要申请的 PostgreSQL 数据库以及一些用户名和密码配置，需要自行替换。

2）部署到 Heroku

经过试验，官方的 Keycloak 镜像部署到 Heroku 之后运行不起来，原因是和 Java 的 Security 限制不一致有关，因此需要对官方的 Keycloak 镜像做一些调整。好在你不需要再做这些工作，具体调整好的代码在这里：Jeff-Tian/keycloak-heroku。这个代码仓库还贴心地准备了部署到 Heroku 的按钮，帮助你一键部署。

推荐这个方案，因为更省心，单击部署到 Heroku 按钮后，它还会自动帮你申请一个免费的 PostgreSQL 数据库。由于 Keycloak 比较耗资源，因此需要使用 M-dyno（每月 7 美元）。但是如果通过了 GitHub Education 申请，可以获得一笔 Heroku 抵用金，足够你免费使用 M-dyno 一年。

3）开发 Keycloak 关注微信公众号即登录的 IdP 插件

默认的 Keycloak 可以添加很多 IdP，但是却没有微信，而网上能够找到的微信登录插件采用的是微信的 OAuth 方式。

微信官方文档给出的微信登录方案是基于 OAuth 2 和 OIDC 协议实现的，桌面端的网页采用扫码调出授权页面，接口属于其开放平台；而手机端微信内的网页则直接唤起授权页面，接口属于公众平台，这导致从桌面端授权和手机端授权，即使是同一个用户，其 OpenID 也是不同的。虽然可以使用 UnionID 关联，但是增加了开发的负担和额外的认证负担。同时，这种登录方式不要求用户关注公众号，导致失去了一次和用户强互动的机会。

详细代码见 Jeff-Tian/keycloak-services-social-weixin。

在上面提到的 keycloak-heroku 中已经包含关注微信公众号即登录的 Idp 插件，这是通过将 keycloak-services-social-weixin.jar 包放置在 idps 文件夹下实现的（Jeff-Tian/keycloak-heroku）。

关键代码见 https://github.com/Jeff-Tian/keycloak-services-social-weixin/blob/master/src/main/java/org/keycloak/social/weixin/WeiXinIdentityProvider.java。这个文件会判断浏览器是不是微信浏览器，如果是，则使用官方的公众号登录方案，否则需要展示一个二维码供用户扫描，但是这个二维码不

能使用 OAuth 二维码，原因前面已经分析过了。为了统一使用微信公众号平台的接口，因此采用了微信公众号提供的带参二维码。

对于这个插件，只要能够正常调用微信公众号平台的接口，在用户通过桌面网页端采用微信登录时，展示出这个二维码，并且在用户扫描二维码之后，通知开发者服务器，任务就算完成。

2. 用户扫码的"感知"流程设计

对于在手机微信端打开网页并登录的流程，遵循微信公众号官方文档即可。这里重点讨论关注微信公众号即登录的扫码登录方式。当用户从桌面网页端打开目标网站并选择微信登录时，网页上会展示一个二维码，用户需使用手机扫描。扫描后，桌面浏览器应能"感知"到扫描动作，并将网页重定向到登录后的界面。这种"感知"其实就是微信服务器向开发者服务器发送通知。

传统的桌面网页微信登录一般是打开一个新页面，跳转到微信官方的网页授权页面。用户使用手机微信扫描后，浏览器关闭新打开的授权页面，同时开发者页面接受用户的临时授权码。但是对于关注微信公众号即登录，需要系统在桌面浏览器中自行展示特殊的二维码，而非 OAuth 登录二维码。而用户是使用手机来进行扫描的，如何让桌面网页"感知"用户手机的扫描，就成为一个问题。下面通过阐述利用微信的带参二维码，通过接收微信服务器发送的消息来"感知"用户的扫描事件。首先是带参二维码的生成，它是通过调用微信官方的接口完成的。微信公众平台提供了两种生成带参数二维码的接口，分别是：①临时二维码，有过期时间，数量没有明确的上限；②永久二维码，没有过期时间，但是最多只能生成 10 万个。显然，对于登录场景，适合采用临时二维码。本章的方案里，过期时间设置为 1 分钟。如果用户在打开登录页面的 1 分钟内都没有扫码，或者因为网络等原因扫码失败，那么就展示二维码过期，提示用户刷新二维码，这个体验和用户登录网页版微信相似。其中调用生成二维码接口关键是需要传递场景值，每个场景值会和一个尝试登录的请求相关，因此必须做到唯一。本章选择使用 UUID（或者称为 GUID）。UUID 由 128 位数字组成，其生成算法保证了其极低的重复率，具体来说，如果以一秒钟生成十亿个 UUID 的速度连续生成一年，才会有 50%的机会产生一个重复 ID。

未登录用户成功扫码登录系统的流程图如图 14-9 所示。

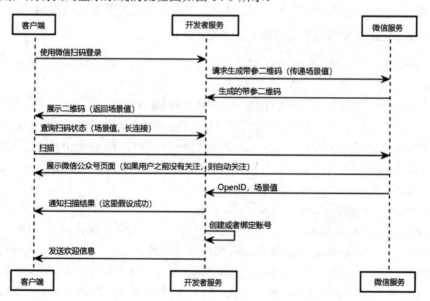

图 14-9　未登录用户成功扫码登录系统的流程图

由图 14-9 可以看出，开发者服务为尝试登录请求生成场景值后，会同时传递给微信服务和浏览器。这个场景值还会在后续查询用户扫描状态时被使用。如果用户不扫描，致使二维码过期，那么这个场景值将会被丢弃，被认为该尝试登录失败。从图 14-9 还可以看出，当用户扫描后，微信会自动进入开发者公众号页面，这为运营带来了很大的好处，因为公众号页面会展示历史图文信息，相比传统的用户扫码展示的信息要丰富得多。另外可以看到，无论用户是否关注过公众号，扫码后，微信服务都会向开发者服务推送用户的 OpenID 以及场景值。而且对于没有关注过公众号的新用户，还会自动关注，成为公众号新粉丝。这样就把系统的微信用户账号和微信公众号分析的属性关联起来了。场景值被系统用来更新扫码状态，而 OpenID 用来关联或者创建账号。这一系列动作完成后，系统还可以通过微信渠道向用户发送自定义的欢迎信息，这是传统微信登录方式很难做到的（需要实现模板消息功能，但是模板消息的使用是受到严格监控和限制的，而在扫码后的消息回复则不受此限制）。

其次是扫码状态的更新，前面我们已经详细讨论了一点，这里再给出一个更加通用的状态流转图（不仅适用于微信扫码登录，笔者观察到很多网站都采用了这种方式，比如知乎），如图 14-10 所示。

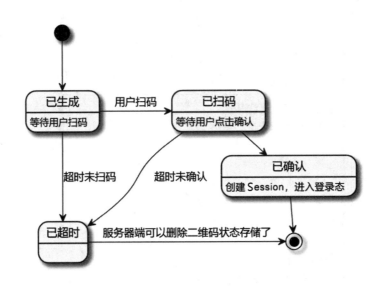

图 14-10　状态流转图

对于查询微信扫码状态的设计，前面我们也给出了详细的讨论。在这里顺便给出更加通用的时序图（即不局限于微信扫码，笔者这里也是观察了知乎网站的做法）。正常的扫码登录时序图如图 14-11 所示。

如果在展示二维码后不扫描，或者扫描后用户不确认登录，等待一段时间后（比如一分钟），浏览器轮询二维码状态时，服务器端都返回超时即可，如图 14-12 所示。

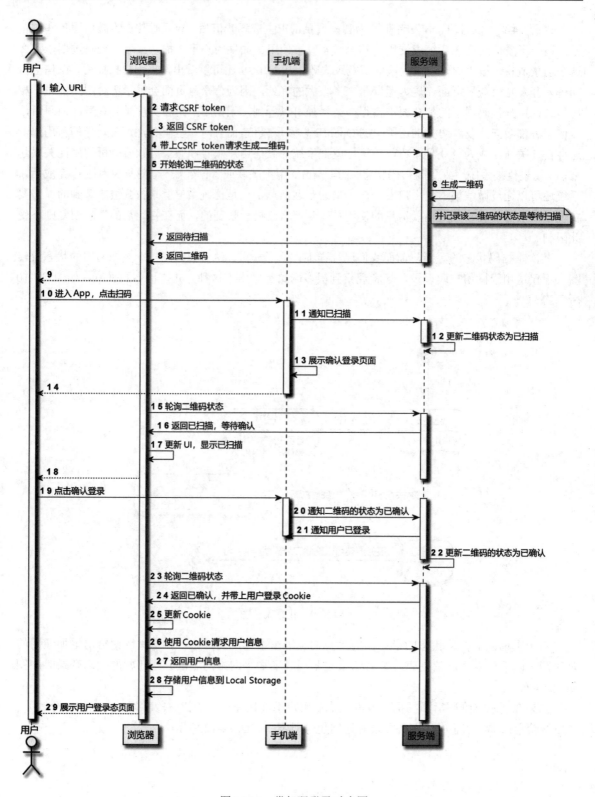

图 14-11 常扫码登录时序图

第 14 章 灵活实现扫码登录 | 331

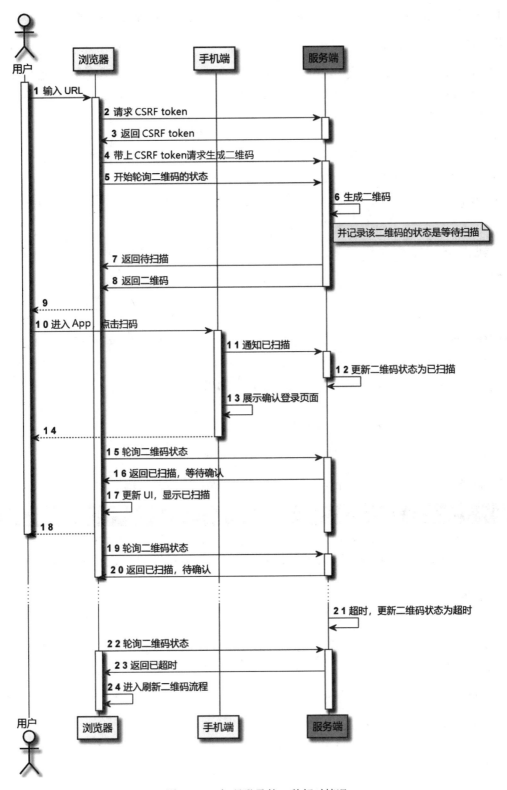

图 14-12 扫码登录的一种超时情况

以下是用户扫码后不点击确认的超时流程图，不扫描的超时流程图会更简单一点，略过不画。

3. 微信公众号的配置

要正常使用微信公众号的接口，需要在公众号后台进行一些配置。要使用带参二维码接口，需要认证的公众号，这不仅需要一笔费用，还需要是企业主体。对于个人，只能使用测试微信公众号，限制是只能有 100 个关注者。

无论使用正式的认证后的公众号还是测试公众号，都需要进行同样的配置，这里列举一下。

从流程设计中可以看出，开发者服务器和微信服务器需要做很多信息交流，所以需要将开发者服务器信息填写到公众号后台，并配置一个 Token，如图 14-13 所示。

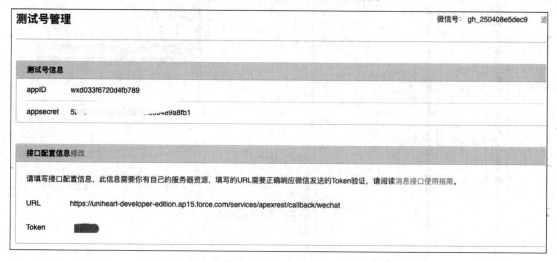

图 14-13　在微信后台配置接收微信消息的接口

只需要配置接口，不需要进行其他配置。这个接口是用来接收微信消息的。

> **提　示**
>
> 注意，对于个人订阅号，或者未认证的企业服务号，都是没有相关接口（获取带参二维码等）权限的，所以如果是个人测试的话，只能使用测试公众号，跟图 14-13 一样。

4. 上线

当完成 Keycloak 部署、微信 IdP 插件开发以及和微信公众号接口的对接（可以参考前面的流程设计以及微信文档自行实现，或者通过前面提到的 GitHub 链接查看源码，这里未做详述）之后，就可以测试并上线了。

5. 测试

登录 Keycloak Admin Console，它的界面如图 14-14 所示。

第 14 章　灵活实现扫码登录 | 333

图 14-14　Keycloak Admin Console 界面

然后，创建安全领域，并在安全领域设置中打开身份提供者，如图 14-15 所示。

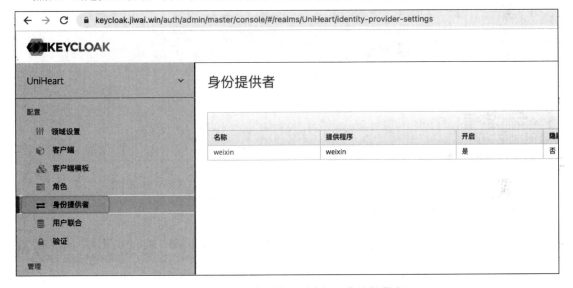

图 14-15　在安全领域设置中打开身份提供者

接着，单击编辑 weixin 进行配置，如图 14-16 所示。

注意，这里有一个非必填项：customized-login-url，在这里也必须填写，否则就会执行默认的开放平台的 OAuth 登录逻辑。如果不想自己开发展示带参二维码，以及对用户扫码的感知逻辑，就一定要填写 https://wechat.pa-ca.me/mp-qr 这个开发好的地址。

然后，就可以在 Keycloak 中使用关注微信公众号即登录了。

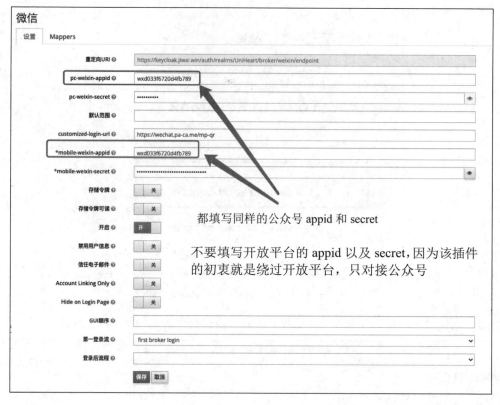

图 14-16　单击编辑 weixin 进行配置

14.2.5　总结

通过 Keycloak 进行用户身份和权限管理，可以用很少的代码让自己的应用或者服务达到业界先进的安全级别。通过关注微信公众号即登录可以给用户、开发以及运营都带来便利，而将这个功能集成到 Keycloak 中只需要少量的配置和开发，再一次说明了 Keycloak 的可扩展性非常好。

14.3　基于 Authing.cn 的关注微信公众号即登录的实现方案

在如今的互联网时代，微信公众号被越来越多的企业用于与用户之间的交流和沟通，其中包括用户的登录认证。通过关注微信公众号登录，不仅可以给公众号引流，而且能够将用户与公众号粉丝一一对应。最后，这种方式对于用户来说也更加方便快捷。对于已经关注过公众号的用户来说，扫码后就直接进入登录状态了；对于新用户来说，仅需要多点一次关注的操作。

前面两节通过自己写代码灵活实现关注微信公众号即登录，正如在使用 Keycloak 的插件中提到的，笔者研究对该方案的实现在 2018 年。而如今，早就有很多厂商实现了这种方式，比如 Authing.cn，本节就来说明一下如何基于 Authing.cn 实现关注微信公众号即登录，并和笔者之前的几个实现方案做一个对比。

14.3.1 最终方案展示

可以访问 https://taro.jefftian.dev/pages/subpages/auth/authing，在登录框中选择"微信公众号关注"，如图 14-17 所示。

图 14-17　选择"微信公众号关注"

使用微信扫描二维码后，会发现这是笔者的测试公众号。选择关注，网页就会自动登录；而如果之前已经关注过，在扫码后，网页会直接进入登录状态。如果是第一次扫码登录本网站（哈德韦的个人小程序），那么会出现如图 14-18 所示的页面，允许你创建一个新账号，或者绑定到已有账号。

图 14-18　选择关联方式

同时，手机可以收到微信公众号发来的欢迎信息。这里可以做更多事情，目前笔者的示例程序写得很简单，会发送一条简单的欢迎信息，和前面两节中的一样。

> **提　示**
>
> 但是，由于测试公众号的限制，只能有 100 个粉丝。因此，本演示只对前 100 名新用户有效。注意，如果是真正的服务号，就不用担心粉丝数量的限制了，但是申请微信的服务号需要企业资质，个人开发者暂时没有办法申请。

14.3.2　关注微信公众号即登录的核心要件

1. 带参二维码

这是服务号才有的能力，由微信提供。带参二维码本质上是一个动态生成的随机信息，用来标识当前会话。一旦有用户扫码，该会话就和一个身份绑定起来了。

这些都是微信服务和开发者服务之间进行的后端信息交换。首先，开发者服务需要通过凭据获取带参二维码；其次，在用户扫码后，开发者服务会接收到微信的消息通知。

2. 扫码状态的维护

开发者服务需要对扫码状态进行维护，其键值是带参二维码对应的临时票据，其值可能是待扫码、已扫码和超时等。一旦某个临时会话收到了微信发来的有用户扫码的消息通知，就应将该会话转为已登录状态，而一个超时没有收到用户扫码消息通知的会话，应该通过某种方式标记出来。

因为这个关注微信公众号即登录的场景一般用在 Web 端，所以常见的对扫码状态的更新查询都是使用定时轮询的方式。一旦扫码完成，就会在下一次轮询时得到状态更新，这个 HTTP 的响应不仅在负载中携带了已扫码的状态，而且往往通过 HTTP 标头带上 set-cookie 来将已验证的会话标识传给客户端。客户端（即 Web UI）会更新页面，如图 14-19 所示。

图 14-19　客户端更新页面

对于多次轮询后，碰到超时的情况，页面往往更新为"请刷新二维码"之类的提示，如图 14-20 所示。

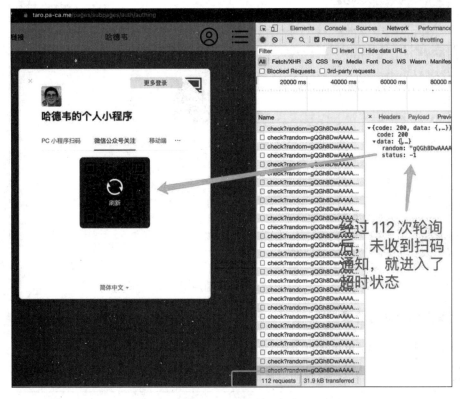

图 14-20 页面超时

14.3.3 其他方案及其与 Authing.cn 方案的对比

先说结论，采用 Authing.cn 开发量最少，仅需要做一些配置即可。前面对核心要件的分析截图中，都没有任何自己的代码，全是 Authing.cn 实现的。尽管看不到 Authing.cn 的源码，但是从表现来看，却能够推测出其大致思路，原因是无论采用哪种方案来实现，只要是对接微信公众号关注登录，其核心要件是没有区别的。

当然也可以看出，所谓低代码，甚至无代码，其实是在其他地方产生了更多的代码。复杂性无法凭空消失，但是可以转移或者隐藏。在掌握了关注微信公众号即登录的核心要件后，至于是自己编写代码，还是用别人编写好的代码，都不会再有神秘感了。

14.3.4 实现步骤

1. 注册 Authing.cn 账号

首先，我们需要在 Authing.cn 上注册账号，步骤非常简单，只需要填写一些基本信息即可。

2. 创建应用

在注册成功后，我们需要创建一个应用，应用是一个集成了身份认证、授权管理等功能的单元。

在创建应用时，需要填写应用名称、应用回调地址等信息，如图 14-21 所示。

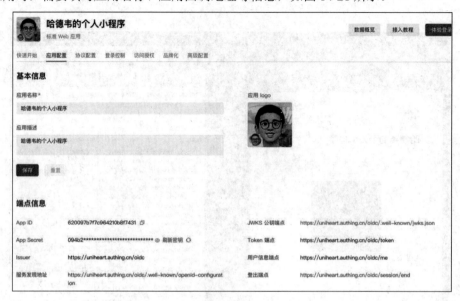

图 14-21　创建应用

3. 配置微信公众号登录

接下来，我们需要在 Authing.cn 上配置微信公众号登录，具体操作如下：

步骤 01 在社会化身份源中添加一个微信身份源，如图 14-22 所示。

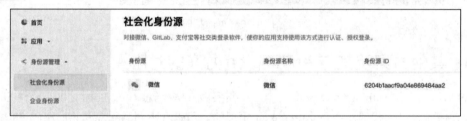

图 14-22　添加微信身份源

步骤 02 在这个身份源中添加微信公众号关注，如图 14-23 所示。

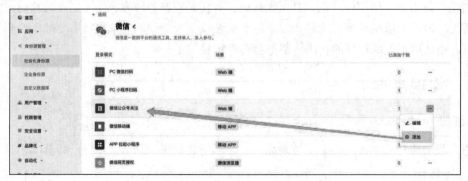

图 14-23　添加微信公众号关注

步骤03 填写相应的 AppID 和 AppSecret 并保存。这个 ID 和 Secret 以及令牌都要和微信公众号后台配置一一对应，如图 14-24 所示。

图 14-24　填写相应的 AppID 和 AppSecret

- 由于笔者没有公司，申请不了服务号，但是好在微信提供了测试公众号，拥有和服务号相同的能力，只是有 100 个粉丝的上限。图 14-25 中的 appID、appsecret 以及 Token 对应图 14-24 中框出来的值。

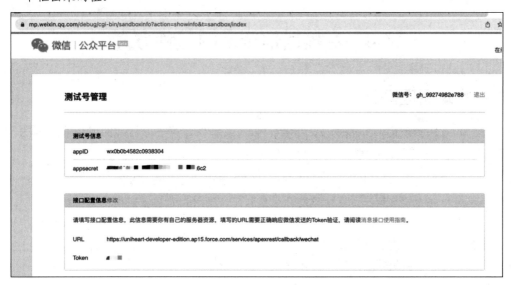

图 14-25　填写相应的 appID 和 appsecret

- 另外，在接口配置信息中，有一个 URL，这个后面我们进行详解。这个接口是用来接收微信发来的消息的。

4. 集成登录功能

在完成上述步骤后，我们需要在应用中集成登录功能，具体集成方式可以参考 Authing.cn 提供的文档。

如果仔细查看 Authing.cn 的文档以及 GitHub 上的代码示例,会发现它们提供了两种集成方式。第一种方式是将图 14-25 中的 URL 直接填入 Authing.cn 提供的接口地址。这样有一些弊端,一是只能使用 Authing.cn 进行微信公众号关注登录;二是微信发送的其他消息也都会被该接口接收,如果还有其他业务需求,就不太好做了。

第二种方式就是在图 14-25 中的 URL 中填入自己的接口地址,而在自己的接口中将收到的扫码信息转发给 Authing 的服务器。非常推荐这种方式,如图 14-25 所示,笔者填入的也是自己的服务接口,采用的就是这个转发的方案。所以,除最开头的效果展示中集成了 Authing.cn 的关注微信公众号即登录可以正常运行外,几年前实现的基于 Keycloak 的关注微信公众号即登录以及基于 Spring Security 的关注微信公众号即登录都能继续工作。

采用第二种方式,最关键的是要将微信发来的消息原封不动地转发给 Authing,这个转发目的地址官方文档也有说明,对于这个具体示例来说,这个地址就是 https://core.authing.cn/connections/social/brickverse-public/620097b69a9dab5e967d0c44/events。

14.3.5 总结

通过上述步骤,我们可以快速实现关注微信公众号即登录的功能,而且不需要过多的开发工作。借助 Authing.cn,我们可以快速搭建安全可靠的用户认证和授权系统,为企业的用户管理提供有力的支持。

14.4 对接微信登录的三种方式

14.4.1 登录原理概览

正如第 9 章所梳理的,一般来说,要接入微信或者任何第三方标准的或者非标准的 OAuth 2.0/OIDC 协议的身份提供方,都有一个固定的套路,即:

- 先构建第三方网站的授权链接,让用户在浏览器中打开并确认授权。
- 通过用户的授权,第三方网站颁发一个授权码,通过浏览器重定向传递给接入方。
- 接入方凭借这个授权码,和自己在第三方平台上的备案凭据(AppID+AppSecret),通过后端服务器向第三方服务器换取用户的令牌。
- 后续通过令牌调用第三方服务,比如获取用户资料等。

但是具体到微信生态,却有开放平台和公众平台,并且还可以自定义扫码登录,所以至少有三种方式来接入微信登录,我们先来看一下每一步中不同登录方式的区别,然后梳理一下每种登录方式的关键步骤。

1. 构建授权链接

对于微信生态,它有两套体系(严格来说是至少有两套),分别是开放平台和公众平台。在构建授权链接这一步,取决于接入的体系会有对应的链接。PC Web 接入的是开放平台,而手机 Web

接入的是公众平台（当然，手机 Web 其实也可以接入开放平台，但是不推荐）。

比如，对于 PC 来说，一般第三方网站的授权链接页面会展示哪个接入方想要获取哪些数据，并展示一个同意或者拒绝的按钮在页面上。而对于微信，它在授权链接网页展示的是一个二维码，用户是否同意，要通过扫描这个二维码，在手机上才能看到。虽然比较特殊，但仍然是一个标准的 OAuth 2.0/OIDC。

对于 PC Web 来说，一个典型的授权链接如下：

```
https://open.weixin.qq.com/connect/qrconnect?scope=snsapi_login&state=d3Yvfou3pdgp-UN
VZ-i7DTDEbv4rZTWx6Wh7lmxzyvk.98VO-haMdj4.c0L0bnybTEatKpqInU02nQ&response_type=
code&appid=wxc09e145146844e43&redirect_uri=http%3A%2F%2Flocalhost%3A8080%2Frealms%2Fmaste
r%2Fbroker%2Fweixin%2Fendpoint
```

前面为什么说手机 Web 不能接入开放平台呢？因为在手机 Web 页上展示一个二维码，让用户来扫码确认，操作上不方便。因此，手机端一般使用公众平台，对于这种情况，用户可以直接在微信中打开该链接，并进行授权（显式的或者隐式的），然后微信会颁发授权码再跳转到接入方，也是一个标准的 OAuth 2.0/OIDC 流程。一个典型的手机端授权链接如下：

```
https://open.weixin.qq.com/connect/oauth2/authorize?scope=...&state=...&response_type
=code&appid=...&redirect_uri=...
```

注意这两个链接不太一样，因为是两套体系。不过，其主机名都是 open.weixin.qq.com，因为这都是微信的开放能力。

2. 授权码传递回接入方

这是在第一步的构建授权链接中需要传递一个 redirect_uri 的原因。

3. 使用授权码换取令牌

接入方在获取到授权码之后，就可以通过授权码加上自己在微信公众平台或者开放平台中的备案凭据（AppID+AppSecret）换取用户的令牌了。

4. 使用用户令牌换取用户信息

接入方通过前一步拿到的用户令牌，可以通过如下接口获取用户信息：

```
https://api.weixin.qq.com/sns/userinfo?access_token=ACCESS_TOKEN&openid=OPENID&lang=z
h_CN
```

注意，这一步，无论接入哪套体系，都建议用上述 URL 获取用户信息。授权链接不同，已经让人很头大了，在换取用户信息环节能统一就统一吧。

以上接口还有一个好处，它只检验令牌是否有效，而不检验令牌的获取方式，然后只需要有 OpenID，就能获取该 OpenID 对应用户的信息。通过这一点，可以用来自定义登录方式，比如关注微信公众号即登录。

5. 自定义微信登录方式（以关注微信公众号即登录举例）

由于没有标准的束缚，因此可以自由发挥，但这也带来了开发量，详见后面的叙述。这里讨论一下和标准流程的区别。

最大的区别是没有了授权码传递环节，也没有构建授权链接的环节。总之它通过某种方式获取到了用户的 OpenID（即通过微信服务发来的扫码消息中解析到的 OpenID）。

另外，它通过在公众平台中备案的客户端凭据获取到了客户端级别的令牌（注意，前面描述的标准 OAuth 2.0/OIDC 流程获取到的是用户级别的令牌）。

通过令牌和 OpenID，就足以获取到用户信息了，于是可以为其创建接入方的会话：

```
https://api.weixin.qq.com/sns/userinfo?access_token=ACCESS_TOKEN&openid=OPENID&lang=zh_CN
```

14.4.2 三种登录方式的关键步骤

1. 关注微信公众号即登录

这是 https://github.com/Jeff-Tian/keycloak-services-social-weixin 最早实现的一种登录方式，也是比较不常见的一种。第一次实现它时，只是为了好玩，因为那时候并不多见。不过很多年过去了，目前通过这个方案来登录的网站越来越多。最早看到各大网站的 PC 端微信扫码登录觉得有些别扭，因为笔者那时对微信生态完全陌生，就纯粹从用户的角度，在扫码登录时感觉有些别扭。那时候，一般网站的右下角都会放置一个该网站的公众号二维码，而在登录时会被要求扫二维码。但是使用后发现即使登录了该网站，还是要单独再扫一次码才能关注该网站的公众号。不知道别人是什么感受，反正这种迷惑行为让我十分费解。

当时（2018年）笔者的直觉就是，应该将关注公众号和扫码登录结合起来，于是就开始了解微信开发相关的东西。并且，由于搜索了一下登录相关的开源库，才得知有 Keycloak，将 Keycloak 和微信结合起来搜索，就找到了 jyqq163/keycloak-services-social-weixin 这个库。不过，试用下来发现该库也是那种普通的扫码登录，于是只能硬着头皮阅读微信的开发文档，并将该库 fork 下来，做了修改以实现关注微信公众号即登录功能，详见 14.2 节的讨论。

1）原理

我们这里先讲解原理，后面会详细使用三种不同的实现方式来举例，但都依托这里讲解的原理。这样实现的微信登录本质上是利用微信公众平台的带参二维码功能。这里的重点有两个：

- 使用的是微信公众号平台。
- 使用了带参二维码。这意味着登录流程和 OAuth、OIDC 等完全没有关系，因此是一个微信独有的非标准的登录流程。在实现上也可以尽情发挥，现在各大平台都有自己的实现。

2）关键

为了实现扫码感知，需要一种机制来接收微信服务发送的 XML 消息。微信公众号后台提供了基本配置，其中包括服务器配置，用于配置接收微信服务的消息，如图 14-26 所示。

假如用了 https://github.com/Jeff-Tian/keycloak-services-social-weixin，并部署到了 https://keycloak.jiwai.win，为了让它收到微信消息，就需要将微信消息发到 URL：https://keycloak.jiwai.win/realms/Brickverse/QrCodeResourceProviderFactory/mp-qr-status。

当然，可以直接在服务器地址 URL 中配置上述地址，但是不推荐。因为上述地址是用来接收所有微信服务通知的，而这些通知不仅包含带参二维码的扫码消息，所以推荐配置一个专门的服务，然后在该服务下配置二次转发地址，这样就更加灵活了。

同样地，如果使用 Authing.cn 的服务，那么需要对应地将微信消息转发给 authing.cn 的服务器。

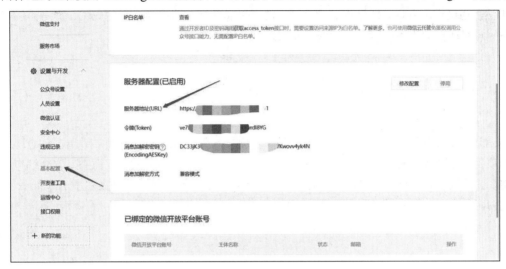

图 14-26　微信公众号后台服务器配置

2. 手机微信登录

即在手机端微信中点开某个网站链接后，进行微信授权登录。

原理：这种微信登录方式仍然使用微信的公众平台，不过这时使用了 OAuth 2.0/OIDC 的协议，从而可以很方便地集成，比起关注微信公众号即登录要简单很多。

3. PC 端扫码登录/开放平台登录

这就是所谓的普通扫码登录，要注意它和前两种方式有一个很大的区别，那就是不再依赖公众平台。它使用的是微信开放平台，要接入的话，有另一套独立的申请和认证流程。不过，好在一旦接入，它和手机微信登录一样，也是遵循 OAuth 2.0/OIDC 标准，因此对接非常简单，基本上只需要对标准的 OIDC 库进行一些 URL 配置即可。

14.4.3　总结

本节梳理了微信的 3 种登录接入方式，其中，关注微信公众号即登录最复杂，因为它是基于对微信的能力所做的一种灵活运用，微信官方文档并没有直接提及该登录方式。而另外两种登录方式分别应用于手机 Web 和 PC Web，虽然都是基于 OAuth 2.0/OIDC 标准，对接相对简单，但是要注意它们分别依赖公众平台和开放平台，彼此独立。

从费用上讲，可以这样认为：如果只做手机 Web，那么一年需要 300 元的认证费用花在公众平台上；如果只做 PC Web，那么一年也是需要 300 元的认证费用花在开放平台上。然而，如果既想在手机 Web 端接入微信登录，同时又在 PC 端接入，那么一般来说一年需要 600 元的认证费用，即同时认证公众平台和开放平台。如果想在手机 Web 和 PC Web 端都接入微信登录，但只想认证一个平台，即每年 300 元，那么可以不接入开放平台，而只接入公众平台，这时在 PC Web 上的微信登录就得另辟蹊径，比如通过公众号的带参二维码来实现，这就需要更大的开发成本。不过通过借助

https://github.com/Jeff-Tian/keycloak-services-social-weixin 或者 Authing.cn，就不需要开发了，而只需要将微信消息转发到所部署的 Keycloak 或者 authing.cn 服务器即可。

当然，通过实现自定义的微信登录，带来的不仅仅是每年节省 300 元的成本，而是可以将粉丝和网站用户实现自动化的一一对应，这方面的好处远比节省 300 元要大得多。

14.5 小　　结

本章介绍了如何使用 API 优先的开发方法，以及如何基于 Keycloak 进行二次开发。通过这两个实际的项目，可以看出 Keycloak 的二次开发可以让开发者更专注业务逻辑，而不是安全细节。通过灵活实现扫码登录，可以让用户体验更好，运营更省心，开发更便捷，并且展示了 Keycloak 丰富的扩展能力。

第 15 章

多因素身份认证

传统的用户名和密码认证方式存在被破解或盗用的风险。未来的身份认证趋势将更加强调多因素身份认证,结合多个不同的身份验证要素,如生物识别技术(指纹、面部识别等)、硬件安全令牌等,提供更强的安全性。

多因素身份认证(Multi-Factor Authentication,MFA)使用两个或多个因素的任意组合来验证身份并保护重要资产免受欺诈性访问。目前广泛采用的短信验证码就是多因素身份认证的一个具体形式,也被称为双因素身份验证(2FA)。它将密码与发送到移动设备的 SMS 代码结合起来。如果有一个因素受到影响,系统仍然是安全的。

可以使用以下三种因素来确认身份:

- 你所拥有的东西,比如银行卡、钥匙或 U 盘。
- 你所知道的东西,比如密码或 PIN。
- 你本身就是生物识别因素,比如指纹、语音、虹膜扫描和其他物理特征。

图 15-1 展示了 authing.cn 的多因素认证界面,其中短信验证码、电子邮箱验证以及 OTP 口令验证就是利用了"你所拥有的东西",而"人脸识别验证"和"指纹验证"就是将你本身作为生物识别因素。"密码验证"则是利用了"你所知道的东西",在当前版本的

图 15-1 authing.cn 的多因素认证界面

authing.cn 的个人中心,"密码"在"账号安全"标签页中。

MFA 一般都会从"你本身就是生物识别因素""你所知道的东西"和"你所拥有的东西"中选择两个或多个因素,更多的是选择两个因素的组合。

15.1 你所拥有的东西

15.1.1 手机(作为令牌)

手机作为令牌的优点是,它是大多数人都拥有的设备,因此不需要额外的硬件或软件;缺点是,手机可以丢失或被盗,而且不是所有人都有手机。另外,实现起来也比较复杂,因为需要开发原生应用,并且要有推送消息的能力。

15.1.2 通过短信发送一次性密码

服务器端生成一个一次性密码(One Time Password,OTP),并将其发送到用户注册的手机。用户在登录时输入 OTP,在服务器端验证 OTP 是否正确。这种方法的优点是,它不需要任何额外的硬件或软件,因为它使用用户已经拥有的手机;缺点是,它需要用户在登录时输入 OTP,这可能会导致用户体验不佳。另外,短信验证码的接收可能存在延迟或者被拦截,可能需要准备好客户支持或者技术支持进行排查。

下面通过一个案例——在 Keycloak 中集成短信验证码登录来说明。

在 Keycloak 中可以通过集成第三方的短信服务商来实现短信验证码登录。这里以阿里云为例来演示如何在 Keycloak 中集成阿里云的短信服务。

尽管国内的互联网生态中使用短信验证码登录十分常见,采用 Keycloak 作为身份认证解决方案的公司也很多,然而 Keycloak 官方却没有现成的短信验证码登录解决方案,这里提供一种建议的解决方案,希望对大家有所帮助。图 15-2 展示了最终的效果。

图 15-2 在 Keycloak 中集成短信验证码登录

如何开通阿里云短信服务不在本书的讨论范围，可以参考官网。这里假设已经开通了阿里云短信服务，并且已经有了一个可用的短信模板。接下来我们详细讨论技术实现。

1. 引用开源的 Keycloak 短信验证码登录插件

推荐使用 https://github.com/cooperlyt/keycloak-phone-provider，从其 release 页面下载最新的 release 包，然后解压到 Keycloak 的/opt/keycloak/providers/目录下，就完成了引用。推荐使用 Dockerfile 来实现这一步，这样可以在容器启动时自动完成这一步，一个示例的 Dockerfile 如下：

```
ARG KEYCLOAK_VERSION=21.0.1
FROM docker.io/library/keycloak-builder as mvn_builder
FROM quay.io/keycloak/keycloak:${KEYCLOAK_VERSION} as builder
COPY --from=mvn_builder /tmp/target/*.jar /opt/keycloak/providers/
COPY --from=mvn_builder /tmp/target/*.jar /opt/keycloak/deployments/

COPY idps/phone/keycloak-phone-provider.jar /opt/keycloak/providers/
COPY idps/phone/keycloak-phone-provider.resources.jar /opt/keycloak/providers/
COPY idps/phone/keycloak-sms-provider-aliyun.jar /opt/keycloak/providers/

ENV KC_HOSTNAME_STRICT=false
ENV KC_HOSTNAME_STRICT_HTTPS=false
ENV KC_HTTP_ENABLED=true

USER 1000

RUN /opt/keycloak/bin/kc.sh build --health-enabled=true

FROM quay.io/keycloak/keycloak:$KEYCLOAK_VERSION
COPY --from=builder /opt/keycloak/ /opt/keycloak/
WORKDIR /opt/keycloak

ENTRYPOINT ["/opt/keycloak/bin/kc.sh", "start-dev",
"--spi-phone-default-service=aliyun",
"--spi-message-sender-service-aliyun-region=cn-hangzhou",
"--spi-message-sender-service-aliyun-key=LTA****ZVd",
"--spi-message-sender-service-aliyun-secret=e6u****Iwd",
"--spi-message-sender-service-aliyun-auth-template=SMS_13000053",
"--hostname-strict=false", "--features=\"preview,scripts\"", "--log-level=INFO"]
```

注意，一共需要复制 3 个 JAR 包到/opt/keycloak/providers/目录下。最后，在启动 Keycloak 时需要指定一些参数，这些参数可以通过环境变量来传递，也可以通过命令行参数来传递，这里使用了命令行参数的方式。需要注意的是，--spi-phone-default-service=aliyun 这个参数指定了默认的短信服务商，这里指定为阿里云；另外，一定要用--spi-message-sender-service-aliyun-auth-template 来指定短信模板，模板内容必须包含一个名为 code 的参数。图 15-3 展示了一个可供参考的短信模板。

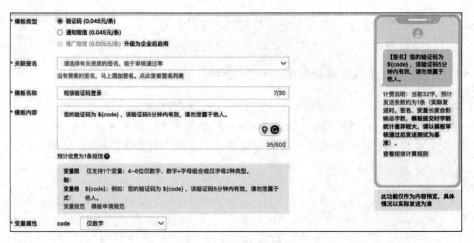

图 15-3　阿里云短信模板

有了上述 Dockerfile 之后，可以再配置一个 Docker Compose 文件来方便地启动 Keycloak，一个示例的 Docker Compose 文件如下：

```
version: '3'

services:
  keycloak:
    build:
      context: .
      dockerfile: Dockerfile
    environment:
      KEYCLOAK_ADMIN: admin
      KEYCLOAK_ADMIN_PASSWORD: admin
      PORT: 8080
      DB_VENDOR: "h2"
    ports:
      - "8080:8080"
      - "9990:9990"
    volumes:
      - ~/.m2/repository:/root/.m2/repository
```

通过 docker compose up --build 命令就可以启动 Keycloak 了。

2. 配置登录流程

在 Keycloak 启动后，通过账号 admin、密码 admin 登录后台，创建一个安全领域 Realm，给它取一个名字，如图 15-4 所示。

然后，在验证（Authentication）的流程（Flow）下面，将 Browser 复制并命名为 Browser with phone 的流程，过程如图 15-5 和图 15-6 所示。

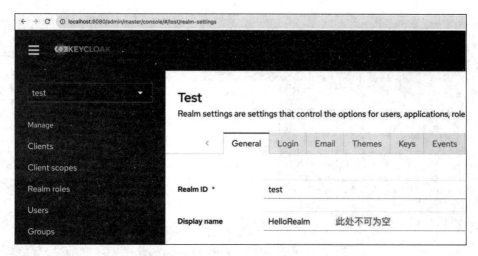

图 15-4　注意 Display name 不可为空

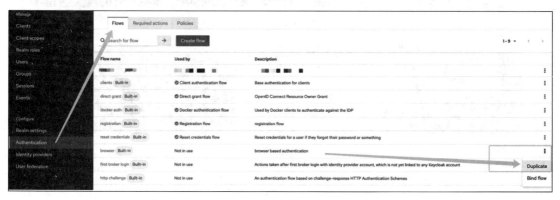

图 15-5　复制 Browser 流程

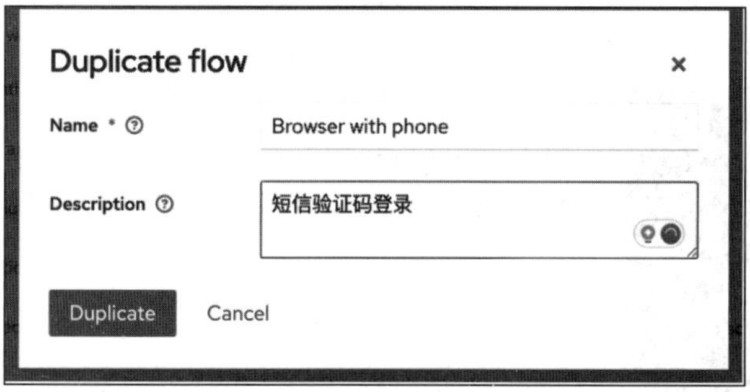

图 15-6　将复制的流程命名为 Browser with phone

接着，单击刚才复制的 Browser with phone 流程，然后使用 Phone Username Password Form 替换 Username Password Form。在 Phone Username Password Form 的旁边有一个设置按钮，单击它进行配置，如图 15-7 所示。

然后回到验证（Authentication）的流程列表页，单击 Browser with phone 的 Bind flow，将其绑定至 Browser 流程，过程如图 15-8 所示。

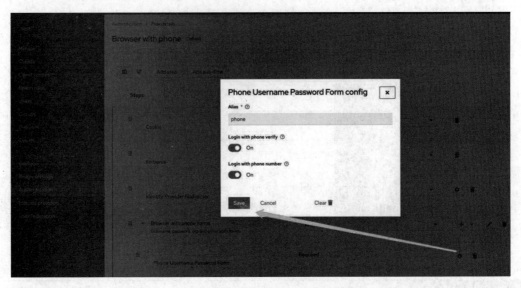

图 15-7　配置 Browser with phone 流程

图 15-8　将 Browser with phone 流程绑定至 Browser 流程

最后，回到 Realm 的设置页，在主题（Theme）选项卡中，将 Login 的主题设置为 phone 即可，如图 15-9 所示。

至此，Keycloak 的短信验证码登录配置就完成了。在登录页，可以看到短信验证码登录的入口，如图 15-2 所示。

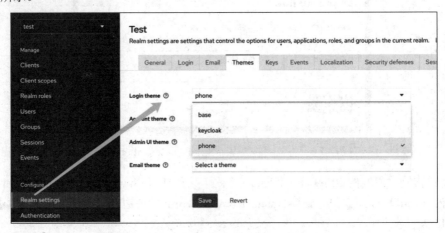

图 15-9　将 Login 的主题设置为 phone

3. 导出配置

可以看到，前面的配置有点烦琐，特别是关于验证流程的配置步骤很多。可以通过将配置好的安全领域导出来，这样在其他环境的 Keycloak 实例上再次导入配置，做一些相应的修改（比如安全领域的名称等）即可，而不用再重复验证流程的配置。导出配置的步骤如图 15-10 所示。

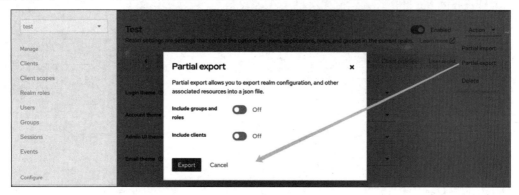

图 15-10　导出配置

4. 导入配置

在上述配置导出后，在新的 Keycloak 实例上可以选择上一步保存好的 JSON 文件进行导入操作，如图 15-11 所示。

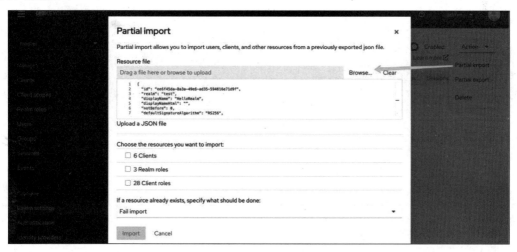

图 15-11　导入配置

该 JSON 文件的关键内容如下：

```
{
  ...,
  "loginTheme": "phone",
  "authenticationFlows": {
  [
    ...,
    {
      "id": "070902f7-e4dc-43ee-8156-abc9d7a021e6",
      "alias": "Browser with phone",
      "description": "browser based authentication",
```

```
    "providerId": "basic-flow",
    "topLevel": true,
    "builtIn": false,
    "authenticationExecutions": [
      {
        "authenticator": "auth-cookie",
        "authenticatorFlow": false,
        "requirement": "ALTERNATIVE",
        "priority": 10,
        "autheticatorFlow": false,
        "userSetupAllowed": false
      },
      {
        "authenticator": "auth-spnego",
        "authenticatorFlow": false,
        "requirement": "DISABLED",
        "priority": 20,
        "autheticatorFlow": false,
        "userSetupAllowed": false
      },
      {
        "authenticator": "identity-provider-redirector",
        "authenticatorFlow": false,
        "requirement": "ALTERNATIVE",
        "priority": 25,
        "autheticatorFlow": false,
        "userSetupAllowed": false
      },
      {
        "authenticatorFlow": true,
        "requirement": "ALTERNATIVE",
        "priority": 30,
        "autheticatorFlow": true,
        "flowAlias": "Browser with phone forms",
        "userSetupAllowed": false
      }
    ]
  },
  {
    "id": "0ea1be2f-285e-453b-80f5-f365e8c31a0e",
    "alias": "Browser with phone Browser - Conditional OTP",
    "description": "Flow to determine if the OTP is required for the authentication",
    "providerId": "basic-flow",
    "topLevel": false,
    "builtIn": false,
    "authenticationExecutions": [
      {
        "authenticator": "conditional-user-configured",
        "authenticatorFlow": false,
        "requirement": "REQUIRED",
        "priority": 10,
```

```
        "autheticatorFlow": false,
        "userSetupAllowed": false
      },
      {
        "authenticator": "auth-otp-form",
        "authenticatorFlow": false,
        "requirement": "REQUIRED",
        "priority": 20,
        "autheticatorFlow": false,
        "userSetupAllowed": false
      }
    ]
  },
  {
    "id": "7bb0c556-7ca1-438c-895c-ff387b14b3c2",
    "alias": "Browser with phone forms",
    "description": "Username, password, otp and other auth forms.",
    "providerId": "basic-flow",
    "topLevel": false,
    "builtIn": false,
    "authenticationExecutions": [
      {
        "authenticatorConfig": "phone",
        "authenticator": "auth-phone-username-password-form",
        "authenticatorFlow": false,
        "requirement": "REQUIRED",
        "priority": 20,
        "autheticatorFlow": false,
        "userSetupAllowed": false
      },
      {
        "authenticatorFlow": true,
        "requirement": "CONDITIONAL",
        "priority": 21,
        "autheticatorFlow": true,
        "flowAlias": "Browser with phone Browser - Conditional OTP",
        "userSetupAllowed": false
      }
    ]
  },
  ...
  ]
  },
  ...
  }
```

15.1.3 通过电子邮件发送一次性密码

服务器端生成一个一次性密码（OTP），并将其发送到用户注册的电子邮箱。用户在登录时输入 OTP，在服务器端验证 OTP 是否正确。这种方法的优点是，不需要任何额外的硬件或软件，因为它使用用户已经拥有的电子邮箱。但是需要更多的客户支持或者技术支持，因为用户可能会遇到电子邮件延迟或者电子邮件被拦截的问题。

15.1.4　通过原生应用生成一次性密码

这需要用户在自己的设备上安装一个支持 OAuth 一次性密码生成算法的原生应用程序，比如 Google Authenticator。在登录时，用户侧和服务器端会使用共享密钥生成同样的一次性密码。这个共享密钥是在注册时添加到生成器中的——通常是通过扫描二维码来实现的。图 15-12 是 authing.cn 的 OTP 口令验证界面。

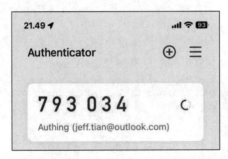

图 15-12　authing.cn 的 OTP 口令验证界面

15.1.5　通过硬件生成一次性密码

需要非常高安全的交易系统，比如银行可能会要求通过硬件令牌来生成一次性密码。

15.1.6　智能卡

智能卡是一种带有内置集成电路芯片的塑料卡，可以用于存储和处理数据。智能卡可以用于存储用户的身份信息，比如数字证书、私钥等。

15.1.7　硬件 Fob

硬件 Fob 是一种小型硬件设备，可以生成一次性密码。它们一般通过 USB、蓝牙或者 NFC 连接到计算机或者手机。硬件 Fob 通常是由用户自己购买的，但也可以由公司提供。

15.2　你所知道的东西

"你所知道的东西"有非常多的选项，通常都是用来取代用户的密码的，特别是在手机上，因为输入密码可能会很麻烦。如果一个系统已经采用了用户名和密码作为身份认证的基本方式，那么仅仅将"你所知道的东西"作为身份认证的第二因素，经常会被质疑这根本就不是第二因素，因为它和第一因素（用户名和密码）是同一类型的。但是，如果你将"你所知道的东西"和"你所拥有的东西"结合起来，那么它就是一个真正的第二因素了。

15.2.1 用户名和密码

用户名和密码是最常见的身份验证方式。这种方式的优点是，这是最简单的身份验证方式，因为用户名和密码是用户已经知道的东西；缺点是，用户名和密码很容易被破解，因为用户通常会选择简单的密码，或者在多个网站上使用相同的密码。

15.2.2 PIN

PIN 是一种简单的密码，通常由 4 位或者 6 位数字组成。PIN 通常用于 ATM 机和信用卡。PIN 的优点是，它比密码更容易记忆，因为它通常只有 4 位或者 6 位数字；缺点是，它很容易被破解，因为用户通常会选择简单的 PIN，或者在多个网站上使用相同的 PIN。

单一采用 PIN 作为身份认证因素的场景比较少见，因为这样安全性非常低。如果是 4 位 PIN 码，那么一共有 10 000 种可能的组合，即攻击者有万分之一的机会第一次就猜中 PIN 码。如果是 6 位 PIN 码，那么一共有 1 000 000 种可能的组合，即攻击者有百万分之一的机会第一次就猜中 PIN 码。由于暴力破解比较容易，所以需要有严格的错误尝试锁定策略，比如连续输入错误 PIN 码 3 次就锁定账号，需要管理员解锁，或者需要等待一定时间之后才能开始再试，以此来让暴力破解的成本变得更高。

15.2.3 安全问题

安全问题通常由用户在注册时选择。安全问题的优点是，它是用户已经知道的东西；缺点是，安全问题容易被破解，因为用户通常会选择简单的安全问题，或者在多个网站上使用相同的安全问题。

15.3 你本身就是生物识别因素

在科幻电影中，我们经常看到通过扫描虹膜来打开宇宙飞船的门或使用指纹识别来发射核武器的情节。这种场景虽然富有想象力，但实际上，类似的生物识别验证方法已经存在于现实生活中，比如指纹识别、面部识别等。

15.3.1 指纹

指纹识别要么应用光学，要么应用电阻的方法来测量摩擦纹理等细节。

15.3.2 声纹

声纹识别是一种生物识别技术，它使用声音特征来识别个人。声纹识别可以用于识别个人的身份，比如微信登录时就可以选择朗读 4 位数字来登录。

15.3.3 面部识别

面部识别是一种生物识别技术，它使用面部特征来识别个人。面部识别可以用于识别个人的身份，比如很多原生应用都支持对接 Face ID 来实现人脸识别登录。

15.3.4 虹膜扫描

虹膜在眼睛的前方，管理着进入眼睛的光线。虹膜扫描是一种生物识别技术，它使用虹膜特征来识别个人，但不如视网膜扫描精确。

15.3.5 视网膜扫描

视网膜在眼睛的后半部分，每个人的视网膜都是独一无二的。使用视网膜特征来识别个人需要特别的技术。

15.4 小　　结

本章探讨了多因素身份认证，分别介绍了三种因素，即"你所知道的东西""你所拥有的东西"和"你本身就是生物识别因素"，并且还以 Keycloak 作为身份认证平台为例，详细描述了如何实现常见的短信验证码登录。

多因素身份认证是未来身份认证的趋势，结合多个不同的身份验证要素，如生物识别技术（指纹、面部识别等）、硬件安全令牌等，提供更强的安全性。第 18 章将快速地展望一下未来的身份认证趋势。

第 16 章

设备码授权流程

OAuth 2.0 是现在被广泛使用的开放授权协议,它通过一些授权许可类型为第三方软件(客户端)颁发用户的访问令牌。第三方软件(客户端)获取到访问令牌后,就可以使用该令牌从资源服务器获取用户的信息。

这个令牌是 JWT 格式的,因为 JWT 有内检机制,可以省去服务器端的存储,使用计算(时间)换取空间,因此使用起来更方便。但是服务器端仍然可以存储一些信息,以便进行更复杂的控制,因为 JWT 一旦颁发就覆水难收了。

前面我们讨论过,使用 OAuth 2.0 协议,第三方软件(客户端)最终会获取到一个访问令牌来获取用户信息,但是获取令牌的方式有多种,这些方式即被称为授权许可类型。我们再来做一个快速回顾,常见的授权许可类型如下:

- 授权码许可,通过授权码 code 获取用户级别的访问令牌。这是很常见的授权许可类型,在各种社交登录的场合会遇见。比如对接微信登录,在浏览器的跳转过程中,你就会见到 code 以 URL 参数形式传递。在微信小程序中也会有一个 code2session 接口,这里的 code 也是一种授权码,只是它用来换取用户和微信的 Session 信息,算是授权码许可的一个小小的变形,原因是在微信小程序环境,不是普通浏览器不能进行跳转,故需要变形。这个许可类型建议好好琢磨,从而可以灵活运用。

  本章介绍的设备码授权流程其实就是对授权码许可的一种变形应用。它适合更加缺乏浏览器跳转的应用,比如一个命令行应用。

- 客户端凭据许可,通过第三方软件的 app_id 和 app_secret 获取客户端的访问令牌。注意,这里获取到的访问令牌是客户端级别的,而不是授权码许可类型中的用户级访问令牌,因此相当于该客户端的访问令牌权限更广,不如授权码许可类型的粒度细致。也就是说,一旦授权服务器给了客户端这样一个客户端级别的访问令牌,那么该客户端在令牌有效期内就可以获取任何用户的信息,不像授权码许可类型获取到的只是某个用户的访问令牌,只能获取该用户的信息。而且,在获取这个粗粒度令牌的过程中,是不需要用户参与的,也不需要用户授权。本质上,客户端凭据许可就像普通的用户名和密码登录一样,只是在这里，app_id 和 app_secret 是事先注册（备案）好的，只用在第一次换取访问令牌的过程中，后续操作（接口请求）全部使用访问令牌来决定是否有权限。这样的好处是将 app_id 和 app_secret 的暴露降至最低，从而减小攻击面。但是授权服务器仍然需要监控第三方软件（客户端）的行为，确保它不滥用访问令牌，如果发现滥用，可以吊销其 app_id 和 app_secret（黑名单）。

- 隐式许可，通过第三方软件（客户端）的 app_id 直接获取访问令牌。这种令牌也是客户端级别的，而且连 app_secret 都不需要，就像登录时只需要说自己是谁就行，不用验证密码。因此，这种许可类型的安全级别不如以上两种类型，只适用于信任级别非常高的环境和客户端。就像你做一个微信小程序的后端，这个后端只要读到会话信息中的 UnionID 或者 OpenID，就可以让该用户登录一样，不需要用户输入密码或者进行其他验证。这是因为在获取到 UnionID 或者 OpenID 前，微信服务器已经帮你做了验证，你的后端从微信服务器获取到的这个 UnionID 或者 OpenID 是可靠的，无法伪造的（还记得前面在讨论微信小程序登录问题时提到的那个 code2session 接口吗？UnionID 或者 OpenID 是这个接口返回的）。
- 资源拥有者凭据许可，通过资源拥有者（即用户）的用户名和密码来获取用户级别的访问令牌。这相当于用户把自己的用户名和密码存储在了第三方软件（客户端）那里，所以这个第三方软件（客户端）必须是相当可靠的，不滥用用户的安全凭据信息。
- 设备码授权许可，这是本章要介绍的，其实也算是授权码许可类型的一个变形。前面也提到了，如果要自己开始这个 OAuth 授权服务，那么授权码许可类型的开发量是最大的，而这个设备码授权许可的开发量比授权码许可类型还要再大一点。

设备码授权许可在 RFC8628[1] 中被提出，时逢智能 IoT（Internet of Things，物联网）相关的设备变得普及，它们一般没有完整的用户界面或者键盘交互设备。过去 5 年，IoT 设备的兴起使其成为用户身份访问管理系统中的标准交互组件。从智能电视到体感设备或者医疗穿戴设备，这些 IoT 设备变得越来越强大，足以代表用户来访问受保护的 API 以及下游系统。因此，OAuth 2.0 生态系统应运开发出了一个专门的场景来应对这种类型的交互。

设备码许可允许设备接收访问令牌，并且携带令牌来代表与其配对的用户。用户通过离线授权为设备提供意愿，这个离线授权通常发生在计算机或者智能手机上，或者是拥有足够的用户界面和键盘能力的第二个设备，通过它用户可以完成登录并且输入配对的设备码。

用户在设备上触发了配对事件后，配对码就从一个预先注册好的授权服务发送到设备上，用户通过扫描二维码或者其他方式获取到配对码，然后在授权服务的一个单独的页面上输入配对码，以完成授权。一旦完成配对，授权服务就会把对应范围约束的访问令牌发回给设备。

接着，这个设备就像其他第三方应用一样，可以代表用户的身份来访问 API 了。这个设备可以一直访问 API，直到令牌过期或者用户在授权服务上撤销对该设备的访问权限（通常是请求新的配对事件）。

---

[1] https://tools.ietf.org/html/rfc8628

16.1 对接 Keycloak 设备码授权流程

幸运的是，我们并不总是需要自己开发一套设备码授权许可服务，本节展示如何对接 Keycloak 的设备码授权许可，这很简单。在本书的前面部分也分享过多个如何对接 Keycloak 的授权码许可类型的案例，但没有特别提及其许可类型的名称，只是说接入 Keycloak 的登录功能。即使没有提及对接的具体是哪种许可类型，不过因为那是一个浏览器应用，很自然地对接的是 Keycloak 的授权码许可类型。本节将在命令行中对接 Keycloak，以笔者以前写的一个命令行软件 k8ss 为例，给它加入一个登录选项，直接复用 Keycloak 的登录功能。再详细点说，希望在命令行中输入 k8ss login，自动打开一个浏览器，跳转到 Keycloak 登录页面，用户登录完成后，返回命令行，就在命令行环境进入登录状态。

注意，由于要做到千人千面，即不同用户的登录态要彼此隔离，也不能让用户 A 来访问用户 B 的信息，因此 Keycloak 作为授权服务器，给这个命令行工具颁发的令牌必须是用户级别的访问令牌，而非客户端级别的访问令牌。同时又不想让这个命令行工具存储用户的安全凭据，那么自然只能用授权码许可类型了，但是如前所述，在非浏览器环境中，跳转没有那么容易实现，于是授权码许可类型需要灵活变形，即采用这个设备码授权许可类型。

好在 Keycloak 从版本 13 开始支持这一许可类型，关于这一许可类型的 Keycloak 文档，可以参考：https://github.com/keycloak/keycloak-community/blob/main/design/oauth2-device-authorization-grant.md。

16.1.1 源代码

详见 https://github.com/jeff-tian/k8ss。

16.1.2 最终效果体验

我们以一个 Node.js 编写的命令行程序为例，详解了如何对接 Keycloak 的设备码授权登录流程。要体验最终效果，需要在安装了 Node.js 的环境中执行如下命令：

```
npm i -g k8ss
k8ss login
```

按照提示打开浏览器，并输入授权码，单击同意授权，关闭浏览器并回到命令行，便进入了登录状态。整个过程的命令行输出如下：

```
C:\Users\jeff\k8ss>npm i -g k8ss
C:\Users\jeff\emsdk\node\14.18.2_64bit\bin\k8ss ->
C:\Users\jeff\emsdk\node\14.18.2_64bit\bin\node_modules\k8ss\lib\index.js

> k8ss@1.8.0 postinstall C:\Users\jeff\emsdk\node\14.18.2_64bit\bin\node_modules\k8ss
> echo 'Thanks for using k8ss!'

'Thanks for using k8ss!'
+ k8ss@1.8.0
added 56 packages from 30 contributors in 41.292s
```

```
C:\Users\jeff\k8ss>k8ss login
logging in...
getting user code and device code...
codes = {
  device_code: '2FcwVn-ign8W93NVF6Wxe0Ippr2FBx4q5lVoKsREs-4',
  user_code: 'ONKI-BWZU',
  verification_uri: 'https://keycloak.jiwai.win/auth/realms/UniHeart/device',
  verification_uri_complete:
'https://keycloak.jiwai.win/auth/realms/UniHeart/device?user_code=ONKI-BWZU',
  expires_in: 600,
  interval: 600
}
请打开浏览器并浏览至：https://keycloak.jiwai.win/auth/realms/UniHeart/device ，然后在打开的页面中输入 ONKI-BWZU

等待输入授权码……
开始查询登录结果……
本次查询令牌的结果是： {
  access_token: 'ey...',
  expires_in: 300,
  refresh_expires_in: 1800,
  refresh_token: 'ey...',
  token_type: 'Bearer',
  'not-before-policy': 1646995770,
  session_state: '7cb3d97b-303b-485b-b834-bea32a760aec',
  scope: 'email profile'
}
最终轮询结果是： {
  access_token: 'ey...',
  expires_in: 300,
  refresh_expires_in: 1800,
  refresh_token: 'ey...',
  token_type: 'Bearer',
  'not-before-policy': 1646995770,
  session_state: '7cb3d97b-303b-485b-b834-bea32a760aec',
  scope: 'email profile'
}
登录成功！
```

16.1.3 配置

在 Keycloak 中，我们需要先创建一个客户端，并为其开启设备码授权功能开关，如图 16-1 所示。

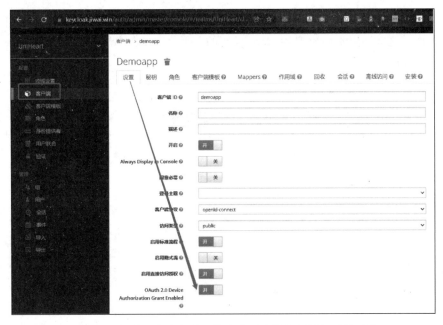

图 16-1　创建一个客户端，并为其开启设备码授权功能开关

16.1.4　获取用户授权码和设备码

发送 POST 请求到 Keycloak 的设备授权接口端点，代码如下：

```
curl --location --request POST
'https://keycloak.jiwai.win/realms/UniHeart/protocol/openid-connect/auth/device' \
   --header 'Content-Type: application/x-www-form-urlencoded' \
   --data-urlencode 'client_id=demoapp'
```

也可以使用 Postman 进行测试，如图 16-2 所示。

图 16-2　使用 Postman 获取用户授权码和设备码

这样就获得了 device_code 和 user_code。对于要接入的程序，只需要把上述请求翻译成对应的语言就行了。由于这里举例的 k8ss 是用 Node.js 写的，因此直接在 Postman 中选择 Node.js，即可导出相应的代码，如图 16-3 所示。

图 16-3　使用 Postman 导出 Node.js 代码

也可以选择引入一些库，比如著名的 axios，对应的代码如图 16-4 所示。

图 16-4　使用 Postman 导出 Node.js 代码

对项目 k8ss 的具体代码改动见这个提交：https://github.com/Jeff-Tian/k8ss/commit/8f191e78e10f0975bfe17f4780304f0afddb4ff9。在本地命令行中开发模式下运行的效果如下：

```
C:\Users\jeff\k8ss>yarn start login
yarn run v1.22.10
```

```
$ ts-node src/index.ts -- login
logging in...
getting user code and device code...
codes = {
  device_code: 'dOx3jAg-7rbenbs-DyXpsr1ZTqEajVUXLmb-B4MfeX8',
  user_code: 'RFQJ-DGFF',
  verification_uri: 'https://keycloak.jiwai.win/realms/UniHeart/device',
  verification_uri_complete:
'https://keycloak.jiwai.win/realms/UniHeart/device?user_code=RFQJ-DGFF',
  expires_in: 600,
  interval: 600
}
Done in 6.25s.
```

16.1.5 打开浏览器并浏览 verification_uri

前面不仅获取到了 user_code 和 device_code，还获取到了打开浏览器后需要跳转到的 URL，这就是 verification_uri。打开这个页面后，用户需要输入 user_code，而 device_code 是后续客户端程序需要拿来轮询用户是否完成授权（即正确输入了 user_code）的。

这个功能的代码提交见 https://github.com/Jeff-Tian/k8ss/commit/aa737e52521d950a77901523888dfc526a075303。

其命令行输出如下：

```
C:\Users\jeff\k8ss>yarn start login
yarn run v1.22.10
$ ts-node src/index.ts -- login
logging in...
getting user code and device code...
codes = {
  device_code: 'ClcqRCmHJTL4OR9LH7-4A1Zn5XLzLgiN2XCNihewRWw',
  user_code: 'AIGL-WTKV',
  verification_uri: 'https://keycloak.jiwai.win/auth/realms/UniHeart/device',
  verification_uri_complete:
'https://keycloak.jiwai.win/auth/realms/UniHeart/device?user_code=AIGL-WTKV',
  expires_in: 600,
  interval: 600
}
请打开浏览器并浏览至: https://keycloak.jiwai.win/realms/UniHeart/device，然后在打开的页面中输入 AIGL-WTKV
Done in 2.84s.
```

打开浏览器后，页面会展示一个输入框供用户输入 user_code，如图 16-5 所示。

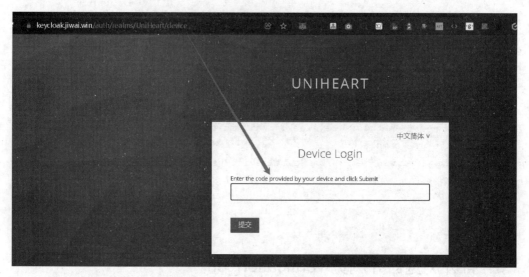

图 16-5　Keycloak 设备码登录页面

16.1.6　等待用户授权

如果用户已经登录过 Keycloak 或者其他已经与 Keycloak 集成实现了单点登录的应用，那么当他输入正确的 user_code 之后，即可直接同意为命令行程序颁发令牌，完成授权过程。否则，用户在输入正确的 user_code 后，需要先登录并同意授权，以便为该命令行程序颁发用户级别的访问令牌，如图 16-6 所示。

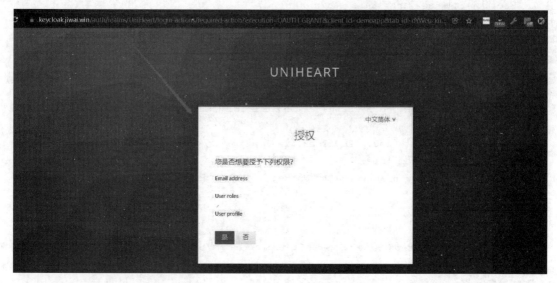

图 16-6　Keycloak 设备码登录成功

如果用户输入错误的 user_code，则会得到错误的令牌反馈，如图 16-7 所示。

图 16-7　Keycloak 设备码登录错误

16.1.7　轮询令牌

打开浏览器后，就可以开始轮询令牌。轮询时需要带上 client_id 和前面获取到的 device_code，并且设置 grant_type 为 urn:ietf:params:oauth:grant-type:device_code，cURL 如下：

```
curl --location --request POST
'https://keycloak.jiwai.win/realms/UniHeart/protocol/openid-connect/token' \
--header 'Content-Type: application/x-www-form-urlencoded' \
--data-urlencode 'grant_type=urn:ietf:params:oauth:grant-type:device_code' \
--data-urlencode 'client_id=demoapp' \
--data-urlencode 'device_code=9tDoVhtMME84R0YNcyZjid54EAaqOXTL-Uoml6WKbjQ'
```

如果 device_code 不正确，会得到这样的结果：

```json
{
  "error": "invalid_grant",
  "error_description": "Device code not valid"
}
```

相应地，使用 Postman 测试的结果如图 16-8 所示。

在轮询时，带上正确的 device_code，在用户授权之前，会得到如下结果：

```
{
  "error": "authorization_pending",
  "error_description": "The authorization request is still pending"
}
```

程序在看到这样的响应时，只需要继续发起请求查询。注意，轮询不要太快，否则会得到这样的错误，并且不可恢复（故本示例命令行程序在轮询时，会间隔 20 秒才再次请求）：

```
{
```

```
"error": "slow_down",
"error_description": "Slow down"
}
```

图 16-8 使用 Postman 获取令牌

直到超时没有拿到令牌，就报错，提醒用户没有登录成功。判断是否超时要看查询的结果是不是这样的：

```
{
  "error": "expired_token",
  "error_description": "..."
}
```

或者终于成功拿到了令牌，就提醒用户登录成功。成功拿到令牌的结果响应就是正常的令牌，有效时间等，如图 16-9 所示。

图 16-9 使用 Postman 获取令牌成功

这个轮询令牌功能的代码提交见 https://github.com/Jeff-Tian/k8ss/commit/a3054be5a83c63386

f74e56f40ee5f54e036f633。

16.1.8 用户授权成功

用户授权成功后，程序会显示登录成功，这时用户看到的界面如图 16-10 所示，此时可以关闭浏览器并返回命令行程序。

图 16-10　Keycloak 设备码登录成功

程序有了令牌，可以访问用户令牌，比如获取用户名称、展示一个友好的欢迎令牌等，此处不再赘述。

16.1.9 总结

本节先概览了 OAuth 2.0 主要的授权许可类型，然后详细讲解了如何对接 Keycloak 的设备码授权流程，并给出了每一步所需要的代码。首先，借助 Keycloak 使得授权服务完全不用开发，只需要进行配置就行了。其次，对于第三方程序（客户端）的开发，以一个 Node.js 编写的命令行程序为例进行讲解。

本节还展示了一种对接服务开发的技巧，即采用 Postman 编写 HTTP 请求，再导出对应的开发语言。所以，你可以举一反三，使用这种办法开发其他非 Node.js 的应用来对接其他的服务。

16.2　对接 Duende IdentityServer 的设备码授权流程

在 16.1 节使用 k8ss login 演示了命令行程序对接 Keycloak 的设备码授权流程。本节再来扩充一下 k8ss login，它默认使用 Keycloak 的设备码授权流程，但是支持额外的参数让用户指定授权服务器，比如 Duende IdentityServer，即通过指定 idp 参数来使用不同的身份认证平台进行登录。由于之前将 Duende IdentityServer 部署在了一个以 id6 命名的子域名上，因此这里使用 id6 来指定我们部署好的 Duende IdentityServer 服务，通过运行 k8ss login --idp=id6，就可以对接 Duende IdentityServer 的设备码授权流程。

16.2.1　流程概览

其实和对接 Keycloak 基本一样，我们使用时序图再来总结一下这个流程，如图 16-11 所示。

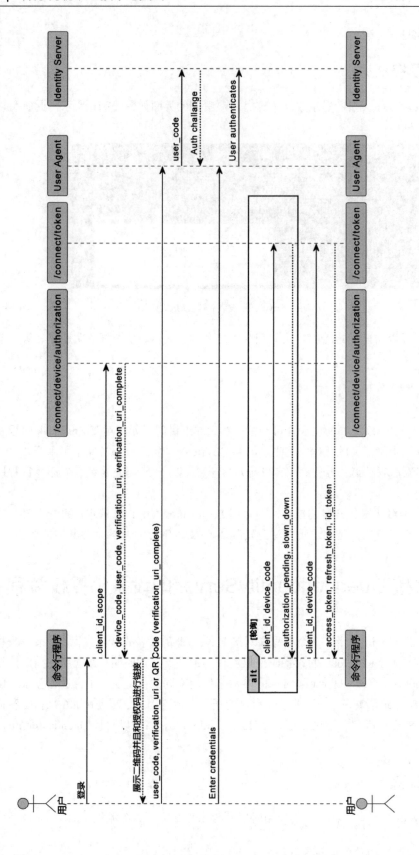

图 16-11 IdentityServer 设备码授权流程

它涉及的几个请求样例如下：

```
URI: POST https://id6.azurewebsites.net/connect/deviceauthorization
BODY: client_id={clientId}&scope=openid+profile+offline_access
RESPONSE: {
    "device_code":"CXhs2ccYCR5pHbr_3Re0YfmFJZyOsAVgMuc1AIfIw4E", // Code for polling on token endpoint
    "user_code":"888083986", // Code user needs to input
    "verification_uri":"https://id6.azurewebsites.net/device", // Link user should enter manually, if can't scan QR
    "verification_uri_complete":"https://id6.azurewebsites.net/device?userCode=888083986", // Can be used for QR Code
    "expires_in":300, // When device code expires
    "interval":1 // How fast client can poll in seconds
    }


URI: POST https://id6.azurewebsites.net/connect/token
BODY: client_id={clientId}&device_code={device_code}&grant_type=urn%3Aietf%3Aparams%3Aoauth%3Agrant-type%3Adevice_code
RESPONSE: {"error":"authorization_pending"} // User hasn't authenticated yet

URI: POST https://id6.azurewebsites.net/connect/token
BODY: client_id={clientId}&device_code={device_code}&grant_type=urn%3Aietf%3Aparams%3Aoauth%3Agrant-type%3Adevice_code
RESPONSE: {"error":"slow_down"} // Exceding poll rate limit

URI: POST https://id6.azurewebsites.net/connect/token
BODY: client_id={clientId}&device_code={device_code}&grant_type=urn%3Aietf%3Aparams%3Aoauth%3Agrant-type%3Adevice_code
RESPONSE: {"id_token":"eyJhbGciOiJSUz...","access_token":"eyJhbGciOiJS....","expires_in":3600,"token_type":"Bearer","refresh_token":"bm9_....","scope":"openid profile offline_access"} // Successfull
```

16.2.2 准备工作

可以参考前面的章节以及代码库 https://github.com/Jeff-Tian/IdentityServer，搭建一个 Duende IdentityServer，并部署到 Okteto 平台，笔者部署到 Okteto 的实例可以通过 https://id6-jeff-tian.cloud.okteto.net/访问。

做好了上述准备工作，现在开始给 k8ss 增加通过 IdentityServer 登录的代码。完整的代码改动提交见 https://github.com/Jeff-Tian/k8ss/commit/f9c4f46c8aa999f7fe04b712da8836a49a512471。由于和对接 Keycloak 时的代码类似，故这里不再赘述。

16.2.3 效果演示

安装 k8ss 并登录，通过 idp 选择 id6：

```
npm i -g k8ss
k8ss login --idp=id6
```

其典型的输出如下：

```
getting user code and device code...
codes = {
  device_code: 'B28BD0BF011D2DB6C416DFE14F0766DB5F8AE4EFA83A0C45B3D8B182370EEE85',
  user_code: '122811764',
  verification_uri: 'https://id6-jeff-tian.cloud.okteto.net/device',
  verification_uri_complete:
'https://id6-jeff-tian.cloud.okteto.net/device?userCode=122811764',
  expires_in: 300,
  interval: 5
}
请打开浏览器并浏览至：  https://id6-jeff-tian.cloud.okteto.net/device，然后在打开的页面中输入
122811764
```

如果使用的是 Mac 计算机，其打开浏览器的过程是自动完成的，如果不能自动打开，也可以按照提示复制链接并自行手动打开。在浏览器中登录之后会看到授权页面，如图 16-12 所示。

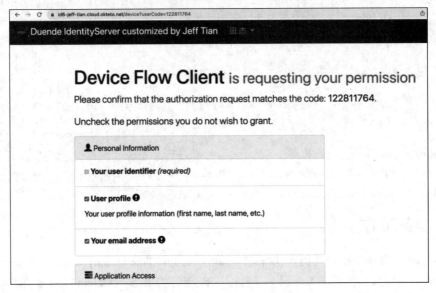

图 16-12　IdentityServer 设备码登录成功

向下拉动页面，单击 Yes, Allow 按钮，如图 16-13 所示。

此时会展示登录成功页面，如图 16-14 所示。

图 16-13　单击 Yes, Allow 按钮

图 16-14　IdentityServer 设备码登录成功

同时，在命令行会看到登录成功的反馈，并打印出用户的信息：

```
等待输入授权码……
开始查询登录结果……
{ error: 'authorization_pending' }   未得到用户已授权的响应。等待 5 秒，再查……
本次查询令牌的结果是：   {
  id_token: 'ey...',
  access_token: 'ey...',
  expires_in: 3600,
  token_type: 'Bearer',
  refresh_token: 'A6B4B892ADDF829C4F1C099D0E9DCE9CA472CC30BE7180505500A6AA3FC32C13-1',
  scope: 'openid profile email resource1.scope1 resource2.scope1 offline_access'
}
最终轮询结果是：   {
  id_token: 'ey...',
  access_token: 'ey...',
  expires_in: 3600,
  token_type: 'Bearer',
  refresh_token: 'A6B4B892ADDF829C4F1C099D0E9DCE9CA472CC30BE7180505500A6AA3FC32C13-1',
  scope: 'openid profile email resource1.scope1 resource2.scope1 offline_access'
}
```

```
登录成功！
✓ Done in 71.11s.
```

16.3　在网页中对接设备码授权流程

设备码授权许可是开放授权 OAuth 2.0 的许可类型之一，在前两节中分别介绍了如何以 Keycloak 和 Duende IdentityServer 作为认证服务，使用命令行程序对接设备码授权流程。本节将以 Duende IdentityServer 为例介绍如何在网页中对接设备码授权流程。

尽管使用命令行工具对接设备码许可流程是非常适合并且有着广泛的实际应用，但毕竟需要用户安装一下才能体验。所以出于教学和体验的需要，不妨再次做一个网页版本的设备码授权许可登录流程，直接访问 https://id6.azurewebsites.net/deviceflow.html 即可体验，如图 16-15 所示。

图 16-15　IdentityServer 设备码登录页面

16.3.1　相关代码提交

基于之前部署的 IdentityServer，增加了一个设备码流程的网页客户端。全部代码改动在一个提交内完成：https://github.com/Jeff-Tian/IdentityServer/commit/c6f28382036ce3723fa0c6e155b6fc0d35488909。

由于原理在前面两节中讲解得非常详细了，接下来从开发网页客户端这一层进行简单描述。

16.3.2　增加获取 XSRF 令牌接口

要将设备码授权许可流程做在网页端，需要预防 XSRF 攻击。这是和之前做命令行客户端时不同的一点。网页在请求设备码前，要先请求 XSRF 接口，该接口返回 200OK，但是没有任何响应体，只是在响应头中设置了一些 Cookie。后续的请求必须带上这些 Cookie，否则拒绝服务。

16.3.3　测试先行

先添加一个测试，用来描述接口需求：

```csharp
using Microsoft.AspNetCore.Mvc.Testing;
using Xunit;
using Xunit.Abstractions;

namespace Host.Main.Test.IntegrationTest;

public class XsrfTest : IClassFixture<WebApplicationFactory<Program>>
{
    private readonly HttpClient _client;
    private readonly ITestOutputHelper _testOutputHelper;

    public XsrfTest(WebApplicationFactory<Program> factory, ITestOutputHelper testOutputHelper)
    {
        _testOutputHelper = testOutputHelper;

        _client = factory.CreateClient(new WebApplicationFactoryClientOptions
        {
            AllowAutoRedirect = false,
        });
    }

    [Fact]
    public async Task TestCanGetXsrfToken()
    {
        var response = await _client.GetAsync("/api/v1/xsrf");
        response.EnsureSuccessStatusCode();
    }
}
```

由于接口还未实现,因此测试结果自然是 404,如图 16-16 所示。

图 16-16　IdentityServer 设备码登录页面 404

16.3.4 增加接口

代码如下:

```
using System;
using Microsoft.AspNetCore.Antiforgery;
using Microsoft.AspNetCore.Authorization;
using Microsoft.AspNetCore.Http;
using Microsoft.AspNetCore.Mvc;

namespace IdentityServerHost.Controllers.v1;

[Route("api/v{apiVersion:apiVersion}/[controller]")]
[ApiController]
public class XsrfController : Controller
{
    private readonly IAntiforgery _antiForgery;

    public XsrfController(IAntiforgery antiForgery)
    {
        _antiForgery = antiForgery;
    }

    [HttpGet]
    [Route("")]
    public IActionResult Index()
    {
        var xsrfTokenSet = _antiForgery.GetAndStoreTokens(HttpContext);
        if (string.IsNullOrWhiteSpace(xsrfTokenSet.RequestToken))
        {
            throw new InvalidOperationException($"{nameof(xsrfTokenSet.RequestToken)} was null.");
        }

        Response.Cookies.Append("XSRF-TOKEN", xsrfTokenSet.RequestToken, new CookieOptions()
        {
            HttpOnly = false,
            Secure = HttpContext.Request.IsHttps,
            SameSite = SameSiteMode.Lax
        });

        return Ok();
    }
}
```

实现以上接口后,笔者测试了一下,结果居然是 401,有点出乎意料,如图 16-17 所示。

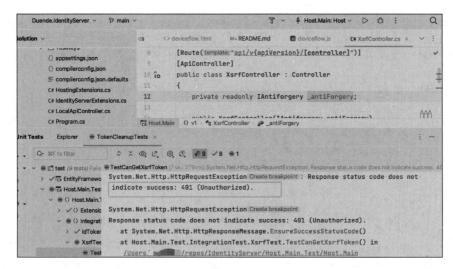

图 16-17　IdentityServer 设备码登录页面出现 401 错误

由于笔者希望该接口不需要登录就能访问，因此需要在 Action 的顶部添加[AllowAnonymous]特性。在添加之后，再次运行测试，就通过了。

16.3.5　添加网页文件和相关的 JS

将相关文件添加到 wwwroot 目录下，如图 16-18 所示。

具体细节比较琐碎，就不详述了。如果你查询网页的 HTML 代码，会看到使用了 jQuery。jQuery 虽然在复杂的前端工程中已经不再流行，但是在简单的网页中还是非常方便的。这里使用 jQuery 的原因是，笔者希望在网页中使用 jQuery 的 Ajax 功能来调用后端的接口。如果你不想使用 jQuery，可以使用原生的 Fetch API 来调用接口。

图 16-18　IdentityServer 设备码登录页面文件

hosts/main/wwwroot/deviceflow.html 文件内容如下：

```html
<!DOCTYPE html>
<html>
<head>
    <meta charset="utf-8"/>
    <meta name="viewport" content="width=device-width, initial-scale=1.0">
    <title>使用设备码流程登录 | Login with device flow</title>
</head>
<body>
<a href="/">首页（Home）</a> > <span class="headline">使用设备码流程登录（Login with device flow）</span>
<h2>登录（Log in）</h2>
<ul>
    <li>单击按钮（Press the button）</li>
    <li>然后单击生成的链接（Click the generated link）</li>
```

```html
        <li>在新打开的窗口中完成登录过程（Complete the sign-in process in the newly opened window）
</li>
        <li>最后回到当前页面，单击"请求令牌"按钮后略做等待，你就能完成设备码登录流程啦！（Return to this page, press the
            "Request token" button and behold the glory of device flow）
        </li>
    </ul>
<form id="form1" method="post" action="">
    <button id="gobutton">单击我登录！（Sign me in!）</button>
</form>
<h3>Output</h3>
<div id="ResponseOutput">

</div>
<script src="js/polyfills.js" nonce="{{nonce}}"></script>
<script src="js/oidc-client.slim.min.js" nonce="{{nonce}}"></script>
<script src="lib/jquery/dist/jquery.js"></script>
<script src="js/qrcode.min.js" nonce="{{nonce}}"></script>
<script src="js/deviceflow.js?nonce={{nonce}}" nonce="{{nonce}}"></script>
</body>
</html>
```

16.3.6 本地测试

在工程根目录运行：

```
dotnet run --project src/IdentityPlatform/IdentityPlatform.csproj --urls "https://*:5001;https://*:5001"
```

然后在浏览器中打开 https://localhost:5001/deviceflow.html，就可以看到登录页面了，如图 16-19 所示。

图 16-19　IdentityServer 设备码登录页面本地

16.3.7　上线测试

在以上本地测试通过后,将代码提交到 GitHub,然后通过 GitHub Actions 自动部署到 Azure App Service。最终可以从线上测试设备码授权的效果,如图 16-20 所示。

图 16-20　IdentityServer 设备码登录页面 Azure

16.3.8　总结

本节以 Duende IdentityServer 为例介绍了如何在网页中对接设备码授权流程。这是一个非常实用的功能,可以让用户在不安装任何客户端的情况下就能够完成登录。这种登录方式在 IoT 设备上也非常适用,比如智能电视、智能音箱等。

第 17 章

NONCE 模式与令牌交换流程

有时读者可能会注意到在使用某些 App 时，明明已经登录了，但是打开某个页面时，却要求再登录一次。这其实是因为该页面是一个 Web View。甚至，有时会遇到明明在这个 Web View 上已经再次登录了，下次打开另一个页面（另一个 Web View）时，又要求登录。这是由于在手机上使用了某些 Web View（如 WKWebView），而这个 WebView 在登录后，其登录信息保存在 ASWebAuthenticationSession 中，它既不能在 App 和 WebView 之间共享，也不能在多个不同的 Web View 实例间共享。更多信息可以参考微软[1]和苹果[2]的官方文档。

17.1 NONCE 模式

可以像在 10.2 节 Web View 如何安全地取得小程序原生身份信息时碰到的问题一样，通过 authCode 方案解决。本质上，这是 OAuth 中的一个 NONCE 模式，其时序图如图 17-1 所示。

除这个方案外，也可以利用 OAuth 2.0 中的令牌交换流程来解决这个共享会话的问题。

---

[1] https://learn.microsoft.com/en-us/azure/active-directory/develop/customize-webviews#in-app-browser
[2] https://developer.apple.com/documentation/authenticationservices/aswebauthenticationsession?language=objc

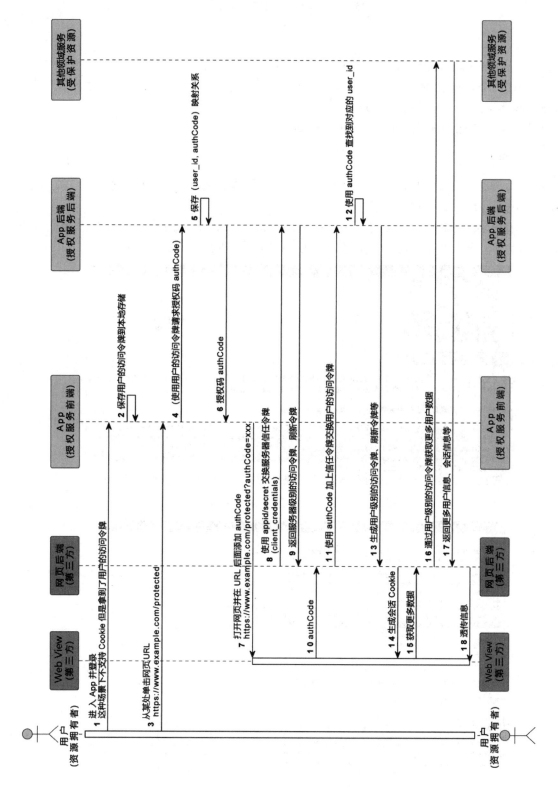

图 17-1 NONCE 模式

17.2 令牌交换流程

详见 https://datatracker.ietf.org/doc/html/rfc8693，该流程可以使用一个客户端拿到的令牌来换取另一个客户端的令牌。这种机制通常用于授权委托，但应用场景不止于此。例如，它也可以用于优化 Web View 环境中的单点登录（SSO）体验。

接下来介绍令牌交换流程在 Duende IdentityServer 中的一个实现。

1. 在线体验

要进行令牌交换，需要先得到一个令牌。可以先使用浏览器通过网页版的设备码许可登录流程先获取一个身份令牌，如图 17-2 所示。

然后，打开 https://id6.azurewebsites.net/token-exchange-flow.html?lang=en-US，将上一步的身份令牌粘贴进去后，单击"Sign me in!"按钮，即可获得新的访问令牌，如图 17-3 所示。

图 17-2　使用设备码许可流程拿到身份令牌

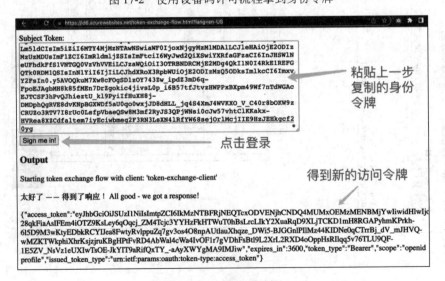

图 17-3　令牌交换流程

2. 代码改动

完整的提交见：https://github.com/Jeff-Tian/IdentityServer/commit/aef89c5fe14527390753e68daa81783ac86d6db5。

主要的改动是增加了这个文件：hosts/main/Validators/TokenExchangeGrantValidator.cs，并且在依赖注入中将其注入。

```
using System;
using System.Collections.Generic;
using System.Linq;
using System.Text.Json;
using System.Text.Json.Serialization;
using System.Threading.Tasks;
using Duende.IdentityServer.Models;
using Duende.IdentityServer.Validation;
using IdentityModel;

namespace IdentityServerHost.Validators;

public class TokenExchangeGrantValidator : IExtensionGrantValidator
{
    private readonly ITokenValidator _validator;

    public TokenExchangeGrantValidator(ITokenValidator validator)
    {
        _validator = validator;
    }

    public string GrantType => OidcConstants.GrantTypes.TokenExchange;

    public async Task ValidateAsync(ExtensionGrantValidationContext context)
    {
        context.Result = new GrantValidationResult(TokenRequestErrors.InvalidRequest);

        var subjectToken = context.Request.Raw.Get(OidcConstants.TokenRequest.SubjectToken);

        var subjectTokenType = context.Request.Raw.Get(OidcConstants.TokenRequest.SubjectTokenType);

        if (string.IsNullOrWhiteSpace(subjectToken))
        {
            await Console.Error.WriteLineAsync("subject_token is missing");
            return;
        }

        if (!string.Equals(subjectTokenType, OidcConstants.TokenTypeIdentifiers.AccessToken,
            StringComparison.OrdinalIgnoreCase))
        {
```

```csharp
            await Console.Error.WriteLineAsync("subject_token_type is not access_token");
            return;
        }

        var validationResult = await _validator.ValidateIdentityTokenAsync(subjectToken);

        if (validationResult.IsError)
        {
            await Console.Error.WriteLineAsync($"subject_token is invalid: {subjectToken}");
            await Console.Error.WriteLineAsync(validationResult.Error);
            return;
        }

        await Console.Error.WriteLineAsync(JsonSerializer.Serialize(validationResult.Claims, new JsonSerializerOptions()
        {
            ReferenceHandler = ReferenceHandler.Preserve
        }));

        var sub = validationResult.Claims.FirstOrDefault(c => c.Type == JwtClaimTypes.Subject)?.Value ?? "unknown-sub";
        var clientId = validationResult.Claims.FirstOrDefault(c => c.Type == JwtClaimTypes.ClientId)?.Value ??
                       validationResult.Claims.FirstOrDefault(c => c.Type == JwtClaimTypes.Audience)?.Value ??
                       "unknown-client";

        context.Request.ClientId = clientId;
        context.Result = new GrantValidationResult(sub, GrantType, validationResult.Claims, clientId,
            new Dictionary<string, object>
            {
                { OidcConstants.TokenResponse.IssuedTokenType, OidcConstants.TokenTypeIdentifiers.AccessToken },
            });
    }
}
```

第 4 部分　身份认证的趋势与展望

　　身份认证在现代应用程序和系统中起着至关重要的作用。随着数字化的快速发展和互联网的普及，用户的身份信息和数据变得越来越重要和敏感，保护用户的身份安全成为一项紧迫的任务。

　　未来，身份认证领域将继续发展和演进，以应对日益复杂的安全威胁和用户需求。第 4 部分是身份认证的一些趋势和展望，有一些是已经在实践中应用的，有一些是正在研究和探索的，有一些是我们期待的。

第 18 章

趋势与展望

18.1 OIDC 的新特性

18.1.1 JAR

回顾一下 OAuth 和 OpenID Connect 请求，它其实是由两部分组成的：前通道用来和用户交互，比如登录或者意愿授权；后通道用来和授权服务器交互，比如将最终的令牌传递给客户端应用。这两个通道之间需要通过一个授权码来传递信息。

前通道请求通过浏览器完成，即所谓的授权端点。由于协议的设计，对该端点的请求中包含大量的参数来帮助授权服务器理解请求的上下文并优化用户工作流。典型的参数包括 Client ID、重定向 URI、响应类型、作用域等。

```
GET /authorize?
  response_type=code
  &client_id=s6BhdRkqt3
  &state=af0ifjsldkj
  &redirect_uri=https%3A%2F%2Fclient.example.org%2Fcb
  &scope=openid%20profile
  &code_challenge=O0bY...
  &ui_locales=fr
  &nonce=n-0S6_WzA2Mj HTTP/1.1
```

这些参数都需要由授权服务器进行仔细检验才行，历史上很多针对基于 OAuth 的系统的攻击都是针对这些参数校验的逻辑缺陷在授权请求上进行参数操纵的。最有名的类似攻击大概是对重定向 URI 的操纵。比如，有些授权服务器允许客户端在注册时通过通配符一次指定多个 URL，以 https://*.example.com/callback 为例，本意是允许回调至 https://app1.example.cm/callback 或者 https://app2.example.com/callback 等，但是授权服务器对其的校验逻辑写得比较宽松，将通配符 * 解释成了任意字符，而不是任意合法的域名字符。这样，攻击者就可以通过伪造一个类似

https://attacker.site/.example.com/callback 的 URL 来进行攻击，从而获取授权码。

总之，由于可以通过参数（或者被操纵过的参数）构造整个授权请求，因此会导致各种链接单击/钓鱼攻击。

为了改进这个状况，有很多实现途径，比如：

（1）从授权请求中移除参数。
（2）让参数防篡改。
（3）在授权端点对客户端进行验证来帮助校验逻辑变得更加强健。

OpenID Connect 的请求对象和后来的使用 JWT 安全加固的授权请求 JAR（JWT-secured Authorization Request）都是这样的尝试，它们通过将请求参数用签名的 JWT 数据结构包裹起来，从而实现了（2）和（3）：

```
GET /authorize?client_id=client&request=
    ey...[omitted]...Zg
```

请求参数包含经过 Base64 URL 编码的 JWT：

```
{
  "typ": "JWT",
  "alg": "RS256",
  "kid": "1"
}.
{
  "iss": "client",
  "aud": "https://authorizationserver.com",
  "response_type": "code",
  "client_id": "client",
  "redirect_uri": "https://myapp.com/cb",
  "scope": "openid customer.api",
  "state": "abc",
  "code_challenge": "def"
}.
[
  Signature
]
```

这就使得参数无法被操纵，同时还应用签名机制完成了对客户端的验证。它的坏处是增加了客户端在加密/密钥管理方面的复杂度，同时也增加了请求的大小。JAR 规格中还包含引入请求 URI 参数的规范，这样可以将实际的 JWT 从请求中移除，从而减小请求的大小。但这也带来了一些其他挑战（比如对授权服务器的 DDoS 攻击等）。

18.1.2 PAR

PAR（Pushed Authorization Request，推送授权请求）是 OIDC 的一个新特性，它可以将授权请求从客户端推送到授权服务器，从而提高授权请求的安全性和可靠性。它也能满足上面提到的三个目标，并且提供了对请求 URI 的正式实现。它事实上非常简单，一个典型的授权码流程的请求会像这样工作：

（1）客户端向授权服务器的一个特殊端点发送所有的授权请求参数。该端点使用 client ID/secret 进行验证，然后将请求参数存储在一个临时的存储中，并返回一个请求 URI，用来标识请求参数。

```
POST /par
    client_id=client&
    response_type=code&
    redirect_uri=https://myapp.com/cb&
    state=abc&
    code_challenge=def
```

（2）客户端执行一个普通的授权请求，但是不用再发送具体的参数，取而代之的是发送一个请求 URI 参数，该参数包含上一步返回的请求标识。

```
GET /authorize?client_id=client&request_uri=id
```

（3）授权服务器从临时存储中获取请求参数，然后执行授权请求，并最终返回一个普通的授权码响应，然后客户端就可以从令牌端点获取令牌了。

通过这种方式，客户端可以在授权请求之前被验证，参数不再通过脆弱的浏览器前通道进行传递。PAR 的实现还允许授权服务器应用更多的检查，比如 ttl，以及对请求的重复性检查等。该机制很好地实现了复杂性和安全性的平衡，极大地提高了前通道的健壮性，很可能成为授权请求的标准机制。

18.2　Passkey 技术

Passkey 技术是一种基于密码学的身份认证技术，它可以在不泄露用户密码的情况下进行身份验证。Passkey 技术的核心思想是将用户的密码分成两部分，一部分存储在用户的设备上，另一部分存储在服务器上。当用户需要进行身份验证时，服务器会向用户的设备发送一个随机数，用户需要将随机数和设备上存储的密码一起发送给服务器，服务器通过验证随机数和密码的正确性来验证用户的身份。

目前 Passkey 正变得流行，因为相比于传统的登录方式，它既更加快捷，又更加安全。很多大厂正在跟进 Passkey 技术，比如苹果、GitHub 等都相继在网站上开启了这项新的登录体验。最近开源的 Keycloak 发布的新版本 23 也支持 PassKey 技术，这是一个非常好的消息。

通过 Passkey 注册和登录的功能是使用 WebAuthn 实现的，Passkey 基于 FIDO 标准，是密码登录的替代方案，它为用户登录到网站和 App 提供了更快、更方便、更安全的跨设备登录体验。和密码不同，Passkey 总是强健并且不会被盗用。

18.3　FIDO

FIDO（Fast Identity Online，快速在线身份认证）是一种基于密码学的认证协议，它既可以用作第二因素认证，也可以替代传统的密码登录方式。它是由 FIDO 联盟发展起来的，FIDO 联盟是一个由 Google、Amazon、苹果以及 RSA 组成的联盟，旨在推动基于公钥加密的身份认证技术的发展和应用。它的核心有两个步骤，一是注册到支持 FIDO 的服务，二是登录或者验证。

在注册阶段，开启了 FIDO 的网站或应用会触发用户的 FIDO 设备，以生成一个公钥和私钥对。公钥会和用户资料被发送到网站或者应用，私钥会被保存在用户的 FIDO 设备上。在登录阶段，网站会向用户的 FIDO 设备发送一个挑战随机数，用户需要通过 FIDO 设备使用注册时保存的私钥来签名这个随机数，然后将签名后的随机数发送给网站。网站通过用户注册时发送来的公钥来验证签名后的随机数来确认用户的身份。

设备上的私钥在执行挑战随机数签名的过程中处于"解锁"状态，这是通过本地验证事件实现的，通常是用户输入一个 PIN 码，或者是指纹、人脸识别等生物因素进行验证。一般认为在网络中传输密码或者安全凭据是不安全的，但是 FIDO 在登录环节去除了这一步，因此更加安全。在 FIDO 被提及时，还会听到一些其他术语，比如 UAF（Universal Authentication Framework，统一验证框架）、U2F（Universal Second Factor，统一第二因素）。这些术语都是 FIDO 的一部分，但是 FIDO 本身是一个更加通用的术语，它可以用来指代所有的 FIDO 标准。

18.4　FIDO2 和 WebAuthn

FIDO2 是 FIDO 的第二代标准，它包括两个部分，一是 WebAuthn（Web Authentication），二是 CTAP（Client to Authenticator Protocol）。WebAuthn 是一种基于密码学的 Web 身份认证标准，它可以用来替代传统的密码登录方式。

CTAP 是一种用来和硬件设备通信的协议。它提供了一系列的底层 API 来让浏览器和硬件设备通过 USB、NFC、蓝牙等方式进行通信。这些可插拔设备生成和保存了非对称密钥，并且响应随机数挑战，交给 WebAuthn 的 API 处理。WebAuthn 使用了新的 API，可以在现有的浏览器中访问，多数现代化浏览器（比如 Microsoft Edge、Google Chrome 和 Mozilla Firefox）都支持该实现。

FIDO2 通过无密码方式解决了登录的问题，使用了安全的密码学衍生凭据。由于每一个使用 FIDO2 注册的网站都有自己独立的密钥对，因此即使一个网站的密钥被泄露，也不会影响其他网站。这种分布式的安全模式是传统的密码登录方式无法比拟的。FIDO2 还支持一种"无用户名"的新概念，即只在受支持的设备上可用，通过将用户标识和生成的密钥对绑定存储在一起，从而在登录时无须提供用户名。

18.5　基于零信任的身份认证

零信任（Zero Trust）模型认为不应信任任何网络内部或外部实体，而是对所有的请求进行严格的身份验证和访问控制。未来，基于零信任的身份认证将得到更广泛的应用，通过对用户和设备进行动态的身份验证和授权来确保系统的安全性。

零信任应用架构是一种基于最小化信任的安全模型，它假设内部和外部网络都是不可信的，并采取一系列措施来确保安全访问和身份验证。该架构不依赖于传统的边界防御和信任模式，而是通过多层安全措施来保护应用程序和数据。

> **提　　示**
>
> 零信任安全针对传统边界安全架构思想进行了重新评估和审视，并对安全架构思路给出了新的建议。其核心思想是，默认情况下不应该信任网络内部和外部的任何人/设备/系统，需要基于认证和授权重构访问控制的信任基础，诸如 IP 地址、主机、地理位置、所处网络等均不能作为可信的凭证。零信任对访问控制进行了范式上的颠覆，引导安全体系架构从"网络中心化"走向"身份中心化"，其本质诉求是以身份为中心进行访问控制。
>
> 零信任第一个核心问题就是 Identity，赋予不同的 Entity 不同的 Identity，解决是谁在什么环境下访问某个具体的资源的问题。在研发、测试和运维微服务场景下，Identity 及其相关策略不仅是安全的基础，更是众多（资源、服务、环境）隔离机制的基础；在员工访问企业内部应用的场景下，Identity 及其相关策略提供了灵活的机制来提供随时随地的接入服务。
>
> ——阿里云 2023《云原生架构白皮书》

18.5.1　核心原则

零信任应用架构的核心原则如下。

- 最小化信任：不信任内部和外部网络，每个用户和设备都需要经过验证和授权才能访问资源。
- 验证多元性：使用多个身份验证因素来确认用户身份，例如多因素身份验证（Multi-Factor Authentication，MFA）。
- 实时访问控制：根据用户的身份、权限和上下文实时地控制访问资源。
- 持续监测和评估：对用户、设备和应用程序进行持续监测和评估，以检测潜在的安全威胁。
- 最小化权限：将用户的权限限制为最小必需的，以减少潜在的风险和攻击面。

18.5.2　关键组件

零信任应用架构包括以下关键组件。

- 认证和授权服务：负责验证用户身份并授予适当的权限访问资源。
- 访问策略管理：定义和实施访问策略，根据用户的身份、角色和上下文条件控制资源的访问。
- 身份提供者：负责管理和验证用户的身份信息。
- 会话管理：跟踪和管理用户会话，确保用户在访问期间的持续验证和授权。
- 安全监测和日志记录：实时监测和记录用户行为、事件和安全事件，以便及时检测和应对潜在的安全威胁。

18.5.3　实施步骤

实施零信任应用架构可以遵循以下步骤：

步骤01 评估当前安全模型。分析当前的安全架构和信任模式,识别潜在的漏洞和风险。

步骤02 制定访问策略。定义访问策略,根据用户的身份、角色和上下文条件限制资源的访问。

步骤03 引入多因素身份验证。实施多因素身份验证,确保用户身份的多重确认。

步骤04 部署身份提供者。选择适合的身份提供者,管理和验证用户的身份信息。

步骤05 配置访问控制。设置实时的访问控制机制,根据用户的身份和权限实时控制资源的访问。

步骤06 监测和响应。建立实时监测和响应机制,检测潜在的安全威胁并采取相应的措施。

步骤07 定期审查和更新。定期审查和更新访问策略、身份提供者和安全措施,以适应不断变化的安全环境。

零信任应用架构通过将安全重点放在身份验证和访问控制上,提供了一种更灵活、安全和可扩展的应用程序安全模型。它适用于各种环境和场景,可以帮助组织更好地应对不断演变的安全威胁。

18.6 分布式身份认证

传统的中心化身份管理模式存在单点故障和集中式管理的局限性。未来的趋势是去中心化身份管理,采用分布式的身份验证和管理机制,用户可以更加灵活地管理自己的身份信息,减少对集中式身份提供者的依赖。

传统的中心化身份认证模式存在单点故障和集中式管理的风险。为了解决这些问题,分布式身份认证成为未来的趋势之一。在分布式身份认证中,身份验证和授权的权力分散到多个身份提供者,每个提供者负责管理和验证特定用户的身份信息。这种分散的模式有助于减少单一点的风险,提高系统的可靠性和安全性。

去中心化身份管理是分布式身份认证的重要组成部分。传统的中心化身份管理模式依赖于集中式的身份提供者,用户的身份信息和权限被集中存储和管理。而去中心化身份管理通过采用分布式的身份验证和管理机制,将用户的身份信息存储在多个节点上,并由用户自己控制和管理。这种方式使得用户能够更加灵活地管理自己的身份数据,同时也减少了对集中式身份提供者的依赖。

区块链技术作为一种去中心化的分布式账本技术,可以为分布式身份认证提供强大的支持。区块链的去中心化特性使得身份信息可以存储在分布式网络中,每个节点都有权威验证身份信息的能力。同时,区块链的不可篡改性和透明性可以确保身份信息的安全性和可信度。因此,区块链技术在分布式身份认证中被广泛探索和应用。

去中心化身份认证带来了许多优势,如提高了系统的可靠性和安全性、增强了用户对身份信息的控制权、降低了单点故障的风险等。然而,去中心化身份认证也面临一些挑战,例如,如何确保身份信息的一致性、如何解决分布式环境下的性能和可扩展性问题等。解决这些挑战需要综合考虑技术、安全和用户体验等多个因素。

分布式身份认证和去中心化身份管理是未来身份认证领域的重要发展方向,通过分散权力、提高安全性和用户控制权为用户提供更安全、便捷的身份认证体验。

前面2.2.3节提到,PKI基础设施是身份认证的基础,它首先需要一个绝对安全可信的第三方证书颁发与管理机构(Certificate Authority,CA),CA能为用户颁发带有CA签名的证书,其他人通过验证数字证书中 CA 提供的数字签名来检验证书的真伪；其次 CA 为用户颁发的数字证书中包含用户的真实身份信息与用户的公钥，用户可以通过向其他人提供数字证书证明自己的身份。PKI 体系架构如图 18-1 所示。

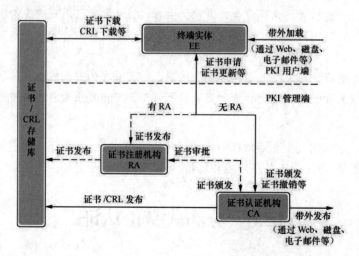

图 18-1　PKI 体系架构

但是基于 PKI 的数字证书管理体系存在如下几个缺陷：

（1）严重依赖绝对安全可信的第三方（CA）。

（2）数字证书可能被破解或者伪造。

（3）数字证书不能被及时吊销。

基于这些原因，分布式身份认证和去中心化身份管理成为未来身份认证领域的重要发展方向，通过分散权力、提高安全性和用户控制权为用户提供更安全、便捷的身份认证体验。

18.6.1　去中心化身份标识

去中心化身份标识是分布式身份认证的基础，它是用户的身份信息和公钥的集合。去中心化身份标识可以存储在分布式网络中，每个节点都有权威验证身份信息的能力。同时，去中心化身份标识也可以存储在本地，由用户自己控制和管理。去中心化身份标识可以用于验证用户的身份，确保用户的身份信息和公钥的真实性和可信度。

18.6.2　去中心化 PKI 体系

去中心化 PKI 体系是一种更好的 PKI 系统的替代方案。去中心化 PKI 体系通过采用分布式的身份验证和管理机制，将用户的身份信息存储在多个节点上，并由用户自己控制和管理。这种方式使得用户能够更加灵活地管理自己的身份数据，同时也减少了对集中式身份提供者的依赖。

18.6.3 可验证凭证

去中心化标识符 DIDs 是去中心化 PKI 的基础层,可验证声明是去中心化 PKI 的应用层。可验证声明是一种基于 DIDs 的数字证书,用于验证用户的身份信息和公钥的真实性和可信度。可验证声明可以用于验证用户的身份,确保用户的身份信息和公钥的真实性和可信度。

18.7 隐私保护和数据安全

随着个人数据的价值和敏感性的增加,未来的身份认证将更加注重用户的隐私保护和数据安全。采用加密技术、数据匿名化和用户授权机制等手段,保护用户的身份信息不被滥用和泄露。

感谢区块链技术,它扩展了信息加解密的应用场景。通常被理解的信息安全是:用密钥对信息加密,得到密文,进行传输和存储,然后用另一把密钥解密,恢复出原来的信息。区域链为非对称加解密提供了一个新的应用场景:用私钥对信息加密后,让拿到解密钥匙(公钥)的信息的接收者只能验证信息的真伪,而看不到信息本身。这就利用了信息的不对称性,既保护了用户的隐私,又保证了信息的真实性。这适用于身份认证的场景,在很多场景下,系统其实只需要验证身份的真实性,而不需要拥有身份的具体信息[7]。

18.8 AI 技术的应用

人工智能(Artificial Intelligence,AI)技术在身份认证领域有着广阔的应用前景。未来,AI 可能用于识别和防止身份欺诈、异常行为检测、自动化用户验证等方面,提供更智能、高效的身份认证解决方案。

总之,身份认证作为保障用户安全和数据安全的关键环节,将持续发展和创新。随着技术的不断进步和威胁的不断演变,我们期待未来的身份认证能够更加智能、安全和便捷,为用户和系统提供更好的保护和体验。

18.9 小 结

本章介绍了身份认证的基本概念、原理和实践。我们首先讨论了身份认证的基本概念和原理,然后通过实例讲解演示了如何实现身份认证,最后介绍了身份认证的未来趋势和展望。再次感谢您阅读本书,希望本书能够帮助您更好地理解身份认证,为您的工作和学习带来帮助。

结　语

　　不知不觉本书已完成，回看本书的写作，发现内容远超于笔者最初的设想。原因之一是笔者给出了大量的实战案例，希望为自己将来或者其他从业者在做类似的事情时有足够详细的参考。这些案例虽然多，但总结成一句话，那就是"建立信任"。通过在数字化系统之间建立信任，我们可以把不同的系统像拼搭积木一样组合起来，从而实现更多的功能。这些功能可以是用户认证，也可以是数据传输，还可以是其他的一些功能。这些功能的实现都是建立在系统之间的信任基础之上的。

　　"建立信任"不仅在数字化系统间的协作上扮演着重要的角色，事实上，人与人之间的合作首要的也是建立信任。如果在职场上要获得成功，就需要得到领导们和同事们的信任。笔者之前看过一些书籍，专门讨论程序员如何提升自己的软技能，其中有一本书叫作《软技能：代码之外的生存指南》，现在回想起来，建立信任就是一种重要的软技能。要让生意成功，就需要让客户信任你，甚至需要扩大范围，让更多的用户信任你。

> **提　示**
>
> 比如很多人在宜家店的沙发上坐着休息，甚至在床上躺着。本来宜家的老板最开始是想将这些人赶走的，后来有人建议，不仅不要赶走，还要欢迎更多的人来宜家店里休息。因为这样可以让更多的人直接或者间接地建立对宜家的品牌和产品的信任。这种信任是一种无形的资产，但是却是非常重要的。

　　对于数字化系统，尽管面临各种挑战，但我们仍然有很多办法来建立系统之间的信任。但是，对于人与人之间的信任，我们却没有那么多的办法。这是因为人与人之间的信任是基于人的心理的，而人的心理是非常复杂的。

　　没有答案，唯有祈愿我们的世界能够变得更加美好！

参考文献

［1］Simon Moffat. Consumer Identity & Access Management Design Fundamentals［M］.

［2］结城浩. 图解密码技术[M]. 北京：人民邮电出版社，2016.

［3］郑天民. Spring Security 原理与实战[M]. 北京：人民邮电出版社，2022.

［4］王达. 华为 VPN 学习指南[M]. 北京：人民邮电出版社，2019.

［5］王松. 深入浅出 Spring Security[M]. 北京：清华大学出版社，2021.

［6］汪德嘉. 数字身份：在数字空间，如何安全地证明你是你[M]. 北京：电子工业出版社，2020.

［7］吴军. 数学之美[M]. 北京：人民邮电出版社，2020.

［8］马原. 商用密码应用与安全性评估[M]. 北京：电子工业出版社，2020.

［9］王贝珊等. 小程序开发原理与实战[M] 北京：人民邮电出版社，2021.

［10］柳伟卫. Vue.js+Spring Boot 全栈开发实战[M]. 北京：人民邮电出版社，2023-09-01.

［11］桑世龙. 狼书（卷3）：Node.js 高级技术[M]. 北京：电子工业出版社，2022-12-01.

［12］[美] 约翰·Z.森梅兹. 软技能：代码之外的生存指南[M]. 北京：人民邮电出版社，2016-07-01.

［13］Jacob Johansen. From customer to user: -crack the most significant challenge in business［M］. TURBINE, 2021-05-03.

［14］Makris A, Tserpes K, Spiliopoulos G, et al. MongoDB Vs PostgreSQL: A comparative study on performance aspects[J]. Geoinformatica, 2021, 25: 243-268. DOI: 10.1007/s10707-020-00407-w.

［15］Authing. 单点登录(SSO)综述[EB/OL]. [2023-11-22]. Available from: https://docs.authing.cn/v2/guides/app-new/sso/

［16］OWASP. 密码存储备忘单[EB/OL]. [2023-11-22]. Available from: https://cheatsheetseries.owasp.org/cheatsheets/Password_Storage_Cheat_Sheet.html#pbkdf2

［17］IETF. TMI BFF [EB/OL]. [2023-11-22]. Available from: https://datatracker.ietf.org/doc/html/draft-bertocci-oauth2-tmi-bff-00